Ganxie Zhemo Ni De Ren

常常为难你，看似与你为敌的人，实际上往往是你的贵人，如果你与之为敌、对视、仇恨，那你就是自己最大的敌人。

第❷版

感谢折磨你的人

自己是最大的敌人

郑一 / 编著

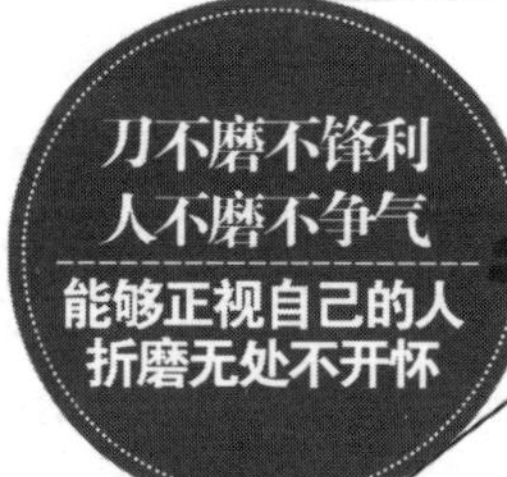

- 只有经历过地狱般的折磨，
  才有
  征服天堂的力量，

- 只有流过血的手指，
  才能
  弹出世间的绝唱。

中国纺织出版社

内 容 提 要

人生在世，不可避免的磨炼是成长、成熟的催化剂，感谢折磨是一种积极的心态，那些常为难你，看似与你为敌的人，实际上往往是你的贵人。如果你与之为敌，对其抵触、怒视、仇恨，那你就是自己最大的敌人。

本书强调心态对于各种磨难、挫折的积极意义，指导读者将各种折磨看成对自己能力提升的锻炼，让你从全新的角度审视自己，摆正心态，激发潜能，在折磨中调整情绪，充满动力地实现事业的成功和人生的幸福。本书犹如心灵的止痛片，帮你从人情世事的折磨中走出来，当你迷茫、无助时，给予你鼓励；在你痛苦时给予你奋起的力量。

图书在版编目(CIP)数据

感谢折磨你的人：自己是最大的敌人/郑一编著. --2 版. --北京：中国纺织出版社，2016.3 (2022.6重印)
ISBN 978-7-5180-2295-3
Ⅰ.①感… Ⅱ.①郑… Ⅲ.①成功心理—通俗读物 Ⅳ.①B848.4-49
中国版本图书馆 CIP 数据核字(2016)第 015954 号

责任编辑：闫 星　　责任印制：储志伟

中国纺织出版社出版发行
地址：北京市朝阳区百子湾东里 A407 号楼　邮政编码：100124
销售电话：010—67004422　传真：010—87155801
http://www.c-textilep.com
E-mail:faxing@c-textilep.com
中国纺织出版社天猫旗舰店
官方微博 http://weibo.com/2119887771
三河市延风印装有限公司印刷　各地新华书店经销
2010年6月第1版　2016年3月第2版　2022年6月第12次印刷
开本：710×1000　1/16　印张：17
字数：222 千字　定价：49.80元

凡购本书，如有缺页、倒页、脱页，由本社图书营销中心调换

第 2 版 前言

人生苦短，须臾间即逝，我们可以拒绝很多事，却无法拒绝成长，成长的过程就是心智不断磨练成熟的过程。所以成长是残酷的，我们每个人都免不了遭受苦难。苦难出现的形式有很多种，要么是无法抗拒的天灾、人祸，比如地质灾害、突如其来的生命危险、我们至亲的人离去等，也有可能是我们人生中的重大挫折，比如事业失败、失恋、婚姻破裂等。也许一些人会说，自己在这两方面的运气都很好，没吃过什么苦头，家庭幸福、事业顺利、双亲健在，但即便如此，你还是无法避免要承受最后一大苦难－－死亡。为此，有人说，人从呱呱坠地开始，就已经在承受磨难了。此话不假，只不过一些人在成长的过程中，能摆平心态、勇敢面对，超越了磨难，在他们的脸上，总是挂满笑容，然而，也有一些人，面对折磨听天由命，最终消极疲惫地度过一生。那么，你想做哪种人呢？

的确，我们所处的世界就是如此，如果我们无法改变世界，就要学会接纳，并改变自己的心态，这样，我们的眼里就会呈现出完全不同的景色。

我们每个人都渴望幸福，都不希望人生路上遇到苦难，都害怕遇到折磨，但折磨并不是应该被我们完全否定的事物，要知道，折磨正是历练我们的一把利器，能唤醒我们的灵魂，能让我们更坚韧，所以，正是因为折磨的存在，我们人生才会更完满。

当然，真正让我们受折磨的来源并不一定是事物，还有人，比如我们的竞争对手、敌人等，其实，我们也应该感谢折磨我们的人，正是因为他们的存在，才会让我们认识到发展自我的重要性，并且，他就犹如一面铜镜，能照出你自己的特征，也能激励你去不断学习，不断发展。

所以，面对折磨我们的人，我们不要认为他是个威胁，而是激励我们的伙伴，抱着这样的心态对待，那么，我们就能不断成长和进步。

所以，我们可以说，他人的折磨对于我们来说是成长，是成熟的催化剂，感谢折磨是一种积极的心态，在工作和生活中那些常常为难你甚至看似是你的敌人的人，其实是你人生路上的贵人，如果没有摆正心态，对其进行打击、抵触、仇恨的话，那么，你就会成为自己最大的敌人。

我们编写本书的目的就是强调心态对于面对各种磨难、挫折的重要作用，以此来指导读者朋友们将人生路上的磨难看成历练自己的一剂强心针，让你能从更高层面去审视自己的人生，进而帮助你摆正心态、激发潜能，在折磨中调整情绪，重新获得动力，冲向人生的顶峰。

编著者

2015 年 6 月

第1版 前言

每个人的生命都是独一无二的，每个人的生活都不是一帆风顺的，在大千世界中行走，我们会遇到各种各样性格迥异的人。然而也正是因为有了他们的陪伴，我们的人生旅途才不会过于孤单，无论他们曾带给我们怎样的伤害和折磨，我们都应该真诚地感谢他们。

就像一首诗中所说：

感谢伤害你的人，因为他磨炼了你的意志；感谢绊倒你的人，因为他强壮了你的双腿；感谢欺骗你的人，因为他增进了你的智慧；感谢嘲笑你的人，因为他激发了你的自尊……

是的，我们应该学会看到事情美好的一面，学会看到别人带给我们的积极影响。人在一生之中，难免会遇到坎坷，难免会遭受折磨，每当这些时候，我们是放纵自己，让内心仇恨的火焰燃烧，还是轻轻一笑，感谢磨难呢？

有人说："光明使我们看见许多东西，也使我们看不见许多东西，假如没有黑夜，我们便看不到天上闪亮的星辰。"那些曾经带给我们痛苦和折磨的人，在让我们看到黑夜的同时，也让我们知晓了星空的魅力。因此，我们没有理由去怨恨。痛苦和折磨让我们意志更加坚定，思想更加成熟，心态更加沉稳，目光更加长远，也让我们不停地激励自己，去奋斗，去学习，去成长。

我们就像一棵棵刚刚把根植入土中的树苗，需要风雨的折磨来使我们茁壮成长。我们要感谢痛苦磨砺了我们的心智，感谢失败坚定了我们的信心，感谢折磨我们的人，使我们终有一天成为参天大树。

有句话说：当我们拿花送给别人时，首先闻到花香的是我们自己；当我们抓起泥巴想抛向别人时,首先弄脏的是我们自己的手。同样,如果始终以怨恨的心态去面对带给我们折磨和痛苦的人,首先被伤害的不正是自己的心灵吗?

感谢伤害我们的人,是他们让我们学会了不去依赖任何人,学会了自强自立;感谢他们给予我们的伤害,是伤害让我们从一个任性、脆弱、不懂事的孩子成长为一个有能力在天地间自由行走的勇敢的人。

我们要学会感谢,感谢折磨过你的人,当时固然是痛苦的,但苦楚的进程也是自己逐渐成熟的进程。面对曾经一度使我们难以承受的痛苦和磨难,我们没有办法使他们消失,但我们可以决定处理它的方法和态度,假如你的眼睛始终看着星星的美好,心灵就不可能被黑暗吞噬。当苦楚变成往事时,自己将会庆幸,正如不经历风雨哪能见彩虹一样,有时磨难真的是一笔财富。在经历了心灵的阵痛后,我们得到的是对人生的思考,是心灵的升华。

俗话说:我不能决定生命的长度,但我可以控制它的宽度;我不能控制天气,但我可以改变心情;我不能改变容貌,但我可以展现笑容;我不能控制他人,但我可以掌握自己。希望通过本书对折磨的深刻剖析,可以让你理解到人生的真正意义,看清真实的自己,从而使自己在人生的道路上能够更加从容、快乐地行走!

编著者

2010 年 5 月

目 录
CONTENTS

上篇：战胜自己，不折磨不争气

上 篇

战胜自己，不折磨不争气

第1章 人生中最大的敌人是自己

在这个世界上，最了解你的人就是你自己，人生中，最大的敌人同样也是自己，一切困难的产生都源自我们的内心。当我们明白所有的折磨和障碍全部是自己制造的时候，我们就有机会真正地克服它、战胜它。人生最大的敌人是自己，只要战胜了自己，就跨过了你人生中最大的障碍。面对人生中那些不可避免的痛苦折磨，我们要学会正视自己的心灵，不断清扫心灵，才会让自己更清醒，更坚强，得到更多欢乐，收获更多喜悦。

最折磨你的其实是你的内心

恐惧源自于想象，折磨源自于内心。相较于其他，对现实的恐惧，对未来的绝望，更能折磨一个人。世界上自杀率最高的人群是诗人、画家、哲学家，并不是因为他们面对了更多的折磨，而是他们感知折磨的心最敏感。内心不敏感，就不足以捕捉生活中的异相从而成就作品；内心过于敏感，就更容易感知痛苦与折磨，更容易厌世。

折磨分为两个方面，一方面是你肉体、心灵实际受到的折磨，一方面是你的内心对这种折磨的感知程度。我们内心的屈辱、恐惧、绝望就是一个放大镜，他会让你受到的实际折磨无限扩大，直到觉得无法承受。一个人最大的敌人就是自己，最大的折磨，就是内心的感知。这并不是要我们麻木无知，而是要我们锻炼心理的承受能力。既然折磨是我们人生中不可缺少的一部分，那就让自己享受折磨，在折磨中变得更加坚强，更加沉着和成熟，收获更加坚韧丰富的人生。

因此，我们面对折磨要有宽广的心胸，俗话说“心底无私天地宽”。我们也要有更加宽广的心胸，才能够更加客观地看待生命中的折磨。知晓它是每个人的生命中必定经历的，不可缺少的，我们就能够更加坦然地去面对它。

著名诗人食指曾写下《相信未来》，尽管他也经历了那样特殊的年代，但依然对未来充满无限希望，相信历史不会永远扭曲。最终他等来了生命中的春天。在他的另一首诗《我从冰天雪地中走来》中，他写道“人生就是场冷酷的暴风雪，我从冰天雪地中走来”，他写到自己面对折磨的心路历程，“化雪时冷得令人出奇地清醒，清醒明白得叫你说不出话来，哆嗦得下齿止不住地磕碰上牙，乖乖顺从了大自然作出的安排。雪化后的泥泞使你向前迈一步都一身大汗却是寸寸相挨”。少有诗人有这样的勇气，敢于直面惨淡的人生，绝不逃避。这一切仅仅因为他内心坚韧，对未来充满无限希望。

心胸宽广的人不会执着于眼前的折磨困境，他们的眼界更远大。他们心里装的不仅仅是个人的利弊得失，而是着眼于所有人生命中的磨难。那么，相对于所有人的磨难来说，自己受到的折磨只不过是过眼云烟罢了。很多革命先烈以解除天下百姓的痛苦为己任，即使把牢底坐穿也丝毫不能动摇他们的决心。革命先烈瞿秋白被捕以后，虽然在牢狱之中，依然为看管他的狱卒的母亲治好了困扰已久的病。这样宽广的心胸，怎么可能为个人的一点得失，受到一点折磨，就灰心丧志，以为人生无望呢？

虽然平凡的我们没有救国救民的大志，但也不要以自己为中心，受到一点磨难委屈，就以为世界末日降临，生活暗淡无光，人生再无意义。让心胸宽广一点，再宽广一点，我们就会更加从容淡定，少受外界的影响。

此外，还要有坚强的意志，孟子说"天将降大任于斯人也，必先苦其心志，劳其筋骨，饿其体肤，空乏其身……"老天折磨我们正是要降我们以大任。如果我们在折磨中能够保持乐观的心境，磨炼更加坚强的意志，那等到机会到来的那一天，我们就能从容淡定，沉着应对。如果我们一直待在安乐窝里，那么，面对机会，我们就会感到茫然无所适从，面对困难我们就会退却，失去成大事的基本素质。所以，面对折磨，我们要锻炼更坚强的意志。

现在的很多年轻人，心理承受能力差，意志薄弱，有一点挫折就心灰意冷甚至自寻短见，这是不可取的。毕业于哈工大的青年孙丹勇，曾在深圳某科技集团担任保管一职，2009 年 7 月底，孙丹勇保管邮寄的 16 部工程样机少了一部，因此受到公司的调查。调查中孙丹勇受到非法搜查、拘禁，因为难以承受巨大的精神压力，不能承受屈辱而跳楼自杀。固然，孙丹勇的自杀是因为公司某些人的非法羞辱、折磨，但同时也说明了他心理的脆弱。如果他能够顶住压力，遇到不合法的事向警方报告，相信迟早有真相大白的一天。那时，他不但能够还自己清白，事业也会更上一层楼。即使此事不了了之，最坏的结果就是他离开公司，另寻工作，也能重新开创一片新天地。因此，我们平时就要有意识地磨炼自己的意志，增强自己的心理素质。这样，我们在面对挫折时，才会更加坚强，才能顶住生活事业中的磨难。当大任来时,我们才能从容面对,成就大业。

另外,无论何时我们都要心存希望。顾城在他的诗中写道:“黑夜给了我黑色的眼睛,我却用它来寻找光明。”我们要记住,无论遇到怎样糟糕的情况,我们对于未来都要有更加美好的希望。希望给我们勇气,给我们力量,对于光明的期望,对于未来的信任能够让我们在面对折磨时更加勇敢。

黑人总统曼德拉曾经有过27年的牢狱经历,那时,他是监狱的重点政治犯。他每天都要在罗本岛监狱的采石场做苦工,在持枪看守的监督下拼命搬运石头,动作稍慢就有被毒打的危险,一旦踏出采石场的边界,就会被无情射杀。并且因为石灰石在阳光的照射下有极强的反光性,以至于他的视力逐渐下降。然而,就是在这样非人的折磨下,他却向监狱长提出了在监狱的院子里开辟一片菜园子的要求,经历了无数次的被否决,五年之后,他终于实现了愿望。正是那一片菜园以及菜园中的番茄给了他和监狱中的犯人们无数的希望,使得监狱中囚犯和狱警们的关系逐渐和谐起来。

一颗乐观、充满希望的心灵,即使身处磨难重重的人间地狱,也能够开垦出人生的伊甸园。有了对未来的希望,我们就能对苦难甘之如饴。

总之,人生最大的磨难,不是生活给了你多少折磨,而是你的内心怎样对待它。只要我们拥有宽广的心胸,坚强的意志,乐观的精神,就能够笑着面对任何苦难和折磨,就能把折磨我们的地狱变成天堂。不要再让狭隘的心灵折磨我们,不要再让软弱的意志向苦难投降,只要我们拥有广阔、坚强的内心,就能够战胜世俗的折磨,走向人生的辉煌。

惧怕折磨,人生中就只剩下“逃避”二字

如果我们惧怕人生中的磨难,不敢面对现实,那我们的人生中就只剩下了“逃避”。鲁迅先生曾说:“真正的勇士,敢于直面惨淡的人生。”我们也要学会面对现实,生活中不乏磨难和陷阱,这个世界也不是十全十美的,也有它黑暗的一面,我们要敢于承认这样的现实,更要对这个世界充满希望。这

样，我们才能更客观、更冷静地对待折磨；我们才能有尊严，不哭泣，才能够在跌倒中迅速爬起，寻找世界上的光明，寻找我们人生的意义。

面对折磨，逃避没有任何意义，也没有任何结果。磨难是一个软弱的行刑者，如果你哭泣着躲避，他会更加折磨你，他喜欢看犯人们的哭泣、求饶、哀号、投降。相反，你咬紧牙关，无畏地迎上去，他反而会被你的无畏镇住。也许他会选择放过你，也许你会继续受到鞭打，不过这种鞭打迟早会结束，你会在这种鞭打中赢得尊严，赢得敬佩，赢得钢筋铁骨。

生活常常强加给我们不如意的事，与其哭着躲避，不如笑着面对。“生活中，不如意事常有八九”，那如意就只剩下一二，我们只有常想一二，才能够苦中作乐；我们只有笑面八九，才可能把生活这杯酒吞下去。生活就是一杯酒，苦、辣是它的主味，只有在慢慢回味时才有一丝丝甜头，但只要你一饮而下，腹中就会升起一股暖意，帮你抵挡外界的风寒。

古时候，有很多避世的文人们，他们不满强权，隐于山林，避得有智慧，有风度，值得崇拜，却很难效仿。“阮籍猖狂，哭穷途于末路。”是说阮籍常常驾车远行，一直走下去，直到没有路可走了，就会坐在路的尽头，大哭一场，以表示对世情的愤慨。他的好友嵇康，因为不满司马氏专权，退隐山林，以打铁为生，司隶校尉钟会想结交嵇康，衣轻乘肥，率众而往。嵇康与向秀在树阴下锻铁，对于钟会不予理睬。等候很久也没有回音后，钟会准备离开。嵇康开口问：“何所闻而来，何所见而去？”钟会回答：“闻所闻而来，见所见而去。”嵇康对权贵的不屑，为他赢得了很大的声名。还有鼎鼎大名的五柳先生陶渊明，不肯为五斗米折腰，于是辞官归故里，写出了《桃花源记》这样的出世名作，为历代文人所向往。他们的避世，是一种对现实官场的不满，因此积极逃避，这样的逃避，是对官场的厌倦，却不是对世情的逃避。他们热爱生活，热爱普通的民众，只是不满统治者的黑暗。因此，嵇康有“广陵散”传世，陶渊明有“采菊东篱下，悠然见南山”的名句。这样的热爱生活，不喜强权，不屑强权也不畏强权就是生存的大智慧，与那些消极逃避是有天壤之别的。

对于平凡的我们来说，不喜欢职场，回家种地去；不喜欢商场，打工为生去；不喜欢官场，隐居山林去就是一个笑话。我们没有那样的环境，更没有那样的资本，时时想着隐退，就是一种幼稚的想法。每个人都有不喜欢的人、不喜欢的事、不喜欢承受的世情，但我们只有执着地面对他们，才能成就大的人生。

人人都会因世情受心灵的煎熬，都会在不同的时期遭到不同的打击折磨。不同的是勇敢的人用笑容去面对，事情不一定解决但也不会更坏；软弱的人用哭泣来面对，但哭泣不能解决任何问题，事情也不会更坏；懦弱的人，用厌世来逃避，不但事情不能解决，还会得到更糟的结果。

面对折磨，我们可以笑，那样我们便是生活中的勇士；我们也可以哭，挣扎，那样我们便是生活中的弱者。但我们不能选择逃避，因为那样我们便就是生活的懦夫。面对生活中的磨难，我们都会郁闷，都会痛苦，能够笑着面对的勇士毕竟不多。我们都是平凡人，我们有哭的权利，但我们没有逃避的必要。面对痛苦，我们都有逃避的本能，也都有承受的能力。生命中，没有不可承受的折磨。俗话说："没有受不了的罪，却有享不了的福。"我们不要轻易向痛苦投降，因为我们的生命可以承受的比我们能够想象得还要多。我们也不要恐惧，因为恐惧不会给我们带来任何益处。面对生活中的痛苦折磨，我们要尽量无惧无畏，坦然面对，这样我们的心灵才会更强大。战胜自我，我们才能成为真正的勇士和智者。

逃避现实是没有用的，无论你怎样逃避，现实都不可能改变，它会随时随地纠缠你。"抽刀断水水更流，借酒消愁愁更愁"，正像我们无法把水流截断一样，我们同样无法把生活中的折磨痛苦消灭掉，唯一的办法就是去面对它，解决它。无论你今天是下岗了，失业了，还是工作中遭到了排挤，打压，商战中输给了对手，还是生活中、爱情中遭遇了挫折，你的内心都会遭受折磨，煎熬。惧怕这种煎熬，借酒消愁、麻痹自我、逃避现实是于事无补的。我们要做的就是让自己从自我麻痹中迅速清醒过来，用这种锥心之痛来锻造我们，让我们战胜自我，提升自我，学会更多的处世技巧，重新追求光明的

生活。

面对生活中的磨难，我们不妨像高尔基诗篇中的雨燕一样，高喊一声："让暴风雨来得更猛烈些吧！"这才是真正的勇者。

重要的不是折磨本身，而是被折磨之后得到什么

我们中大多数人都能够承受一定程度的折磨，但我们中的很多人从没想过被折磨后我们能够得到什么。如果固执的依旧固执，不驯的仍然不驯，不能体会到自己为什么遭遇折磨，不能改变性情、接受教训，那么，我们就可以说一无所获，白白遭受了折磨的苦难。

小时候，我们犯了错误，通常会遭到惩罚，惩罚后，很多家长老师都会问一句"知道错在哪了吗？"长大后，我们也会犯错误，这样的错误也许仅仅因为我们的做事方式不符合世俗的规则，或者那规则在我们心中是错的。但我们会遭到它的惩罚，惩罚过后，我们都问过自己错在哪了吗？还是把自己不合世俗的错误归结于世俗的污浊、规则的错误、人们的媚俗、世态的炎凉？年轻人通常喜欢把自己的愤世嫉俗、青涩、憨直、内向的性格当成一种优点，即使因此受到挫折、折磨也不知道改过，不知如何塑造能使自己成功的性格。

人们的性情都是在不断改变，不断塑造的。虽然说"江山易改，本性难移"，但是我们人生必定经历三个阶段，"看山是山，看水是水；看山不是山，看水不是水；看山是山，看水是水"。就是说小时候我们觉得世情都是可爱的，觉得对就是对，错就是错；黑就是黑，白就是白。随着我们逐渐长大，我们对世界有了自己的进一步的看法，觉得这世间黑白经常颠倒，对错不分，觉得人们折腰媚俗，世间不再公平，努力得不到回报，高洁得不到赞同。当我们进一步成熟，我们就知道这世间的一切都是公平的，我们就有了一点对世俗的洞见，对于世事就有了一些从容坦然，淡定自如。不再斤斤计较于绝对的公平，眼前的小利，你就会觉得一切都是值得的，正确的努力必会有结

果，人们的小世俗、小狡猾不过是为了自保、生存。我们就又“看山是山，看水是水”了，这时的山也从容，水也淡定，世间一切皆欢喜。那是我们在一次又一次的跌倒中逐渐成熟才能够达到的境界。如果在我们少年的时候，我们在折磨中多一点对世情清醒的认识，对世俗的豁达，我们就能更加成熟稳重，处世手腕也会更加圆融。那么，我们也就能遭受少一点折磨痛苦，这也就是在受折磨后我们能够得到的最大的益处。

性情的改变是一点一滴的，今天的你也许性格豁达，也许乐观，也许圆融，也许憨直。无论怎样的性情，我们都会遭遇挫折磨难，不同的是有的人知道改变，使自己的性格适应于环境需要；有的人死不悔改，认为自己就是对的，自己的认知就是标准，因此在生活中撞得头破血流。有的人认识得快，改得也快；有的人认识得慢，改得也不彻底，因此不断碰壁，只得继续不断慢慢改变自己。“识时务者为俊杰”，我们在不违背原则的基础上，可以使自己的性格更委婉一点，为人处世更圆滑一点，那么我们就会更容易接受环境，我们遇到的折磨就会少很多。做一个不伤害别人，不讨人厌的人对我们是有益无害的。人人都有趋利避害的本能，不要总认为自己是正义的使者，不要在大家面前充英雄，这样你不仅得不到回报，还可能会得到加倍的伤害。

因此，在折磨中，我们要学会改变自己的想法和为人处世的方法，练就沉着冷静的性格，这就是最大的收获。

我们在磨难中还要锻炼自己坚强的意志，得到更强大的内心，能够从容面对以后更大的挑战，就是我们得到的又一大收获。人的意志都是在磨难中不断锻炼起来的，这是其他的经历不能够带给你的。一个永远都处于顺境中的人，往往不能够承受大的打击。这就是为什么近年来，我们中的一些青少年心理素质普遍较差的原因。这一代青少年都是在家长们的呵护中长大，很少遭遇挫折磨难，因此，偶尔有一点不顺心，就会灰心丧气，动摇意志，伴随而来的还有骄横之气，以自我为中心的缺点。如果我们有意识地在折磨中反省我们的弱点，磨炼我们的意志，我们就能够比同龄人多一分自信，

多一分坚强,也就多了一分机会,多了一点儿成功必需的素质。这也就是我们被折磨后能得到的第二点收获。

人人都追求进步,我们在磨难中如果认识到了自己的不足,吸取了经验教训,不断磨炼自己,增长知识,经验,使自己的能力得到长足的进步,超越了以往的自我,就是另一项大的收获。经验往往从挫折中得来,网易的CEO丁磊说过一句著名的话:"人生是个积累的过程,你总会有摔倒,即使跌倒了,你也要懂得抓一把沙子在手里。"能够从磨难中吸取教训,才是最重要的。折磨、困难并不可怕,可怕的是受到折磨却没有吸取教训,让自己再犯同样的错误,受同样的折磨。拒绝总结和反思自己的问题,对自己未来的道路不仅没有帮助,还会造成更多的阻碍。很多人之所以无法避免磨难,就是因为他们没有真正吸取经验教训,没有从自身找原因。很多人找到了,却不承认是自己的错误,只怪社会环境不好,或世态炎凉,人们势利眼等。这样我们怎能找到自己的真正错处? 不思悔改,不肯从众人的角度思考问题,不肯承认自己的错处,我们就不能吸取教训,更不能避免折磨、减少折磨。一个不肯接受教训的人,注定受到更多的折磨。

无论我们曾受到或者正在受到怎样的折磨,我们都可以承受,关键是在折磨中我们得到什么。我们能否反思自己的错误,能否改变对自己和世界的看法,在折磨中适应环境;能否使自己的意志更坚强,更能接受未来的考验;能否吸取教训,总结经验,不再"好了伤疤忘了疼"。在折磨中提升自己,超越自我,才是我们遭受折磨后能够得到的最好的补偿。

出人头地,你必须调整自己的消极想法

美国教育学家戴尔·卡耐基调查了许多名人之后认为,一个人事业的成功,只有15%是由于他们的学识和专业技术,而85%靠的是心理素质和善于处理人际关系的能力。而据心理学家分析,幸运儿的一些特征如下:第一是外向,他们更容易与人相处,乐于花时间参加聚会,喜欢跟人打交道;第二

是不敏感，不愉快的事不是不发生在他们身上，但是他们比较健忘。所以，如果我们要出人头地，就要保持积极乐观的想法。

积极乐观能够为我们带来朋友，拓展人脉；还能够增强我们的心理素质，让我们更容易接近成功。相反，消极的想法让我们对待工作敷衍应付，对待朋友同事自私冷漠，时时刻刻以自己为中心衡量世事，因此得到人情冷暖，世态炎凉的结论。

消极的人，他们认为世界是黑暗的，他们会将世界的黑暗面无限扩大，总是以负面的态度看待社会。比如，汶川大地震时，很多明星向遭遇地震的灾区捐款捐物，有的演员明星为受灾群众举行义演募捐，有的甚至亲赴灾区去看望他们。积极善良的人会受到感动，认为他们的义举值得赞美、值得崇敬。而消极自私的人会认为他们只不过是惺惺作态，借机扩大自己的影响和名气而已，他们的捐献不足他们收入的1%，用1%的收入换取免费的广告，他们当然是乐意的。这样的人在看待世界时，处处从消极黑暗的一面出发，他们认为上司在有意排挤自己，同事间的关心不过是虚情假意，自己会做事不会做人，因此处处不顺心。不是因为他的境遇比别人更差，而是他的心境比别人糟糕。心理学中给"变态"一词的定义是：真实地执着地寻求伤害自己和他人的元素。消极是极轻微的变态，如果我们不加控制，就会永远从负面看待世界，我们的情绪就会是负面的，会伤害自己和别人。消极想法的害处比杀人、骗人更甚。如果我们从消极的一面去看待世界，看待我们的生存工作环境，看待人们之间的关系，我们就会变得自私，冷漠，无情。而这样的人，即使有再高的智商也不容易获得人们的认同、尊敬，也不容易成功。

消极看法会使人们贬低自我和他人，觉得凡是属于自己的都不好。上了大学嫌大学不够知名；进了单位觉得单位差；结了婚，觉得对象不够完美；有了小孩觉得看着不顺眼；连对自己的相貌都没有自信，因此处处不顺心，事事不如意，何况是遇到折磨呢？即使没有遇到任何磨难，也觉得所有人、所有事都跟自己过不去，日日生活在内心的煎熬下，时时处在自我折磨之中，内耗严重，怎么拿得出精力干工作，怎么能成就大业呢？

基于这种消极的想法，我们对待工作就会冷漠、敷衍、应付。因为工作“既无聊，又难以应付，还时时出现各种状况，并且我们的薪酬又不足以安慰我们付出的代价”，所以我们工作就会得过且过，出现“当一天和尚，撞一天钟”的应付状况。这样应付，怎么能够把工作做好呢？更不用说自己从工作中得到满足，从处理难题中得到自信了，一个人连自己的工作尚且不热爱，更不用提业余爱好、情趣、志向了。

若我们对于人事多疑、猜忌、冷漠、自私，我们的人脉怎么能够拓展，人际关系怎么会和谐？自己尚且不能信任和尊重他人，别人怎会信任我们，尊重我们，又怎会看重我们呢？我们做事必然处处充满障碍。

如果连为人处世都不能顺利，那么更谈不到出人头地。每个人都有一些消极的想法，都有消极的时候。如果我们要让自己做得好，就要比别人想得好，情感比别人乐观，才能够让自己的社会关系更融洽；工作能力比别人更强，工作才能比别人更顺利。

每个人都有遇到困难折磨的时候，在顺境中，大家的能力往往是不分伯仲的，关键在逆境中，我们的心理素质，会让彼此拉开很大的距离。心理学家认为，一个人心理素质的好坏最容易从他应对挫折的方式中看出来。如果在挫折面前，别人积极很快站起来，解决了问题，继续前行，而你还沉浸在挫折带来的痛苦中不能自拔，那当你收拾好心情上路时，就会发现别人已经走出了很远，这段距离是不容易追上的。如果你还不能尽快调整自己的消极想法，你就会永远落在别人的后面。当人生的九九八十一难过去时，别人已在遥远的山巅，你还在山谷徘徊。消极的你，也许会想“人死平等，我们终究会平等的”。但他人留在后世的就是一个光辉的形象，学习的榜样，你不过留给后世一个模糊的影子，甚至没有任何痕迹，你觉得这是平等的吗，是你所追求的吗？

如果你追求的是出人头地，那么你除了要付出比别人更多的努力，找到比别人更正确的做事方法，还要调整自己的消极想法，让自己更热情更积极乐观，才能更快的靠近成功，适当控制自己的负面情绪，才能出人头地，成就大业。

一个人最糟糕的就是庸庸碌碌地度过一生

在《钢铁是怎样炼成的》一书中，主人公保尔·柯察金说道："人最宝贵的就是生命，生命对于每个人来说只有一次。人的一生应该这样度过：回首往事，他不会因为虚度年华而悔恨，也不会因为碌碌无为而羞愧。"一个人最糟糕的就是庸庸碌碌地度过一生。

庸庸碌碌这个词，"庸庸"指平庸的，没有目标，或有目标无计划的生活；"碌碌"指忙忙碌碌但是却碌碌无为，整天都在忙，没有闲暇，却没有成果，没有作为。那么庸庸碌碌都有哪些表现呢？第一，没有人生目标，无事忙。第二，没有生活热情，乐趣少。第三，对生活控制能力差，常常陷入空虚之中。

你经常感到疲惫吗？你经常对自己的未来感到迷茫不知所措吗？你在工作中感觉不到乐趣吗？你经常陷入空虚和绝望吗？你经常陷入杂乱无章的冥想中吗？你做事没有章法，经常陷入混乱吗？如果你的生活没有章法，常常陷入一片混乱之中；如果你感到每天都有做不完的事，却没有明显的成果。那么，你正在过一种无效，至少是低效率的生活，也就是庸庸碌碌的生活。

事实上，我们中的很多人都在过这样的生活。你对未来有明确的规划吗？你每天都有计划地做事吗？你对自己的工作是了然于胸，有条有理的吗？你很享受自己现在的生活，并且努力追求更好的生活吗？不！我们中的大多数人都不能够做到，或者做得都不够好。正像如果你想增加财富，留住财富，就要学会理财，学会有计划地花钱一样，如果你想自己的人生更加充实，更加有意义，永远朝着更加美好的方向前进，你也要学会打理自己的生活。

那怎样才能拥有一份充实的生活呢?

第一,专注于自己的目标,有计划地做事。没有目标,就等于没有前进的方向,没有方向,即使你有再好的快马,储备了再多的资本,也会离你的本意越来越远。不能专注于自己的目标,就如同一匹马,一会向东走,一会向西跑,永远不能到达目的地。

一个刚刚毕业的学生,他很喜欢摄影,于是进了一家报社当记者。尽管他的摄影水平并不是很好,但凭着他对于文字的敏感,总编辑决定试用他,并要求他在摄影技巧方面多多练习。因为刚刚毕业就找到了如此好的工作,他很得意,于是又托同学找了一份短信编辑的工作,又开始准备考研复习的资料,却把总编辑要求锻炼摄影技巧的要求忘在了脑后。短短的试用期很快过去了,报社最终没有录取他,他感到无比后悔。此时,他才明白自己最想要的其实是做一个出色的记者。目标的迷失让他早早尝到了人生的苦果。

除了明确的目标以外,我们还应该有计划地做事,才能避免"无事忙",整天忙忙碌碌,却没有成果。一个朋友决定在星期天打扫卫生。于是他开始整理书桌,整理到半途中发现自己的楼梯扶手也脏了,就扔下书桌,去擦扶手。擦到一半,又发现自己应该从擦玻璃开始整理房间。不久,又去扫地,结果一天过去了,他的屋子还是又脏又乱,丝毫看不出整理过了的痕迹。而另一个朋友恰巧相反,他做事之前,就会规划一下应该怎样做才会节省精力,有条有理的做事。如果,他决定打扫卫生,他就会首先整理,然后擦洗,最后清扫,一整套事做下来,处处有章法,有秩序,从来不混乱,结果他总是花最少的时间,做最多的事。

有目标有计划地做事,能够节省我们的精力,使自己始终处于有规律的生活之中,避免"无事忙",落入庸庸碌碌的生活。

第二,有一份自己喜欢,并且努力为之奋斗的工作或事业。

无论我们是在为别人打工,还是有自己的事业,对于工作的热爱,都能够让我们的生活更充实,更有意义。每个人都喜欢玩乐,但我们要清楚,人生的意义不是在娱乐中体现出来，而是在你为世界作出的贡献中体现出来。热爱工作可以使我们更充实，更幸福。一个人除了吃饭睡觉，大部分的时间都在工作，如果你不喜欢自己的工作，就等于大部分时间处在折磨之中。如果你对工作没有热情，就不可能有成效，更别提成就大业了。热情洋溢地工作，并在工作中获得乐趣和进步，是我们充实生活的关键。

第三，有生活情趣，有一个和自己有共同爱好的伴侣。

这是每个人都追求的生活，对生活中的所有事都有极大的兴趣，会享受人生，就不会陷入空虚和绝望，不会陷入无意义的冥想。很多人都说日子无聊，情绪郁闷。如果我们看看孩子们尽情地玩耍，少女们充满生气和阳光的笑脸，我们就会让自己高兴起来。常常带着好奇和兴奋的目光观察我们的生活，我们就会发现很多惊喜，人生也会充满乐趣。

第四，有自己的追求。

一个人对于事业，对于更加美好的生活的追求，是一个人努力的动力。拥有了这样的动力，我们才会充满活力。有些人总是对任何事都提不起兴致，所以，才会萎靡不振，有气无力。恋爱中的人，通常都会精神奕奕，那是因为对于爱情的追求，使他们快乐。任何时候，做一个有理想、有追求的人，都会让你的生活更加生机勃勃。

有悲、有喜，有巅峰，有低谷，有痛苦，有喜悦，才是人生。尽管人生并不完美，尽管有时我们不得不承担很多的折磨，遭遇很多磨难，但只有这样的人生才是真实的，才是充实的。一个人最糟糕的就是无风无浪，庸庸碌碌地度过自己的一生。

经历过折磨的痛苦，才能体会到获得的喜悦

经历过折磨的痛苦，才能体会到获得的喜悦。这句话可以通过下面一个小故事诠释出来。

一个男人，有了一份小小的事业，于是，面临了很多花花草草的诱惑。

他决定与他交往了七八年的女人分手。他开始寻找女人的缺点，个子高大，一点也不懂温柔，甚至脸上还有一颗碍眼的黑痣。打定了主意之后，他去车站接女人回来。时间一点一滴过去了，他没有接到女人，却听到了一个令人震惊的消息，她所在的那个山城，下了很大的暴雪，导致一辆客车出了车祸。他顾不得危险，马上去了那个城市，找到了收容车祸伤者的医院。结果，他没有找到她，痛苦折磨着他的心，他不禁想起了她以前种种的好：她总是默默地支持着他的工作，他有胃病，她让他一定要吃早餐，甚至为他学会了煮豆浆。“她为什么不是那个只擦伤了一点皮的女人，为什么不是那个断了腿的女人，甚至为什么不是那个成了植物人的女人？”如果她还活着，他一定好好对她，让她成为最美丽，最幸福的新娘。她甚至还在电话中暗示过他们的婚礼，自己却因为犹豫，没有正面回答她，他的心里充满了悔恨。

当然，不久他收到了她的电话，因为暴风雪，她留在了一位同学家中，因为山里面信号不好，她没能及时打电话给他。巨大的重新获得的喜悦冲击了他的大脑，他握着话筒，泪如雨下，最后他们幸福地生活在了一起。

如果没有那场车祸，如果没有失去的折磨，这个男人永远不知道自己有多喜欢自己的女友，永远不知道珍惜自己所拥有的幸福。

对于我们来说，也一样，只有经历过折磨的痛苦，我们才更能体会到获得的喜悦，才更能珍惜自己的一切。生来富足，没有经历过磨难的人，即使获得了巨大的成功，也不会感觉到无比的喜悦。第一，他觉得一切都是理所应当的，顺埋成章，顺境让他没有体会到成功必须付出的代价。第二，他没有付出比别人更大的努力。第三，没有磨难作为对比，没有体会到折磨的痛苦，自己没有心理落差，喜悦就没有那么巨大。

事实上，这样幸运的人实在是少见。人们通常都是经过一番折磨、一番痛苦才收获成功的。所谓“不经一番寒彻骨，哪得梅花扑鼻香”。只有经历了生命中的冬天，经历了生活无情的磨砺，才知道成功的不易，获得的喜悦。

唐僧取经，历经九九八十一难，才取得真经。有人说，那只不过是神话，事实上，唐玄奘从中国陕西，徒步到印度去，经历的艰难险阻，困难折磨，只会比神话中多，不会少。他要穿越危险的丛林，干旱的沙漠地带，古代的交通不发达，他绕了很多远路，历经了很多危险，才到达印度，把印度佛法带到中国来。与此相似的，还有著名的鉴真大师，他八次渡海，才到达日本，历经了海上的风浪危险，鉴真大师的一双眼睛失明了。日本大昭寺中，受万人敬仰的鉴真大师，不是平白无故就得到世人敬重的。日本人的傲慢，世人皆知，他们肯对一个平凡的中国人膜拜，不是没有原因的。因为他历经磨难，把中国先进的佛法和建筑文化带到了日本，因为他是坚强意志和善良本性的化身。

事实上，我们要获得成功，历经的艰难，绝不会比他们多。因为，社会越来越进步，我们的条件越来越优越，只要我们坚持奋斗，我们更容易获得成功。但是我们也要看到，随着社会的进步，大家都在追逐成功，追求卓越。竞争也越来越激烈，商人要争取大生意，几年前就开始准备，打通人际脉络，收集情报，训练人员，事事争先。为了争取更好的职位，职员们更是加倍努力修炼自己，比能力，比做事效率，人人争先。在这样的竞争中，我们要想出人头地，也不是随便就可以做到。在这过程中，谁更有远见卓识，更有智慧，谁更早行一步，谁在面对折磨时更加冷静清醒，更早站起来，谁就能比别人拥有更多优势，就能更快到达人生的巅峰。

人生中有很多苦难，但所有的苦难中，几乎都藏匿着成长和发展的种子。在欢喜状态时，人们通常不会自我反省，也没有上进心。相反，在苦恼挫折的折磨中，我们反而会经常进行自我反省，不断进步，超越自己。因此，我们反而会在忧患中得到进步，得到成功的机会，这才是真正的幸福和欢乐的开始。

没有磨难，就意味着没有进步。你没有进步，别人却在不断进步中，你就会离成功越来越远。因此，磨难的痛苦，反而意味着获得的喜悦。我们要欢迎这种磨难，享受这种磨难，就想享受收获一样。

俗话说："饿了吃糖甜如蜜，饱了吃蜜蜜不甜。"有了痛苦折磨的对比，收获的喜悦才会更加显著，如果我们一直沉浸在喜悦之中，反而不能够体会成

功带来的成就感、快乐感，我们的快乐就会打折。

人世间总是先苦后甜，“宝剑锋从磨砺出，梅花香自苦寒来”。没有磨砺的痛苦，没有苦寒的折磨，甚至连自然界的一切都会失去它的魅力。明白了这个道理，我们就会更乐意体验折磨的痛苦，体会进步、收获带来的快乐。有苦有乐，才是人生；有失有得，才能成就大业。

每个人都要给自己一片危崖

刚刚走出校门的学生，多数都怀有远大的理想。但在社会上打拼几年之后，特别是那些没有较大发展的人，他们渐渐感受到衣食住行等实际需要的重要性，在获得了一个稳定的饭碗时，往往会在时间的消耗下失去进取的锐气，无奈地满足眼前的一切。

哲人说，自己是最大的敌人，人有时最难突破的，就是自身的局限性。很多时候，一个处于困境中的人往往比那些已经取得温饱条件的人更有作为。想迈开脚步大干一场，又不舍得抛开自己现有的温饱的保障，如此瞻前顾后，必定无所作为。

曾听一位教授讲过这样一个故事：

有一个小孩子，见一只蝙蝠掉在地上，挣扎了好大一会儿也没有飞起来，心里就开始纳闷儿了：奇怪呀，蝙蝠是非常灵巧的动物，怎么落到地上之后就飞不起来了呢？

带着这个疑惑，小孩子去找他父亲。父亲把他带到了一个山洞里面。只见山洞的洞顶和洞壁倒悬着无数的蝙蝠，就是没有一只栖落在地面上的。

见小孩子一副不解的样子，父亲就说：这是蝙蝠在给自己一片危崖。

蝙蝠为什么要给自己一片危崖呢？小孩子还是不解，它这样做岂不是让自己每时每刻都处在危险中了吗？

父亲笑着告诉他：蝙蝠一旦脱离了攀附的洞壁，就会直接摔掉在地上。为了避免坠落而亡，蝙蝠只有尽全力地扑打着翅膀，努力使自己向上、再向上，所以我们才看到了灵巧飞翔的蝙蝠……

可是，为什么蝙蝠掉到地上之后，就再也飞不起来了呢？

父亲接着解释道：蝙蝠一旦掉在了地上，就再也没有悬挂在洞壁时那种“生的危险，死的威胁”的感受了。没有这种生死攸关的感受，蝙蝠也就不可能再尽全力地去飞了，而正是因为没有尽全力地去飞，才使得它也永远飞不起来了！

给自己一片没有退路的悬崖，从某种意义上来说，正是给自己一个向生命高地发起冲锋的机会。当一个人面临后无退路的境地，他就会集中精力奋勇向前，从生活中争到属于自己的位置。出路还没打探明白的时候，就先开始筹划退路，这势必会影响他开拓新生活的冲劲，进三步退两步，很难有根本性地改变。

在这个时代，墨守成规、缺乏勇气的人，迟早会被时代所抛弃。处处求稳，时时都给自己留有退路，这是一种看似安全其实却充满潜在危机的生存方式。

有退路的人可以随时回避艰险，所以很难保证他前进的决心有多大，而自己把一切撤退的后路都封死，就等于封死了自己瞻前顾后的可能性。美国的企业家协会信条是这样一句话：

我是不会选择去做一个普通人的，如果能够做到的话，我有权成为一位不寻常的人，我寻找机会，但我不寻找安稳。

不管在世界的哪一个角落，那些曾经赤手空拳成功创业的人，血液里都有一种共同的“不安分因子”。切断退路，四处出击，这与中国人传统的“知足常乐”的行为准则不合，于是一些人对世事表现出一种不平的心态，他们既渴望成功，又害怕失败，偏爱坐而论道，缺乏果敢的行动。

新经济时代，胆量决定财富，四平八稳不是富人的脾气，机遇面前，敢拼才会赢。山穷水尽地背水一战，常常是富人的必修课程，尽管他们清楚这种决断之后的道路会十分艰险，但是没有这一步，人生就是一潭死水，淹没的是一个人的挑战性和创造性。

当然,大部分人同样明白机遇往往和风险相伴随的道理,只是在他们的理想之中,一直想寻找一个进可攻,退可守的山头。事实上,怀着撤退的心思打仗的人,在气势上已先输了一阵,最终也难逃随波逐流,混一口粗茶淡饭的格局。

有新的开始,才有机会修正错误

面对折磨,我们只有站起来,才有机会修正自己所犯的错误,减轻内心的内疚、悔愧,才能够从折磨中解脱出来。

不管造成麻烦、痛苦的原因是什么,我们总能够在自己身上发现一些事实的或想象出来的错误。这些错误使得我们内疚,悲哀,陷入绝望。我们也许都曾被内疚和忧患击倒过,我们有种种逃避折磨的办法:借酒消愁,操起毫无意义的嗜好或者没精打采地转悠,消磨时光。任自己沉浸在痛苦中无法自拔。只有重新振作起来,我们才能够摆脱痛苦和折磨,修正自己犯过的错误,如果我们无法修正,就要尽量弥补错误带来的后果。那么,怎样开始我们的第一步,从而一步步摆脱折磨呢?

首先,结束毫无意义的逃避,反省自己的错误。逃避,是我们麻痹自己的一种方式,在这样的麻痹中,我们会失去自我,变得迷迷糊糊,浑浑噩噩。只有结束这种麻痹,我们才能够变得清醒,只有直接面对那种锥心的痛苦,我们才会振作起来。痛,会刺激得我们跳起来,也会让我们更清醒地认识到自己的错误。只有清醒着,我们才能重新站起来,开始新的生活。

其次,摆脱痛苦,结束折磨。

要想驱赶痛苦,并不是很容易的事,但只有我们挥剑斩断自己的烦恼痛苦,才能够无牵无挂地继续上路。怎样摆脱痛苦呢?有下面几种方法:

第一,学会向别人倾诉,宣泄自己委屈、内疚的情绪。

向人倾诉是从痛苦中解脱的好办法,通常我们陷入了悲伤之时,找一个知心好友,倾听自己的心事,要比在孤独中自己舔舐伤口更能够摆脱哀伤。

聊天可以让我们快乐，向一个可以推心置腹的朋友倾诉痛苦，可以让我们有松一口气的感觉。

李某是一个喜欢独自承担痛苦的人，他信奉的原则是，如果你不高兴，请不要把这种情绪传染给别人。但是，生活中他并不快乐，朋友们也不是很喜欢他。一次，他遭受了巨大的打击，很长时间无法从痛苦中解脱出来。于是，一个朋友建议他去看心理医生，他拒绝了，因为他不喜欢把自己的隐私透漏给陌生的人。于是那位好友说："如果你相信我，向我诉诉苦吧。"李某一边喝酒一边向朋友尽情地发泄悲痛，尽管朋友一句劝慰他的话也没说，但他感到自己好像放下了一个大包袱，轻松了很多。这样的倾诉，却并没有给朋友带来任何烦恼，相反，他们的关系更融洽，更友好亲密了。

印度诗人泰戈尔曾说："与朋友分享痛苦，痛苦就变成了半个；和朋友分享快乐，快乐就变成了两个。"倾诉痛苦不但让我们宣泄了负面情绪，而且能够让我们与朋友间的关系更亲密。所有人都喜欢坦诚的朋友，倾诉痛苦，正是一种坦诚的表现，是重视别人的表现。如果，你已经不能承受麻烦所带来的折磨，那么向朋友倾诉吧，那将是你开始摆脱痛苦的开始。

第二，到唤起记忆的地方去，倾听新生和重新生活的声音。

如果你陷于极度迷茫的困境中，那么回到你曾经生活的地方，能够得到意想不到的欢乐和力量。很多人在遇挫时，都喜欢故地重游。比如，自己高考失利了，如果能回到当初学习的教室，就能回忆起很多求学时美好的情景，就会重新燃起斗志，为重读备战。也就摆脱了痛苦，站了起来。

第三，回到众人中间去。

如果害怕别人的嘲笑甚至同情刺伤我们的自尊，我们的确需要孤独。但我们也要适时地放弃孤独作战，回到众人中间去。在众人中间我们才能感受到真实世界的美好热情；从别人的鼓励中，我们能够收获力量；在热爱生活的，乐观的人们中间，我们会感染快乐的力量，恢复重新生活的勇气。重新生活的路最终要通过我们与别人的亲密关系和共同努力才能获得，回到众人中间去，是唯一一条和他人建立共同努力关系的道路。

如果你能做到这些,就能够很快摆脱痛苦,结束折磨。折磨结束之后,我们要开始新的生活,那从什么地方开始自己的第一步呢?

第一,从原谅自己和别人开始。

原谅自己的错误,因为自己的失误而惩罚自己是不明智的。不要责备别人对你做的事,别人对你的伤害,如果是你应得的,你就要从中学到一些东西;如果是委屈的,就要忘掉它。宽容自己并原谅他人,是我们重生的第一步。

第二,从修正自己的错误,弥补自己的过失开始。

如果我们能迅速修正自己的错误,就会减轻自己后悔的心理。如果错误是不可改正的,它已经造成了很严重的后果,我们就要试着从其他方面弥补自己的过失,减轻愧疚之情。一位经理,因为自己的过失,给公司造成了很大的损失。虽然没有人埋怨他,但他依然陷入了痛苦,直到他为公司作出了另一项贡献,才止住自己的愧疚之情。改正自己犯下的错误,弥补自己的过失可以减轻我们的心理负担,得到安慰,得到重新生活的勇气。

第三,从最简单的事做起。

因为我们刚刚遭到了巨大的痛苦,所以困难的事会影响我们重生的热情,让我们更加惧怕站起来。为了唤起这种热情,我们要从最简单的事做起,才能一步步坚定自己的信念,重新站起来,走出去。一个人突然失明了,于是他陷入了绝望,直到他遇见另一个失明的人,对他说道:“哦,你可以从自己洗袜子开始。”简单的事,可以增加我们的勇气,有了开始的几步,你会在重生的路上走得更稳,更远。

有开始,才有机会修正错误,弥补过失,从现在开始,就摆脱痛苦,重新开始生活吧。这会让我们获得弥补自己过失的机会,如果我们没勇气站起来,就会一直沉浸在犯错的内疚中。让我们勇敢地摆脱困境,重新来到生活的正常轨道上来吧。

拥抱痛苦，更能体会幸福

境由心生，痛苦本身不是问题，如何对待它才是最大的问题。有时候，拥抱痛苦一样可以幸福。人生不如意事常八九，如果我们总从消极的一面去看待生活，我们就会陷入无边的折磨。如果我们以一颗乐观的心来对待生活，即使遭遇磨难，我们也同样可以幸福。

《果核里的时间》的作者，科学大师霍金，为世人所推崇，不仅是因为他的智慧，还因为他是一位人生的斗士。在一次学术报告会上，一位年轻的女记者跃上讲坛，问这位在轮椅上生活了三十多年的科学巨匠："霍金先生，卢伽雷病将您永远地困在了轮椅上，您不认为命运让您失去得太多了吗？"霍金依然用他坦然的微笑，面对着这个尖锐的问题。他用自己还能活动的手指，艰难的叩击着键盘。不久，宽大的投影器上出现了这样醒目的几行字：

我的手指还能活动，

我的大脑还能思维，

我有终生追求的理想。

我有我爱和爱我的亲人和朋友，

对了，我还有一颗感恩的心……

短暂的安静之后，掌声雷动。人们纷纷涌向台前，向他表示由衷的敬意。霍金先生在轮椅上度过了他人生的大部分时间，他用自己的智慧乐观赢得了前后两位妻子，他用自己的坚强写下了许多不朽的物理著作。病魔困住了他的躯体，却并没有困住他自由的灵魂。他并非从来没有为失去感到过痛苦折磨，只是他更看重自己拥有的，更重视快乐，所以，他才有更卓越的人生。

拥抱，是爱的一种外在表现。我们说拥抱明天，拥抱快乐，实际上就是爱明天，爱快乐，珍惜和热爱我们拥有的，就会让我们感到幸福，对于痛苦来说，热爱痛苦，我们同样可以幸福。

人生来拒绝痛苦和磨难，但谁又可以真正不经受痛苦呢？有时我们甚至还要自找一些痛苦来折磨自己。有谁在练琴中没有受到过折磨？那咿咿

呀呀的难听的声音，那一遍遍无聊的重复，都让我们的耳朵、手和心灵备受折磨，可还是有越来越多的人加入到练琴的行列中来。小时候，我们为练习写字牺牲了很多玩耍的时间，那时，看着窗外自由自在的小鸟，对于我们也是一种难以忍受的折磨。但我们还是义无反顾一日一日地练下去，甚至直到成年还有人为自己当年没有好好练字而后悔。学习是快乐的吗？恐怕对于我们中的大多数，都不是，尤其是那些我们不感兴趣的科目。但我们都有理智，让自己热爱学习。因为我们知道，尽管它是痛苦的，但它有用，我们必须热爱它。也许，在日复一日的痛苦中，我们终于能体会到折磨的快乐。当我们能够完整地弹奏一首曲子时，当我们的字终于练得龙飞凤舞时，当我们能够随着音乐翩翩起舞时，那种心满意足的喜悦，是无可比拟的，自己连日来受到的痛苦、折磨、委屈都烟消云散了，辛苦、劳累终于都有了价值。所以，拥抱痛苦，同样可以让我们感觉幸福，甚至我们可以主动地享受痛苦。

人人都知道“生于忧患，死于安乐”这句话，一个国家常常因为安乐而走向灭亡。人生也常常因为安于快乐而不思进取，走向失败；在忧患中，却能不断反省自己，获得进步，取得成功。所以，人生要有忧患意识，事实上我们每个人都有一定的忧患意识，唯恐自己遭到社会的淘汰，不断学习；唯恐自己遭到公司的淘汰，不断进修；唯恐青春老去，不断地参加某些美丽课程。每个人担忧的都不一样，遭到的痛苦也是不一样的。有一样却是相同的，那就是我们把精力放在了哪里，收获就在哪里。

别为了面子而丢失自己

很多时候，事情对我们的折磨，并不是磨难本身，而是对于我们自尊的伤害。每个人都有自己的尊严，必要的时候，我们要维护自己的尊严，但切不可为了面子而迷失自己。我们要时刻记得自己人生的目的，是为了取得成功，是为了过上更加美好的生活，而不仅仅是争强好胜，逞勇斗狠，更不是仅仅为了维护自尊，尊严很重要，但还有比尊严更值得重视的东西，那就是生命，就是自我。

盛怒之下别忘了，自己追求的到底是什么。成功可以解决一切问题，但发脾气是不可能真正解决问题的。成龙在电视上讲述他还没什么名气的时候，曾经有个美国很有名的节目邀请他，他当时觉得是个非常好的机会，可对方的节目制作班底让他坐飞机到制作现场等了七八个小时之后，又告诉他节目取消了，请他自己再坐飞机飞走。成龙非常生气，但他什么也没说，只是暗暗下了决心，自己将来一定要成功。当他出名之后，那个节目联系他希望给他做访问，他要求对方全套人马飞到香港，对方二话不说就飞过来，专门给他做了一期节目，他也消了当年的气。

如果他当初大发脾气，不但会被别人看不起，更是把自己的价值与一期节目联系在了一起，那是非常可怕的。觉得颜面受辱，心理上过不去，是很正常的，我们只有把耻辱的刺激，当作前进的力量，侮辱对于你来说才发挥了它的价值。

我们遇到一件事的时候，不要一时血气上冲，就作出不理智的决定。我们首先要考虑利弊，两害相权取其轻。既然侮辱造成了对我们的伤害，那我们是发脾气回击呢，还是默默忍受，把它当作前进的动力？为颜面而发的怒气对你的伤害是最大的。因为它不仅仅伤害了你和对方之间的关系，而且严重伤害了你的心灵，“杀敌一千，自损八百”可以说是对于发脾气的害处的最佳解释。

我们在什么情况下，要放下尊严，委曲求全，不要为了维护面子做蠢事呢？

第一，不要为面子做无谓的意气之争。

我们在生活中，总会遇上自己认为是奇耻大辱的事。韩信佩剑而行，受到街头无赖的挑衅，能忍胯下之辱，终究成就大业。有些人为争面子，一刀杀了侮辱自己的人，结果在监狱中度过余生。做事要衡量价值，永远不要作没有价值的争斗。我们无论做什么事，都是为了追求自身价值或社会价值，没有价值的争斗，不会为你和他人带来任何益处，只会伤害到彼此。所以，

如果别人无意间伤害了你的自尊,也不要作无谓之争,为自己树敌,增加自己成功的成本。如果别人有意为之,原谅他,宽容他也不会为你带来坏处。

第二,不要为了维护颜面,以自己的生命做赌注。

很多人为了维护自己的面子,觉得失败了“无颜再见江东父老”,于是选择结束生命,来维护自己的尊严。很多人因为无法面对他人对自己的侮辱,或者犯了错误,给他人带来了无法弥补的伤害,于是选择结束自己的生命来维护自己的自尊心,这是极其错误的。无论何时,生命都是第一位的,没有了生命就没有了一切,既不可能弥补错误带来的损失,也不可能真正洗刷自己的耻辱。修正错误,洗刷耻辱的唯一方法是从痛苦折磨中解脱出来,接受教训,达到成功。

第三,不要为了面子,拒绝回到众人身边。

很多人在受到痛苦折磨时,惧怕众人怜悯同情的目光会刺痛自己的伤疤,伤害到自己的自尊,于是选择避开众人,独自面对自己的伤痛。其实,孤独,尤其是忧伤中的孤独很容易伤害到自己。这时,只有回到众人之间,接受众人的安慰,才是明智的选择。只有建立起与他人沟通和合作的桥梁,才更容易让自己脱离伤痛,回到正常的生活。

总之,我们要适时顾面子,而不要一味顾惜颜面,忘了自己的目的。越王勾践为了复仇曾为夫差尝便,被视为奇耻大辱。但如今我们都记住了他三千越甲可吞吴的豪情,还哪有人记得他曾受过的侮辱,颜面全无呢?即使有,人们也只是佩服他的勇气,而不是唾弃他的为人。大丈夫做大事不拘小节,如果我们为了一时的面子,而忘记了长远的利益,就不仅仅是在做赔本的生意,而且是把自己也赔进去了。

不要为了一时的颜面迷失了自己,误了我们的长远利益,那就得不偿失了。时刻记住自己的目的,才不会因为一时的气盛,做出让自己后悔的事。

每一种折磨或挫折,都隐藏着让人成功的种子

生活中,每个人都会遇到一些折磨或挫折,遭遇了这些以后,我们是消极地对待它,还是积极地对待它?当我们用一种正确的态度对待它时,我们将获得怎样的好处?这就是我们要研究正确对待折磨的目的。人不会无目的地做一些事,在我们做一件事之前,先要想清楚自己想要达成的目的是什么。下面就让我们一一解答以上的几个问题。

我们做一件事的目的不外乎追求成功,追求欢乐和更加光明美好的东西,让自己的生活变得更轻松愉快,更富足康乐,这是人类做一切事情的最终目的。我们研究折磨,也是要达到这样的目的,那么,怎样让折磨和挫折把我们带向成功呢?这就要求我们清楚要想成功需要怎样的素质。一个人想要成功,就必须在下面几个方面下功夫:

第一,一定的做事能力,也就是学识和专业技术。

如果一个人没有能力,没有智慧,那么一切就失去了成功的载体,就等于零。你不能奢望一个低智能的人会获得成功,尽管世界上也有这样的例子,但毕竟是少数。尽管一个人事业的成功,只有15%靠的是他们的学识和专业技术,但这15%是最关键的15%,是不可缺少的,是实力,是基础。如果说成功是一座大厦,那能力就是一块地皮,没有地皮,大厦就没有建立的地方。没有实力,成功等于空想。

第二,一定的心理素质,它包括性格、情商。

心理素质太差,只是智能优秀是很难有所作为的。一个人的心理素质的好坏,心理状态是否健康完整,决定了一个人一生是否幸福,是否能够有所作为。情商决定你的命运,如果你的情商有缺陷,你就会不断遭受挫折,遇到困难,即使你是一个才华横溢的人。对待挫折的态度会决定你最终的成败,如果你不能承受失败,或在失败中深受打击,很久才能爬起来,你人生就很可能失败。

第三,一定的人脉。

单纯的事情好做,只要有一定的能力,加之一定的努力,就能够完成。关键是人,做事离不开人,而事情一旦牵扯上人情,就会变得复杂。做事要成功,一定的人情世故是必须要懂的。一个人如果在为人处世上比较得心应手,做事就会减少了很多阻力,就比较容易成事。

知道了成功需要怎样的素质,那么我们就很清楚为什么遭遇挫折了。如果不是我们能力太差,那么就是我们运气不好,或者我们人情世故不够练达。那么,折磨究竟会给我们带来什么呢?

首先,折磨让我们反省自己。一个人处于顺境中时,很少做这样那样的反省,遇到磨难困苦了,一定会反省自己到底哪里做得不足,哪方面还存在缺陷,或者在哪犯了错误。这一切会形成经验、教训,使得我们日后弥补自己的不足,或不再犯相同的错误。

其次,折磨让我们清楚自己的缺陷在哪里,让我们拼命地弥补自己的缺陷。如果我们能力不足,我们就会努力增加自己的实力,使自己更加强大,这样也就超越了原来的自我,使自己更加靠近成功;如果我们性格有缺陷,就会弥补性格中的不足,性格决定命运,如果我们为人处世存在不足,想必我们以后会在这方面更加注意。

最后,折磨、挫折磨炼我们的意志。意志力是心理素质的重要一部分,在心理学中,它被称为挫折商。挫折商是一个人承受的能力,我们在人生的路上,少不了摔跤、遇挫,坚强的意志可以帮我们克服负面的情绪,增加我们的挫折商。

现在,让我们看看成功和折磨这两者的联系。如果我们细心观察,细心阅读了上面的文字,就会有一个印象:成功需要的素质,就是我们在折磨中可以得到的经验教训,这两者基本上是一致的。也就是说,我们犯了一次错误,忍受了一次折磨,吸收了一次教训,就在自己的成功者素质上增加了一笔,我们的素质就会得到提高。我们犯了哪方面的错误,就会在哪方面弥补,自己那个方面的素质,就会提高一个层次。如果我们遭受了不同的磨难，那么我们整体的素质就会提高。

所以，每一种磨难挫折，都隐藏着让人成功的种子，那就是从折磨中获得的经验。从另外的意义上来说，我们每克服一次折磨，就会让自己产生了一种胜利感、成就感，会让自己的生活更加快乐，人生更有意义。这样，即使我们的事业不是很成功，但我们的整体人生却是成功的，也就少了很多遗憾。

每一种磨难，都隐藏着成功的种子，这是毋庸置疑的，问题是，我们怎样让这颗种子生根发芽，长成成功的参天大树。这不仅需要我们忍受折磨，克服折磨，还要求我们有更高的智慧，即从折磨失败中，寻找出原因，接受教训，永远不在同一个地方跌两次跤，才是我们能够从折磨中获得的益处。

从这个意义上来说，不是成功要经历磨难，而是成功需要磨难，需要挫折。这让我想到了一个小故事，一个老渔翁把自己毕生的捕鱼经验，比如，在何处撒网，放多少钓饵，在什么样的天气季节，从哪里下网最合适等，交给了他的三儿子，但他的儿子却不能比别人钓更多的鱼。老渔翁很迷惑，于是去请教一位高人。高人指点他："你能够交给他捕鱼成功的经验，却不能给他失败的教训。他只知道怎样能多捕到鱼，却不知道怎样避免捕不到鱼。有很多事，不是教导能够解决的，唯有亲身经历，才可以获得。"很多人能够教给我们成功的经验，但我们需要自己去体会失败的滋味，体会怎样避免一再失败。所谓的"教的曲，唱不得"就是这个意思，明白是一回事，做到又是另一回事。

我们要明白折磨对于我们的意义，当折磨到来时，我们在痛苦、难过之后振作起来，战胜挫折，就是一次成功。

第 2 章

常常为难你的人其实是你的贵人

人生在世，不可能一帆风顺，人总是总要经受很多折磨、承受各种苦难才会完成一次次的生命蜕变，才能拓展生命的厚度。所以，换一种眼光看世界，这些折磨对人生并不是消极的，反而是一种促进人成长的积极因素。常常为难你，看似与你为敌的人，实际上往往是你的贵人。你应该感谢他们，因为正是这些人指出了你的不足，激发了你上进的动力，让你有朝一日功成名就。

一个人的潜能会因为折磨而被激发

人的潜能就像是一种取之不尽用之不竭的可再生资源，只要有动力，就会被无限制地挖掘出来。但一般情况下，人的潜能只会在困难和折磨中被激发，歌德说："流水在碰到底处时才会释放活力。"困境是激发潜能的一大动力。年轻人追求人生理想和奋斗的过程中，很可能会受到他人的阻挠和折磨，这时候，年轻人要用正确的心态面对，歇斯底里、抱怨、怨恨都无济于事，年轻人应该在折磨中激发出自己奋进的力量。罗曼·罗兰曾说："只有把抱怨别人和环境的心情，化为上进的力量，才是成功的保证。"折磨真正带给你的，是能量爆发的时机，所以，从这种意义上说，应该感谢那些折磨你的人，真是因为他们的折磨，你才有了锻炼自己从而挖掘潜能的机会。

中国历史上，大凡有成就者，无不是在他人带来的折磨中将自己的潜能发挥到了极致，司马迁有一段很精彩的阐述：盖文王拘而演《周易》；仲尼厄而作《春秋》；屈原放逐，乃赋《离骚》；左丘失明，厥有《国语》；孙子膑脚，《兵法》修列；不韦迁蜀，世传《吕览》；韩非囚秦，《说难》《孤愤》……成大事者，不在乎眼前的困境和折磨，而是看清前方的路，百折不挠地奋斗。

你只有感谢曾经折磨过自己的人或事，才能体会出那实际上短暂而有风险的生命意义；你只有懂得宽容自己原本不可能宽容的人，才能看见自己心中的远阔，才能重新认识自己，发挥自己的潜能……

曾经有位动物学家在对生活在非洲奥兰治河两岸的羚羊群进行研究时发现，东岸的羚羊群的繁殖能力比西岸的强，奔跑速度也比西岸的每分钟快13米。让人奇怪的是，这些羚羊的生存环境和属类都是相同的，饲料来源也一样，全以莺萝为主。经过一番调查，他终于发现东岸的羚羊之所以如此强壮是因为在东岸有一个狼窝，有了这样一批天敌，东岸的羚羊变得日益强壮起来。

从这个研究中，我们发现，逆境是生存的动力，它能最大限度地激发一

个人的潜能,我们的生活不能太过舒适、轻松,否则难免流于平淡乃至平庸。人的潜能是无限的。然而,这些巨大的潜能有时候要在某种紧急情况下才能被激发出来。正是因为别人给予的这些困难,才让年轻人有了激起斗志的机遇,才有了成才的可能,罗曼·罗兰说:“人才免不了遇到障碍,然而障碍会创造天才。”如何面对障碍才是成才与否的关键。

在日本,曾经有个商人,在40岁那年,他被对手打败了,接着他面临着破产、身无分文、被追债等困境,一时间,他感觉自己掉进了地狱,他恨透了那个让他身败名裂的人。接着,他又得知自己患了脑癌,而且最多能活一年。由于破产,他没有任何东西可以留给自己的妻子,而她马上就要成为一个寡妇了。他决定要在生命的最后一年,完成自己年少时的愿望,写一本自己的小说,这样,他也就无憾了。他知道自己具有写作的潜质,他就开始尝试写小说。他不知道自己写的东西能否出版,然而心意已决,说干就干。

那段时间,他拼命写作。小说终于完成了,然而,他并没有死。他的病情得到了缓解,癌细胞逐渐消失。当然,妻子也没有成为寡妇,他们仍然快乐地生活在一起。他的写作潜质逐渐爆发出来,他成为日本著名的高产作家,当他名噪一时的时候,他拜访了那个让他失去所有的人,对他说:“我的新的生命起点是你给我的,谢谢你!”

如果没有那个对手带给他的破产和可怕的死亡预言,他也许根本就不会从事写作,也不会发现自己真正的长处,因此,他感谢那个曾经折磨他的人。

苦难和折磨就如同一把双刃剑,可以激发生机,也可以扼杀生机;可以磨炼意志,也可以摧垮意志;可以启迪智慧,也可以蒙蔽智慧,这就看每个人如何取舍。它让强者更强,激发生命内在的潜能,但同时它也能够将弱者一剑削平,就此倒下。

人生在世,难免要承受别人带来的各种苦难和折磨,刚刚踏入社会的年轻人要懂得正确地看待这些折磨你的人、折磨你的事。其实换一种眼光看待,这些折磨对人生来说并非是消极的,反而是一种促进人成长、激发潜能的积极因素。没有折磨,我们就无法看清自己的优势和内在潜能。如果我们有朝一日功成名就,第一个要感谢的人就是曾经折磨过自己的人,因为正是他们使我们变得更加勇敢、坚强和自信,使我们置之死地而后生。

年轻人,以积极的心态面对那些在工作、事业、生活、生命中折磨自己的人吧,将各种折磨看成是促使自己成长、激发自我潜能的机会,在折磨中不断汲取力量,增强自信,最终实现人生的幸福和事业的成功!

感谢伤害,它让你的心志得到磨炼

人在世上行走几十载,不免遇到四季更迭时的风霜雨雪,我们也会受到他人的伤害,尤其是在向前方走、向高处攀的人生之路上,必定会因触动他人的利益而遭攻击。伤害,是一种痛,有时甚至会是致命的。然而,无论经历过何种煎熬、何种伤害,只要你挺过来了,你就获得了一笔人生财富,更重要的是,你的心志因此得到了磨炼,你知道了什么叫作坚强。所以,年轻人,试着感谢那些曾经伤害你的人吧,不但要爱爱你的人,更要爱伤害过你的人。因为被伤害也是一种人生经历,虽然很痛,但可以让自己更加坚强。虽然被伤害,但依然要感谢伤害你的人,他让你体验了另外一种爱。

那些伤害你的人,虽然给予了你曲折与坎坷,但你学会了如何在人生之路的风霜雨雪和曲折坎坷中不倒下,你磨炼了自己的人格,在思考和感悟中拓展了心灵空间,这一切都得益于他的伤害:被伪善的人伤害,你知道了真诚的可贵;被轻浮放荡的人伤害,你知道了肤浅的可鄙,懂得了端凝的可敬;被缺乏爱心、没有情趣的人伤害,你懂得了真爱的可贵;被小人伤害,你见识了小丑的伎俩从而增强了免疫能力。磨难,是人生的必经之途。别人的种种伤害,却教会了你求生的本领。

孙膑经受磨难完全拜庞涓所赐,同门之谊被庞涓抛之脑后,可是孙膑对庞涓丝毫也没有恨意。马陵之战,孙膑以“减灶法”一举击溃了庞涓的 10 万大军,庞涓茫然四顾,士兵争相逃亡,远远看见孙膑的车帐在火光中掩映,无

奈之下,抚胸长叹,挥剑自刎。

孙膑赶到之时,庞涓已倒在血泊之中,右手仍然握着剑柄,左手却伸进胸口的甲胄里。士兵们欲斩下庞涓之头,并且要分其尸以泄庞涓刖孙膑双膝之愤。

孙膑喝令禁止,从车上爬下来,一直爬到庞涓的尸身前,放声大哭。“师兄,我对不起你呀!”孙膑叩额泣血,哭声惊动三军。卫兵不解,窃窃私语:军师何故如此?本是庞涓对不起军师的,可是……

后来,孙膑班师,见齐王,齐王念其高义,允许厚葬庞涓。后来齐相邹忌因田忌功高,屡加陷害,田忌于是逃亡楚国。孙膑彷徨之际,一日梦见庞涓,庞涓喝道:“师弟为何还留恋不去,奢望荣华富贵吗?”孙膑于是辞官,遁入山林,于某处发掘出庞涓兵书,日夜验证,潜心钻研,终成《孙膑兵法》。

孙膑的胸襟不禁让人敬佩,庞涓和他本是同门师兄弟,庞涓陷害他,还差点让他丧命,可是孙膑却不计前嫌,没有一丝的恨意。的确,孙膑虽说被庞涓陷害,可是也给了孙膑不断认识自己的过程,此后孙膑,还受到庞涓的指示,最终归隐山林,避免了和田忌一样的命运!

生活中,年轻人不要害怕伤害,也不要憎恨伤害你的人,因为,是他们,告诉了我们什么是生活的真相;是他们,教会了我们如何成长;是他们,让我们变得更加坚强。不要去恨他们,要感谢他们,感谢那些曾经伤害过你的人,每个伤害过你的人,都是你命中的贵人,他让我们学会了坚强。卑微的小草,正因为它学会了坚强,最后成了原野;摇摇欲坠的小树,正因为懂得坚强,最终它变成了森林;渺小的水滴,学会了坚强,变成了一条条大河。别人违背因果,伤害了我们,或许我们会经受各种折磨,让我们身心俱疲,可是,只要我们坚强地走过,在折磨中磨炼我们的心志,那么,他们就是我们人生路上的贵人,难道我们不应该感谢吗?

一个人成长的真正标志就是心志的成熟,成大事者,必当是成熟稳重、精明果断之辈,然而,任何一个人不是都天生下来就具备这种素质的,这需要一个不断磨炼的过程,年轻人就如同一只雏鸟,必须要经过风雨的洗礼,猎人的追捕,才能长成翱翔的雄鹰,才有勇气一飞冲天。年轻人缺少的就是社会的历练,我们受的每一个伤害其实也是一种品格乃至心志的磨炼,所以,年轻人,我们应该感谢那些伤害我们的人,正因为那些伤及心灵的痛,我们学会了坚强,学会了笑对生活中的每一个折磨,学会了感谢和我们患难与共的人,学会了真心待人。

感谢跌倒,你的双腿得到了强化

折磨,犹如大海里的浪花,在人生征途上划出一道道美丽的弧线,使生命的轨迹趋于完美。真正完美的生命并不是一帆风顺,而是在追求成功的路上,有战胜一次次折磨的印记。那些"手到擒来"的成功只能令人嚼之如蜡,索然无味。可能,在我们怀抱梦想一路顺利地走来,离成功仅一步之遥时,我们被别人绊倒了,我们摔倒了,摔得很重,可是,只要我们坚强地站起来,就能用更健壮的脚步继续赶路,我们奋斗的脚步因为被绊倒过而得到了强化。所以,作为年轻人,对于人生路上绊倒我们的人,我们要心存感激,感谢他让我们理解到了什么叫成功来之不易,怎样才能健步如飞地赶超别人。

折磨是一个充满了哲理的词,也许能将我们从希望的峰顶摔到失望的谷底,但只要我们不屈服于折磨,一切自会峰回路转,柳暗花明,又折射出希望的光芒。人类社会是一个竞争的社会,趋利避害是人的本能。人的判断多半建筑在利己的基础之上。人往往从有利于自己的愿望出发投身于社会,站在有利于自己的立场考虑问题的,这就是私心,也是人的本性。这是现实,只能正视,避无可避。我们在追求成功的路上,必当会触及别人的利益从而被人绊倒。如果把人世比作一场球赛,大家拼搏竞争抢夺场上的球是理所应当的行为,相互冲撞在所难免,即使别人对你"犯规",那也是正常的。甚至,你会遇上"恶意犯规"的人,暗中使绊乃至摔伤了你前进的双腿。但事实上,只要我们站起来,勇敢地接受一次次摔倒再站起的过程,我们的双腿就会强化起来。所以,我们应该感谢绊倒我们的人。

在一个偏远的山村，有两户人家，分别姓张和李，可是两户人家却是世仇，这仇怨还是祖上积下的，而到了老李和老张这一代，仇恨有增无减，尤其是老李家，经常想打败老张家，让他们家彻底从村里消失。

有一天傍晚，老张与老李从市集里出来，碰巧在返村的路上遇见了。两个仇人一碰面，倒没有开打，不过，也各自保持距离，互相不答理对方。两人一前一后走在小路上，相距约有几米之远。

天色已经相当暗了，这是个乌云蔽月的夜晚，走着走着老张“啊呀”一声惊叫，原来他掉进了溪沟里，这是老李推他的。老张在溪沟里浮浮沉沉，双手在水面上不断挣扎着。幸好，老张抓到了水边垂下的树枝，这才挣扎着从水沟里爬出来。

老张上岸后，猛一抬头后发现，老李正在得意洋洋地笑着，却感激地说了一声：“谢谢！”老李怀疑地问：“你为什么要谢我？”

老张说：“为了报恩。”

老李一听，更为疑惑：“报恩？恩从何来？”

老张说：“因为你救了我啊！”

老李丈二金刚摸不着头脑，不解地问：“咦？我什么时候救过你啦？”

老张笑着说：“刚刚啊！因为今夜在这条路上，如果不是你推了我一把，我这老眼昏花的，又不小心，说不定在前面更深的水沟处掉下去，那样说不定都爬不起来了，所以说，我应该感谢你！”此刻，月亮从乌云里露出脸来，在月光的照射下，地面上映着老张与老李的影子，当年曾互相打斗过的双手，如今却是紧握在一块儿。

那些折磨过你的人，也可能成为肝胆相照的朋友，退一步海阔天空，就像老李与老张，折磨你的人，其实是让你更早地接触到了折磨和困难，也让你强化了自己的双脚，不至于在以后的人生路上摔得更重。

的确，每个年轻人都希望自己的成功之路走得一帆风顺，谁也不希望自己在即将成功的时候摔一跤，谁也不希望从头再来。可是，又有谁能保证自己从来不遇到折磨和挫折呢？别人给予的折磨只不过是提前来临的演习。

它是苦涩的,犹如成熟前的果实。可是,如果没有尝过果实成熟前的青涩,你怎么能知道它成熟后的香甜是多么难能可贵。所以,我们不必抱怨遭受折磨的痛苦,历经折磨后的成功是最令人欣喜和有成就感的。所以我们还得感谢那些赐予我们折磨的人,让我们能强化自己的双腿,有幸品尝成功的喜悦!

感谢藐视,它让你的自尊心得以觉醒

中国自古以来就是一个自尊自强的民族,只有自尊,才能自强。自尊即自我肯定、自我认可。苏霍姆林斯基说:"人类有许多高尚的品格,但有一种高尚的品格是人性的顶峰,这就是个人的自尊心。"当我们受到藐视的时候,我们要学会自强,要不气馁,不灰心,不放弃,自己相信自己,自己尊重自己,感受自尊的快乐。我们应该感谢那些藐视我们的人,因为他们让我们的自尊心被唤醒,让我们崛起。

年轻人正处于人生旅程的开始阶段,不免会遇到一些别人的折磨,因为不成熟,没有社会经验,也不免受到别人的藐视,年轻人不要因此一蹶不振,更不要去怨恨那些藐视你的人,因为这样于事无补,真正的强者会从被藐视的境遇中奋发向上,重新找回自己的自尊,用行动证明自己!被藐视并不可怕,面对那些藐视你的人,感谢他们,感谢他们给了你激发内心自尊的火把!

徐悲鸿学画的过程中,就遇到了侮辱自己和祖国的人。一天,一个外国学生很不礼貌地冲着徐悲鸿说:"徐先生,我知道达仰很看重你,但你别以为进了达仰的门就能当画家。你们中国人就是到天堂去深造,也成不了才!"

徐悲鸿被激怒了,但是他知道,靠争论是无法改变别人的无知和偏见的,必须用事实让他们重新认识一下真正的中国人。从此,徐悲鸿更加奋发努力。他像一匹不知疲倦的骏马,日夜奔驰,勇往直前。那个外国学生,看了徐悲鸿的作品,非常震惊。他找到徐悲鸿,鞠了一躬说:"我承认中国人是很有才能的。看来我犯了一个错误,用中国话来说,那就是'有眼不识泰

山'。"

徐悲鸿的做法是明智的,正如他说的,靠争论是无法改变别人的无知和偏见的,必须用事实让他们重新认识我们,行动能证明一切。年轻人,我们要用正确的心态看待受到的藐视,心宽则世界宽,眼明则事物清,不要怨恨藐视你的人,而要学会感谢他,正是他的折磨,让你更坚强,让你懂得宁静致远,淡泊明志,让你活出一个真实的自我,感悟了人生的真谛!

鲁迅是我国现代最伟大的文学家、思想家和革命家。早年在日本仙台医学专科学校学习时,一天,在上课的教室放映的片子里,一个被说成是俄国侦探的中国人,即将被手持钢刀的日本士兵砍头示众,而许多站在周围观看的中国人,虽然和日本人一样身强体壮,但个个无动于衷,脸上全是麻木的神情。这时身边一名日本学生说:"看这些中国人麻木的样子,就知道中国一定会灭亡!"鲁迅听到这话,忽地站起来向那说话的日本人投去两道威严不屈的目光,昂首挺胸地走出了教室。他的心里像大海一样汹涌澎湃。一个被五花大绑的中国人,一群麻木不仁的看客一一在脑海闪过,鲁迅想到,如果中国人的思想不觉悟,即使治好了他们的病,也只是做毫无意义的示众材料和看客,现在中国最需要的是改变人们的精神面貌。他终于下定决心,弃医从文,用笔写文唤醒中国老百姓。从此,鲁迅把文学作为自己的目标,用手中的笔做武器,写出了《呐喊》《狂人日记》等许多作品,向黑暗的旧社会发起了挑战,唤醒了数以万计的中华儿女,起来同反动派进行英勇斗争。直到生命的最后一刻,他仍夜以继日地写作。

鲁迅自尊心不仅停留在个人层面,那些日本学生侮辱的是整个中国,鲁迅发现中国人面临这样的藐视和侮辱竟然无动于衷,他感到自己有更重要的事情要做。人一生受到的折磨很多,别人的藐视只是一部分,人要是惧怕痛苦,惧怕折磨,惧怕不测的事情,那么他的人生中就只剩下"逃避"二字,他的自尊心也只能被别人长时间地踩在脚下。其实,重要的并非你受到侮辱这件事,而是被侮辱之后你能否觉醒,能否证明你自己。

每个人都需要自尊心,这样我们才能靠着自己的力量,建筑起坚固的信念。当这一切转化为动力时，也正是我们实现梦想的重要时刻。

年轻人，如果你想出人头地，就必须调整自己，在屈辱面前，调整好自己的心态，调整自己的想法，让积极的想法代替消极的看法，如此，才能看见自己的阳光。法国文豪罗曼·罗兰曾说："从远处看，人的不幸折磨还很有诗意！一个人最怕庸庸碌碌地度过一生。"因此，学会正确地看待并且感谢那些藐视你的人吧！

感谢欺骗，你的智慧得到了增进

曾经有人说过："一个聪明出色的人，不但可以在比他聪明的人身上学得东西，还可以从远比他卑微的人身上，吸取教训。"这就是智慧。很多时候，智慧的增进来自于欺骗我们的人。面对欺骗，年轻人要明白，真正的复仇不是用自己的力量来消灭敌人，而是用敌人的力量来壮大自己，我们要感谢那个欺骗我们的人，因为是他让我们变得聪明，学会了自我保护。

我们不否认人性的美好，可是我们也不能否认欺骗的存在。年轻人因为社会经验缺乏，人生阅历不够，在人生的路上，难免会因伤及别人的利益，遭人记恨，从而被人欺骗、伤害。我们不要因为欺骗而去怨恨，甚至去报复，而应该感谢那些欺骗我们的人，因为我们不会在同一件事上被欺骗无数次，我们会因此学会机敏。

曾经有个人很信奉观音菩萨，他觉得观音能给他带来幸福。一次，他走在路上，突然下起了雨，就躲进了一间破庙的屋檐下。刚好，他遇见了观音菩萨。

这人连忙说："观音菩萨，普度一下众生吧，请带我一程，以解救我淋雨之苦，如何?"观音答应了他，可是瞬间观音不见了。第二次，下雨，他又遇见了观音，观音说："我在雨里，你在檐下，而檐下无雨，你无须我度。"

于是，这人立刻跳出屋檐下，站在雨中说："现在我也在雨中，该救我了吧?"观音答应了他，可是观音又不见了，害得他在雨中淋了很久的雨。第三

次下雨的时候，他又遇见了观音，观音又说："你在雨中，我也在雨中，我不被淋，因为有伞；你被雨淋，因为无伞。所以不是我度自己，是伞度我。你要想度，请找伞去。"说完便消失在雨中。这个人似乎明白了一些其中的道理。

第二天，这人碰到了一件棘手的事，他又想到了观音，便去庙里祈求观音。一进庙，发现庙里观音像前也有一名跪拜者，长得和观音一模一样。

这人走上前去问道："你是观音吗？"

那位跪拜者答道："我正是观音。那你知道我为什么拜自己吗？"

这人又问："你肯定也遇到了难事，求人不如求己，是这样的吗？"观音笑着，转眼不见了。

这个人从观音几次的"欺骗"中，领悟到一个道理：靠别人是靠不住的，只有自己最可靠，拯救自己的只有自己，这就是一种智慧。谁都想依赖强者，但真正可以依赖的只有自己。倘若观音在第一次的雨中解救了那个人，那么以后呢？难道每次下雨天他都要求助于观音吗？他能悟出其中的道理，所以说，欺骗带给我们的除了谎言外，还有生活的智慧，睿智的大脑。所以，我们要感谢那些欺骗我们的人。

曾有这样一个"倒霉蛋"，他是个农民，做过木匠，干过泥瓦工，收过破烂，卖过煤球，这些都没有难倒过他，但是感情上的一次波折却让他筋疲力尽。他爱上了一个女孩，那个女孩很美丽，为了这个女孩，他没日没夜地工作，可是那个女孩却一次次地欺骗了他。后来，他独自闯荡在一个又一个城市，做着各种各样的活计，居无定所，四处漂泊，生活上也没有任何保障。看起来仍然像一个"农民"，但是他与乡里的农民有些不同，他虽然也日出而作，但是不日落而息——他热爱文学，写下了许多清澈纯净的诗歌。每每读到他的诗歌，都让人们为之感动，同时也为之惊叹。后来他一举成名，名噪一时。

那个女孩子又来找他，希望博得他的谅解，她说："你这么复杂的经历怎么会写出这么纯净的作品呢？"

"那你认为我该写出什么样的作品呢？《罪与罚》吗？"他笑道。女孩愧疚地离开了。

人生最大的痛苦莫过于被自己所爱的人欺骗,这是一种切肤之痛,可是这也教会了我们如何去选择爱,这也是一种爱的智慧,这种智慧只有经历过,才会获得。

很多时候,别人恶意的欺骗的确很让人气愤,可是只要我们转念想一下,没有这些欺骗的话,我们的智慧将永远停留在过去狭小的思维空间里。所以,年轻人,学会感谢那些欺骗你的人吧,因为这些欺骗,我们懂得了真诚,增进了智慧!

感谢遗弃,它让你学会了独立行走

我们从呱呱坠地开始,便开始慢慢地摸索着怎样独立行走,可是假如我们不放开母亲的手,我们怎么也学不会。年轻人在人生的路上也是如此,或许我们被别人遗弃,或许我们陷入了孤独,可是我们学会了独立,学会了一个人面对,学会了坚强,我们应该感谢遗弃我们的人,没有他们,或许我们还躺在别人铺好的温床上享乐,还不知道天高地厚,又怎么能独当一面呢?

独立是每个人要走的必经之路,只有学会独立行走,才能走得正,走得直,走得久远,一个成功的人,从来不会搀扶着别人的胳膊行走,也不会躲在别人的臂弯里成长,他们都经过了无数次风雨的洗礼,无数次身心的折磨,从而锻炼了自己独立行走的能力。

很久以前,有个小女孩,她的性格很好,是父母眼中的好女儿,是别人眼中的好孩子,可是她有个缺点,就是胆小,尤其不敢自己走夜路。十几岁了还是如此。一到天黑,她就不敢出门,甚至是自家的院子也不敢去。她的父母为了让她克服胆小的弱点,决定“遗弃”她。

一天,父母带她去赶集,到了下午的时候,父母说有点事,让她照看一下他们的东西,可是,到了太阳快下山的时候,她发现父母还没回来,她有点着急了,万一天黑了怎么办?这街上的人越来越少了,天黑了会有很多动物出

来的，山上还有狼叫，怎么办？可是，一个人回家吗？一个人回家会遇到坏人吗？她越想越害怕，可是不回去的话，在空无一个人的街上会着凉的。她咬咬牙，收拾好了一切，准备回家去。一路上，她一会看看左边，一会看看右边，左顾右盼，她突然发现，黑夜也是这么美丽。当她回家后，发现父母已经在家，她似乎明白了什么，高兴地说："我终于敢一个人走夜路了。"

生活中，和这个小女孩一样的年轻人很多，因为在父母的庇护下长大，从来没有一个人经历过一些事，总是不敢独立去完成一件事，当踏入社会以后，在奋斗的过程中，被自己的伙伴遗弃，这时候，他才发现自己需要独立，于是他开始在黑暗中独立摸索中前进的路，最终走出了自己的一片天地。

其实，这种独立的机会是那个遗弃你的人给予的，我们应该感谢他们，而不应该怨恨、记仇。真的勇士，会将别人的伤害和折磨转换为自己前进的动力，而不是将精力耗费在如何报复和仇恨上。

张雨刚刚毕业于一所名牌大学的广告专业，毕业后，因为学历背景和出色的理论知识，被一家国内著名的广告公司聘上。刚进入公司不久，他就当上了策划总监，这引起了部门很多老策划者的不满。在一次公司的会议上，总经理交给他们一个很重要的策划案，总经理说："因为张总监是个新手，所有很多不懂的要问你们，你们要帮着他一点儿。"大家满口答应。可是，当张雨需要一些资料，找他们要的时候，却没有一个人愿意为他提供帮助。于是，张雨亲自去市场部去找，但是那边很多资料已经过时，根本没有用，他只好去以前的合作公司调查。就这样，当张雨把那份完美无缺的策划案交出来的时候，那些老员工目瞪口呆，想不到一个黄毛小子可以把这么有难度的案子做得这么完美。他们纷纷站出来承认自己的不是，可是张雨却说："我要感谢你们，因为是你们让我懂得了如何自立，如何完整地去完成一件事，把一件事情做得尽善尽美！"顿时，会议室里一片掌声。

一个人的成长要经历由依赖到独立的过程，我们不能总是躲在阴暗处，害怕炽热的太阳，也不能躲在别人的身后，害怕承担责任。每个人都要学会独立面对，独立行走，学会锻炼自己的翅膀，使之坚硬，才能大鹏展翅，在风雨飘摇中顽强地飞翔。

年轻人面对别人的遗弃,不要害怕,不要担心,相信自己,你能自己走得很好,因为你的脚步是沉稳的。感谢那些遗弃你的人,是他们给了你独立的机会,是他们让你学会了如何实现自我、超越自我!

感谢斥责,批评就是一面镜子

《孔子家语》中有“良药苦口而利于病,忠言逆耳而利于行”这句话,生活中那些我们认为逆耳的斥责其实是一面镜子,能照出我们的缺点和不足。虽然那些斥责我们的人并不一定出于好意,但“以人为鉴可以正衣冠”的道理也是显而易见的。那些斥责的话尽管逆耳,却能让我们反省自己。假如一个人对于这些斥责感到厌倦,而人家一夸奖就得意洋洋,那他的生活就显得轻浮,在无形中会削弱自己发奋上进的精神,很容易沉湎在自我陶醉的深渊中。如此就等于自浸于已有的成绩中而毁掉自己的前程,即使活着也丧失了生存的意义。所以,年轻人要听得进去批评,从斥责中发现不足,感谢斥责你的人,因为他让你学会了戒骄戒躁。

人生不如意事常八九,人生在世,要经常接受各种痛苦的考验,必须经过几番艰苦的奋斗才能走上康庄大道,能听得进去斥责之言的人能少走些弯路。生活中,有些人一听斥责与批评就拂袖而去,失败之后,才为自己的肤浅而后悔。

现代原子物理学的奠基者卢瑟福对思考极为推崇,一天深夜,他偶尔发现一位学生还在埋头实验,便好奇地问:“上午你在干什么?”学生回答:“在做实验。”“下午呢?”“做实验。”卢瑟福不禁皱起了眉头,继续追问:“那晚上呢?”“也在做实验。”勤奋的学生本以为能够得到导师的一番夸奖,没想到卢瑟福居然大为光火,厉声斥责:“你一天到晚都在做实验,什么时间用于思考?”

勤奋的学生却遭到斥责,看似委屈,实际上大师是在传授真经。

卢瑟福之所以斥责那个学生，是希望他能够认识到自己机械学习的错误，告诉他应该拿一些时间来思考，免得做很多无用功。那个学生宁可让岁月淹没在仿佛很有价值的忙碌之中，也极不情愿拿出时间进行思考。其实，他应该从中悔悟，把思考和勤奋结合起来，这样才能成功，他其实应该感谢卢瑟福的斥责。

生活中，很多事情是无法后悔的，原因就是人们往往听不进去斥责，只愿停留在已有的成绩上，带来无法挽回的错误。

从前有位将军，领兵作战二十余年，从未有过败绩，他熟读兵法，并且对历代阵法也颇有研究，他的赫赫战功令敌军一听到他的名字便闻风丧胆。所以，他很受皇帝的器重。

可是，朝中却有一位反对他的人，这个人是他的谋士，此人足智多谋，在将军带兵打仗时，便跟随他左右，为他出谋划策。每当将军遇到难以解决的问题时，这位谋士总能想出相应的锦囊妙计，帮他渡过难关。所以，从某种意义上说，将军的不败纪录在很大程度上是这位谋士为他保持的，但将军却不这么认为。

有一天，将军忽然接到圣旨，说邻国敌军带兵来犯边境，命令将军立刻带兵迎敌。接旨后，将军不敢怠慢，立即点兵准备出发，他对谋士说："依我看，这些乌合之众由我来对付他们就可以了，先生跟我征战多年，这次看我的，你就不要去了。"实际上，他是不想让谋士再一次显出自己的才华。

谋士闻听此言，对将军说："将军此言差矣，我的职责就是为您出谋划策。再说，将军您待我不薄，这是我报答您的好机会啊，我亦非畏刀避剑之人。"没有办法，将军只好带着谋士一同出发。

两军对垒，将军连胜数阵，把敌军打得落花流水，将军高兴得嘴都合不拢。但出乎将军意料的是，谋士并没有显现出高兴的神情，反而是一脸的愁容。

谋士对将军说："你不觉得这场仗打得很蹊跷吗？原来我们和敌军交战时，有过这样轻松取胜的记录吗？敌军既然来犯，势必来势汹汹。可是，我感觉他们全都无心恋战，这很不正常。我认为，他们一定会来偷营劫寨，我们还是小心为妙。”

将军根本听不进去，但是经其他士兵的劝谏，他答应守两夜，这两夜安然无事。

第三天晚上，谋士又来劝阻，这次将军对他毫不客气地说：“我知道你怎么想的，你是想夺我军中之位，我说让你这次不要来，你偏来……”谋士当众被将军羞辱，感到无地自容，但他还是试图劝说将军能够回心转意，可是将军已经拂袖而去，与将士们饮酒去了。谋士摇摇头，带着为数不多的几个士兵去看守营寨。半夜时分，敌军果然来袭，以迅雷不及掩耳之势夺取了将军的大营，大部分将士还在沉醉中便丧失了性命，谋士与众士兵终因寡不敌众而战死。

将军看到自己的军队余下的数人，他把谋士的尸体紧紧地抱在怀中，对天长叹：“我一生未有败绩，可是偏偏这次大意了，而且还不听忠告，落得如此地步，我还有什么脸面回去？”

他用手轻轻地合上谋士未瞑之目，拔出佩剑，横剑自刎了。

历史上有多少常胜将军因为听不进去批评的话而“横剑自刎”，他们空有超群的武艺和行军打仗的本领，可是却孤高自傲，骄傲自满，最终兵败。年轻人要从中吸取教训，那些斥责你的话、那些批评，能让你反省自己，看到自己的缺点和不足，你应该感谢那些人，用批评的镜子挖掘出自己还要改进的地方。人生有些折磨是可以避免的，有时候，那些折磨你的人的斥责，反而会让你避免一次磨难，这样，你在人生中也就少走了一次弯路！

感谢羞辱，羞辱促人迅速崛起

不经历风雨，怎能见彩虹？没有挫折，就显不出幸福和平安。人生是多姿多彩的，只有一种色彩岂不单调？有人说，苦难是一种财富，贫穷是一种激励，疾病则是一种反思，那么，羞辱就是一种动力，这种动力能促人崛起。

人在赞许面前往往容易迷失自我,而讥讽会让人变得清醒冷静,永远不要让羞辱的冷水激怒了自己。年轻人,我们要把羞辱看成是一种心灵的洗礼,一盆冷水的冲刷,梦想会更明朗,信念也会就更加地笃定!我们要感谢那些羞辱我们的人,因为他们的羞辱,我们内心那股奋起的暖流油然而生:"我必须崛起,才能让羞辱我的人自己承认错误!"我们要用那些羞辱的话鞭策我们不断努力,改变现状,铸就成功!

韩信很小的时候就失去了父母,主要靠钓鱼换钱维持生活,他经常受一位靠漂洗丝绵为生的老妇人的周济,因而屡屡遭到周围人的歧视和冷遇。一次,一群恶少当众羞辱韩信。有一个屠夫对韩信说:你虽然长得又高又大,喜欢带刀佩剑,其实你胆子小得很。有本事的话,你敢用你的佩剑来刺我吗?如果不敢,就从我的裤裆下钻过去。韩信自知形只影单,硬拼肯定吃亏。于是,当着许多围观人的面,从那个屠夫的裤裆下钻了过去,史书上称"胯下之辱"。而韩信并没有记恨这件事,他反而认为逼他胯下而行的年轻人造就了他的成就,因而心存感谢,在成功之后给了他个小官做。

一个血气方刚的男儿,忍受了胯下之辱,反而答谢侮辱他的人,这着实令人钦佩之至。真正成大事者,都能忍常人不能忍受的屈辱,俗话说得好,留得青山在,不怕没柴烧,逞一时之气并不是明智之举,而应该在屈辱中冷静,找准自己的人生目标,然后奋起,证明自己。曾经有人说:"如果说羞辱是一盆冷水,那么,当它泼来后,成功已经开始热身。"

年轻人刚刚踏入社会,不免会遇到一些折磨,也会遇到一些羞辱,年轻人不应该忘记羞辱,但这并不代表记住仇恨,而应该让这羞辱勉励自己,鼓舞自己,改变现状,然后出人头地,打破别人在你身上下的"咒"。

曾经有一个黑人男孩,他出生于一个贫寒的单亲家庭。父亲早年离他而去,只留下他与母亲相依为命。母亲打零工过活,每月只能拿到不足30美元的工钱。但是,尽管这样,母亲还是把他送到了学校。由于贫穷,他几乎是整个学校救济的对象。但是,他没有让人看笑话,经过艰苦的努力,他的成绩一直在班级名列前茅。尽管成绩这么好,他也丝毫没有骄傲自满。

因为，他深深地领悟到，如果没有同学们的接济，无论如何他也取得不了现在的好成绩。所以，他除了用心学习以外，还提醒自己要懂得感恩、奉献爱心。

一天，班主任老师发动同学们为“社区基金”捐钱。他听到这个消息后，助人的念头也悄然在他的心中萌芽。善良的他平常都是接受同学们的帮助，当下，有了这样一个机会，他是多么希望自己也能向别人伸一下援手啊！于是，他默默地付诸了行动……几天后，也就是班级同学正式募捐的日子，小男孩手里攥着自己捡垃圾挣来的三块钱，激动地等待着老师叫他的名字。他想，这样他便可以自豪地走上讲台捐出自己挣来的血汗钱了。想到这里，他的脸上溢满了幸福的光辉。但是，奇怪的是，全班同学的名字都被老师喊遍了，唯独没有他。他大为不解，于是便向老师问个究竟。

他原本以为老师会惭愧地说，对不起，我把你给忘了！不料，老师却厉声说道：“我们这次募捐正是为了帮助像你这样的穷人，这位同学，如果你爸出得起你五块钱的课外活动费，你就不用领救济了……”话虽不多，却深深刺痛了他的心。那天，男孩眼含着泪水冲出了学校。从此以后，他再也没有踏进这所学校半步！

许多人传言，男孩从此便失学了。因为那所学校是当地最便宜的一所，其余的学校他肯定付不起学费，还有人说，男孩从此搬了家……不管怎么说，从此以后，同学们再也没有见过他。

流年似水，转眼之间，20 年光阴一晃而过。直到突然有一天，男孩以及他的名字出现在了美国最出名的电视上，原来的黑人男孩如今已经成为美国最著名的节目主持人！

他的名字叫狄克·格里戈。谈及他的成功，大多数媒体都断定是贫穷激励了他，他却说：“不全是，还有 20 年前那场心灵的挫折——那场来自老师的羞辱。”有人问他：“你还和那个老师有来往吗？”他说：“为什么没有来往？我当上主持人的第一天就买了一大束鲜花亲自送给了他，我要用鲜花来告诉大家，感谢羞辱过你的人，因为，正是他们用粗糙的话语磨就了你进

取的利剑!”

成大事者,无不经历了常人没有经历过的心理折磨,正如孟子说过的“苦其心志”,唯有心理上的折磨才能震彻人的心灵,激发人内心深处最强烈的斗志。

作为年轻人,我们不要让羞辱“盖棺定论”,要改变别人对我们的看法,就应该崛起,用行动证明自己。并且,感谢那些羞辱我们的人,是他们让我们看清了奋斗的目标,是他们激发了我们奋斗的意志,是他们给予了我们生命最本质的精神——奋斗!

感谢施压,压力越大成长越快

我们熟知一个道理,有压力才有动力,人好比油井,只有不断钻探,给油井一个下压的压力,才会压出石油来。正如王进喜的那句话:“井无压力不出油,人无压力轻飘飘。”人与外界的关系是作用力与反作用力的关系。压力越大,反弹力越强。经历挤压的次数越多,生命的柔韧度越高。作为年轻人,不要怕别人对你的打击伤害,挫折苦难也是人生的宝贵财富,处理得当有可能转化成你前进的动力。从这个角度而言,你应该感谢那些给你压力的人。

人生无处不存在压力,婴儿有学走路的压力,学生有学习的压力,大人有工作的压力,老人有健康的压力。在各种各样的压力下,大家都能获得各种各样的成功。其实,压力对于每个人来言,都好比一把双刃剑,年轻人在压力面前要像弹簧一样,压力越大,弹力越强,这样,取得的成果自然就越多。而在压力面前不能伸缩自如的年轻人,就会被压垮,甚至崩溃。

生存的压力,使自然界的动植物维持自己的生命,使自己的本领提高。也正是压力,使更多的人迈向了成功,打开了成功的大门。压力,是成功的源泉;压力,是生命的资本;压力,是通往胜利顶峰道路上的荆棘。年轻人,感谢那些给我们施压的人,是他们让我们一次次超越了自己。贝弗里奇说:

“人们最出色的工作往往在处于逆境的情况下做出。思想上的压力，甚至肉体上的痛苦都可能成为精神上的兴奋剂。”其实，在当今竞争日益激烈的社会，压力并不是坏事。

在美国麻省理工学院曾经进行过一个很有意思的试验。试验人员用很多铁圈将一个小南瓜整个箍住，以观察南瓜最大能承受多大的压力。最初，他们估计南瓜最大能够承受500磅的压力。然而，在试验的第一个月，南瓜承受的压力就达到了500磅；到了第二个月，南瓜承受了1500磅；当它承受到2000磅压力时，铁圈被撑开了，研究人员只好给铁圈加固。当整个南瓜承受了超过5000磅压力后，南瓜皮才产生破裂。研究人员打开南瓜，发现它已经无法食用了。为了突破包围它的铁圈，这个南瓜充满了层层坚韧牢固的纤维；他们还观察了它的根部，为了吸收充分的养分，它所有的根往不同的方向全方位地伸展，直到控制了整个花园的土壤和资源。

每个看似弱小的生命，都蕴涵着无穷的战胜压力的力量，这就是压力带来的奇异的效果。压力可以让我们更加完善，只要我们在压力面前不畏惧，不退缩，只要我们能像弹簧一样，在压力面前，张弛有度，伸缩自如，就能转压力为动力，得到意想不到的收获，松下幸之助说：“忙碌和紧张，能带来高昂的工作情绪；只有全神贯注时，工作才能产生高效率。”

对于工作中的年轻人来说，松下幸之助的话是至理名言，一个年轻人如果做一天和尚撞一天钟，那么只能是碌碌无为，荒废生命；如果正面接受别人给予的工作压力，以高昂的情绪工作，往往能有高的工作效率。

有一位经验丰富的老船长，当他的货轮卸货后在浩瀚的大海上返航时，突然遭遇到了可怕的风暴。水手们惊慌失措，老船长果断地命令水手们立刻打开货舱，往里面灌水。“船长是不是疯了，往船舱里灌水只会增加船的压力，使船下沉，这不是自寻死路吗?”一个年轻的水手嘟囔。

看着船长严厉的脸色，水手们还是照做了。随着货舱里的水位越升越高，随着船一寸一寸地下沉，依旧猛烈的狂风巨浪对船的威胁却一点一点地减少，货轮渐渐平稳了。

船长望着松了一口气的水手们说:“百万吨的巨轮很少有被打翻的,被打翻的常常是根基轻的小船。船在负重的时候,是最安全的;空船时,则是最危险的。”

那些得过且过,没有一点压力,做一天和尚撞一天钟的年轻人,就像风暴中没有载重的船,往往一场人生的狂风巨浪便会把他们打翻。可见,我们需要压力,有压力的人生,才是不断进取的人生,才不至于虚度青春。只有在“高压”下,我们才能激发出自己最大的潜力。

生活中,可能很多年轻人总是抱怨压力大,被压得喘不过气来,甚至怨恨那些给自己施压的人,可是你想过没有,在没有压力的生活中,你的价值得到发挥了吗?没有压力,你奋斗的动力在哪里?所以,你应该感谢那些给你施压的人,因为压力,我们学会了如何伸缩自如,我们学会了像弹簧一样,压力越大,弹力越强,我们学会了发挥自己最大的潜能!

感谢中伤,它砥砺了你的人格

人格的最高魅力莫过于用一颗宽广的心感谢折磨过你的人,这也是宽容的最高境界,这是一种谅解,一种忍让,一种大度,同时也是有较高修养的一种风度,是良好心理素质的具体反映。年轻人在人生的路上,会遇到各种各样的折磨,这其中就包括别人的中伤,我们也会因此遭到众人的误会,心灵受到极大的创伤。可是,伤害已经造成了,我们唯一可以做的,就是坚强地为自己洗清“罪名”。我们不要在心中种下仇恨的种子,也不要让仇恨的火苗在心中越烧越旺,烧毁了他人,也烧毁了自己的人格。反而,我们应该感激那中伤我们的人,因为他,我们的人格受到了考验,我们的魅力得到了彰显,我们赢得了尊重,从这一点上来说,我们难道不该感谢那些中伤我们的人吗?

有时候,你可以发现,那些在背后中伤你的人,不是别人,而是你的朋友,他们为了一己私利,在背后诋毁你,这不仅是言语上的中伤,更是一种情感的背叛和欺骗,你会对你们之间的友谊产生质疑,这就是真正的友谊吗?你会想,真正的友谊,应该是彼此的真诚、心灵的沟通、心与心的坦诚、灵魂的交融。真正的朋友,应该肯为对方两肋插刀,可是他却捅了你一刀。你会伤心,你会流泪,你会气愤,但不要记仇,想想你们曾经有过的友谊,想想他曾经真诚地帮助过你,想想他曾经对你也很仗义,想想他对你曾经的好处,不可小肚鸡肠、心胸狭窄,你该大度、宽容、谅解。这样,你就忘记了仇恨,你的人格也得到了提升。所以,你更应该感激他,是他的中伤砥砺了你的人格。你用微笑化解朋友的过错,让他感到你的宽宏大量,让他感到你的心胸像大海一样能包容一切,容纳一切。这样他会很内疚,会感到自己的过错,对于你的大度和包容,他会很感激。这样,一切是是非非也就像过往烟云不存在了,你们之间的友谊也经历了一次检验。

清乾隆年间,在江南有个寺庙,寺庙中住着一个和尚,这个和尚平日喜欢种花草树木,此人聪明机灵,心直口快,喜欢议论天下大事,对朝廷多有不敬之词。虽说他是出家人,却和知县是好朋友,因为二人的共同志趣在于花花草草。

这个知县知道乾隆大兴文字狱,而举报者重重有赏,他顿生歹意,举报了这个和尚,可是口说无凭,他思来想去,心生一计。

一日,乾隆皇帝微服出巡到此,知县就把乾隆皇帝带到寺庙之中,然后让皇帝在院外,自己入院内,与和尚交谈。知县随手从地上拾起一块劈开的毛竹片,指着青的一面问和尚:"这个叫什么呀?"和尚随口答了一句"篾青","篾青"的谐音就是"灭清"。随后,知县又指着白的一面问和尚:"这个又叫什么呢!"和尚又答了一句"篾黄",这又正中了知县的计策,"篾黄"与"灭皇"同音。

乾隆皇帝在外听得一清二楚,当场就将和尚抓获入狱,而知县也荣升了。可幸运的是,和尚在狱中待了几年,碰上乾隆皇帝大赦天下,就逃过一劫。几年后的一天,知县被歹徒追杀,躲到了当初的寺庙中,歹徒正欲杀害知县,却被和尚拦下。知县抱住和尚,痛哭流涕。

和尚的人格魅力的确让人敬佩，他不顾前嫌，救了当初中伤自己、陷害自己入狱的知县，这不能不说是一种大度。人说“君子坦荡荡，小人常戚戚”，生活中，当你受到朋友对你的中伤时，你千万不要愤怒，不要冲动，要控制自己的情绪，要有好的心态，用你的微笑去化解心中的不愉快情绪，这样就会让自己的人格得到一次升华。

年轻人，我们不仅要感谢中伤我们的朋友，还要感谢中伤我们的敌人，与朋友之间，毕竟有往日的情谊，倘若我们能感谢那些诋毁我们的敌人，用宽广的心去回击他的中伤，那么获得就是一笔丰厚的人格回报。

林肯在竞选总统前夕，在参议院演说时，遭到一个参议员的羞辱，那参议员说：“林肯先生，在你开始演讲之前，我希望你记住自己是个鞋匠的儿子。”“我非常感谢你使我记起了我的父亲，他已经过世了，我一定记住你的忠告，我知道我做总统无法像我父亲做鞋匠那样做得好。”参议院陷入了一片静寂。他转过头来对那个傲慢的议员说：“据我所知，我的父亲以前也为你的家人做过鞋子，如果你的鞋子不合脚，我可以帮你改正它。虽然我不是伟大的鞋匠，但我从小就跟我的父亲学会了做鞋子的技术。”然后，他又对所有的参议员说：“对参议院的任何人都一样，如果你们穿的那双鞋是我父亲做的，而它们需要修理或改善，我一定尽可能帮忙。但有一点可以肯定，他的手艺是无人能比的。”说到这里，所有的嘲笑化作了真诚的掌声。林肯后来两度被选为美国总统。

林肯面临政敌在众人面前恶意的诽谤和诋毁时，并没有被激怒，而是沉着地化解了和对方的矛盾，为自己迎来了真诚的掌声，这就需要一种豁达，这种豁达的人格不是生来就有的，而是经过长期的积累和沉淀形成的，这是小小的“伟大”在心里的缓慢成长过程，而这一切也是中伤或诋毁我们的人所赐予的，我们应该感谢他。

面对繁杂的和突如其来的各种折磨，年轻人的心态要始终放在宽容的刻度上，无论是你的朋友还是你的敌人中伤了你，你都要学会感激他们，你的人格会因为他们的中伤而一次次地升华！

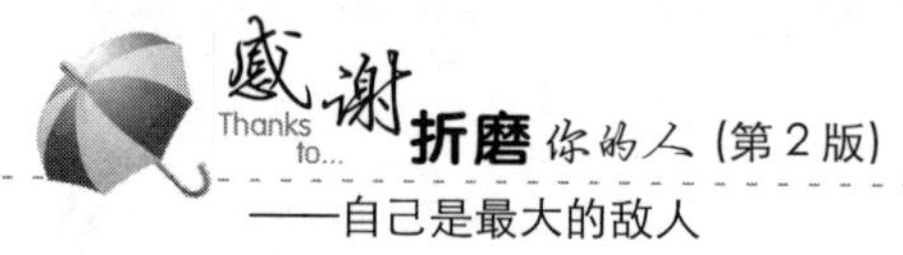

跳下悬崖，才能长出翅膀

中国有句老话，叫作“玉不琢不成器”，这句话不无道理，尤其是对于年轻人，只有经历了折磨，才能练就一身本领。一个伟人曾说过，在他需要感恩的人里面，排在第一位的就是他的敌人。同样的道理，慢慢成长起来的年轻人，需要感谢的人里面，就应该有给予自己折磨和苦难的人，是他们激励着你面对困难，克服困难，最终战胜困难。虽然他们的用心并不全是善良的，但是他们给予了你们人生的考验。他们帮助你们重新认识自己，重新给自己定位，给自己找到一个新的奋斗目标。

或许，曾经你已经登上了成功之巅，可是却被人推下悬崖，经受了打击与折磨，可是，你想过没有，这真是考验你意志的时候，你掉下了悬崖，可是你却长出了翅膀，上帝在关上一扇窗子的时候，也必定会打开一扇门，经过痛苦洗礼后的灵魂不啻为经历了一场涅†1。一个人在没有退路的情况下，必会竭尽全力寻找出路，这就是置之死地而后生的道理。所以，年轻人应该感谢那些折磨你、断你后路的人，是他们给了你重生的机会。

韩信，淮阴人。他是汉王刘邦手下的大将。为了打败项羽，夺取天下，他为刘邦定计，先攻取了关中，然后东渡黄河，打败并俘虏了背叛刘邦、听命于项羽的魏王豹，接着往东攻打赵王歇。

韩信的部队要通过一道极狭的山口，叫井陉口。赵王手下的谋士李左军主张一面堵住井陉口，一面派兵抄小路切断汉军的辎重粮草，韩信的远征部队没有后援，就一定会败走；但大将陈余不听，仗着兵力优势，坚持要与汉军正面作战。韩信了解到这一情况，非常高兴。他命令部队在离井陉口三十里的地方安营，到了半夜，让将士们吃些点心，告诉他们打了胜仗再吃饱饭。随后，他派出两千轻骑从小路隐蔽前进，要他们在赵军离开营地后迅速冲入赵军营地，换上汉军旗号；又派一万军队故意背靠河水排列阵势来引诱赵军。

到了天明，韩信率军发动进攻，双方展开激战。不一会，汉军假意败回

水边阵地,赵军全部离开营地,前来追击。这时,韩信命令主力部队出击,背水列阵的士兵因为没有退路,也回身猛扑敌军。赵军无法取胜,正要回营,忽然营中已插遍了汉军旗帜,于是四散奔逃。汉军乘胜追击,打了一个大胜仗。在庆祝胜利的时候,将领们问韩信:“兵法上说,列阵可以背靠山,前面可以临水泽,现在您让我们背靠水排阵,还说打败赵军再饱饱地吃一顿,我们当时不相信,然而竟然取胜了,这是一种什么策略呢?”

韩信笑着说:“这也是兵法上有的,只是你们没有注意到罢了。兵法上不是说‘陷之死地而后生,置之亡地而后存’吗?如果是有退路的地方,士兵都逃散了,怎么能让他们拼命呢!”

韩信就是利用人最原始的求生本能来激发战士们的斗志,他断了战士们的后退之路,战士们必定浴血奋战,全力以赴,而不至于中途逃跑,这就是置之死地而后生。生活中,年轻人可以发现,那些有大成就者,无不经历了最惨痛的困难,痛彻心扉的折磨,可是他们痛定思痛,在几近绝境的情况下,为自己插上了腾飞的翅膀,反而飞出了无底深渊。

看越王勾践,本是一国之君,却沦为亡国奴,可是却卧薪尝胆,最终完成了复国大业。看秦王嬴政,被荣耀光环围绕着,骄奢淫逸,最终被陈胜吴广颠覆了国家。这就是是否经过非同寻常的折磨后的不同结果。

在美国一家著名的保险公司里,有个很出色的推销员,可是由他遭到同行对手的挤兑,他在保险行业名声扫地,但他一心想成为公司的王牌推销员。

有一天,沮丧的他买了一本杂志回来阅读,读到一篇《化不满为灵感》的文章时,他非常振奋,文中作者教导读者如何利用积极的态度,实现自己的梦想。他仔细地反复阅读,并在心中默想着,或许有一天可以将这个观念灵活运用在工作中。

他开始尝试着找工作,在寒风刺骨的冬天里,他在市区里沿街拜访,然而,全都吃了闭门羹。这天晚上回到家后,心情烦闷的他用餐时间什么东西也吃不下,烦恼地翻看着手上的报纸。忽然间,一个突如其来的念头闪过脑际，他想起了《化不满为灵感》的文章，于是兴冲冲地将剪报找了出来，仔细地重温其中的要诀，接着他告诉自己："明天我一定要试一试！"

最后他下了一个决定，"明天我还要再去拜访昨天那些客户，今天的业绩我一定会超越你们！"不知道是幸运之神听见了他的呼唤，还是文章里的秘诀真的有效，他真的实现了他的诺言。他又来到昨天到过的那个地区，再度拜访了每一位客户，结果，他一共签下了66份新的意外保险单。

折磨与困难都是考验一个人的最佳利器，坚强的人把它当作挑战，懦弱的人倒在折磨面前。对于成就丰功伟业的人，他们曾经受过的苦难显得弥足珍贵。年轻人，如果在苦难中你可以走到终点，那么，胜利就是属于你的。掉入万丈深渊也没关系，寻找出路，积蓄能量，一样可以重飞蓝天。

有一天，当我们站在更高的山巅向下俯视时，或许，你会发现，是曾经折磨你的人造就了你，你真正应该感谢的是他！

第 3 章

刀不磨不锋利，人不磨炼不成器

人的一生就是在不断的折磨和痛苦中成长的，成长是一种痛，痛过才知道幸福的真相；成长是一种蜕变，经历了磨难的人才能破茧而出。每处伤疤都代表着成长，受到上帝眷恋和垂怜的时候，你要相信自己是幸运的；受到上帝捉弄的时候，你更要相信自己是幸运的。因为，上帝不过是换了另一种方式去磨炼你的意志。刀不磨不锋利，人不磨炼不成器。生活中，不管发生什么事情，快乐地面对，尽量为自己找一个快乐的理由，尽量去笑，而不是哭，生命中的每一次折磨你也都应当成考验你、磨炼你的机会，洒脱地转身，你就会发现令你快乐的风景！

微笑面对折磨，拓展生命厚度

鲁迅说："真正的勇士，敢于直面惨淡的人生，敢于正视淋漓的鲜血。"一个人的意志是在折磨中体现的，如果没有那凶猛的风雨，怎会有美丽而招人喜爱的彩虹？有折磨才有成功，有你为此留下的汗水，才能种出叫作"成功"的花来，而面对折磨是否能守住好心态，是一个人走出折磨的关键。作为新时代的年轻人，要微笑面对折磨，人生犹如无法预料的棋局，只有守住积极的心态，才能"千磨万击还坚劲，任尔东西南北风"，"守得云开见月明"，直达成功的彼岸。

大凡成功的人，都经历过为人所不知的折磨，他们展现给别人的永远是成功的一面，可是他们的成功绝非偶然，鲜花和掌声是由无数的汗水和鲜血堆积而成的：刘翔拼命地练习，磨炼自己，超越自己，让自己跑得更快，才可以取得那轰动全国以至全世界的好成绩；曾经穷困潦倒的凡·高，在荆棘密布的丛林中高声歌唱，不忘记自己对艺术的追求，最终登上了美术史上的高峰；李清照在饱经国仇家恨后，变得更加坚强，晚年的创作成就更令无数文人墨客惊讶歆羡。

及时当磨砺，振翅始高飞。真正的成长来自于折磨而不是温室的培育，很多人盼望成功，有些人失败了，有些人成功了，差异就在于在这条饱受折磨的成功的崎岖的山路上，有些人微笑面对，继续攀登，而有些人却因为经受不住折磨而放弃了它，最终与成功无缘。

李明博被韩国人奉为"薪水族神话"，他绰号"推土机"，还有"打工皇帝""韩国传奇"之称，是不少年轻人的奋斗榜样。竞选总统前，李明博登记财产共为353.8亿韩元（约合0.38亿美元），被韩国媒体称为最富有的总统候选人。

李明博1941年12月19日出生于日本，在韩国摆脱日本殖民统治后随父母回国。因家境贫寒，李明博青少年时期饱尝生活艰辛。他初中时就帮

父母摆小摊,还曾跑到驻军基地向士兵们卖寿司挣钱。后来,他进入高丽大学学习,靠捡破烂完成学业,获得工商管理学士学位。

1965 年,李明博大学毕业后加入韩国现代建设公司,从普通一员干起。勤奋和果断让李明博在现代集团以超乎寻常的速度晋升。1977 年,年仅 36 岁的李明博成为现代集团有史以来最年轻的首席执行官,也是现代集团创始人郑周永手下"梦之队"的核心成员。此后,他担任过现代集团 10 家下属企业的领导人。李明博在现代集团塑造了"总能办成事"的形象,这为他赢得"推土机"的绰号。而这一辉煌的经历使李明博成为韩国企业界的传奇,被誉为"薪水族神话"。

李明博在选举当天正好 66 岁,而他的一生经历颇为传奇。从贫困少年到韩国现代集团最年轻首席执行官,再到备受争议的首尔市长,其艰辛创业史至少两次被改编为电视剧,其自传也创下重印 107 次的纪录。随着李明博跨入政坛,他与现代集团的"缘分"也画上句点。郑周永 1992 年投身总统选举,李明博倒戈支持郑周永的竞争对手金泳三。后者最终赢得选举。离开现代集团的李明博 1992 年成为国会议员,1996 年赢得连任,但不久后因虚报竞选费用辞职。李明博的仕途因 2002 年当选首尔市长而柳暗花明。在 4 年任期内,李明博规划实施的清溪川重建项目和公交体系改造项目改善了首尔的城市风貌。显著的政绩使他赢得了首尔市民的好评,再度证明自己"总能办成事"。因为推行"绿色革命",他还获得了"绿色市长"的美誉。

这就是韩国首相李明博的传奇人生,从一个一无所有的青年到一个韩国最富有的总统候选人,这其中他饱受了正常人无法经受得住的很多折磨,然而这些折磨并没有阻止他前进的脚步,正是这种品质,助他一步步成功。

年轻人在生活中,可能会遭受批评、伤害、欺负、背叛、欺骗、责罚、讽刺等折磨,这时,年轻人不要愤恨、抱怨,相反,年轻人要微笑面对,感谢折磨给予的磨砺,因为他们增加了我们的智慧、激发了我们的斗志、强化了我们的双腿、让我们变得更加坚强。

2009年元月，15岁的玲玲左腿膝盖处出现疼痛，经医院检查，诊断出患有恶性骨肉瘤。由于化疗效果不佳，医生只能选择为她截肢。已经被脚疼折磨得整夜无法安睡的玲玲知道后，向母亲哀求："别人以后会像看怪物一样看我，我不做手术。"

4月，她进行第一次截肢手术。手术后，她的左腿自膝盖以下被截肢。第一次手术后，她的左腿骨仍在生长，甚至将缝好的伤口撑开，医生只能给她做第二次截肢手术。第二次手术令她失去了整条左腿。"这一次，我没有哭，心想着腿不要我了，那我也不要它了。"小玲玲说。她安慰自己："没事，还能继续穿漂亮的短裙子"。

出院以后，她尝试着用一只腿跳心爱的拉丁舞，她告诉所有人："一只腿跳得也很好看。"她的故事感动着医院的每一个和她一样被病痛折磨的人。

15岁正是一个女孩子的花季，可能很多和她一样的女孩子还在为自己明天要穿什么裙子犯愁时，玲玲已经失去了腿，病痛折磨着她，可是她依然那么开朗，没有任何的埋怨，没有任何的消极，她依然快乐的像个精灵。

年轻人也要有玲玲的这种心态，一个15岁的小女孩尚能如此，年轻人何尝不能呢？真正顽强的品格是通过折磨历练出来的，生命的厚度也是折磨中的好心态拓展出来的，那个叫作"成功"的明天，只有微笑面对折磨的人才能看得到。成功是年轻人都渴望的，那么就作好准备，在遭遇折磨时，微笑面对吧！

让折磨带来一次次心灵的蜕变

人生的每一次飞跃就好比蝶破茧而出、振翅飞翔的过程，一次次自我的突破最终完成了蝶变。人的成长中，只有经历了风雨的洗礼，才能有健硕的翅膀，最终大鹏展翅。凤凰涅槃，浴火重生，才能脱去陈旧的外壳，完成心灵的蜕变，崇高也只在逆境中炼成。暴雪过后方能山清水秀，所以，能正视折磨的年轻人会高呼："让暴风雨来得更猛烈些吧！"因为折磨就是他们完成心

灵蜕变的最佳机遇，温室的花朵永远没有天山雪莲的高雅，永远没有高崖百合的孤傲之美。

历史的沧桑葬送了无数在折磨面前倒下的人，也造就了无数在痛苦的风雨里最终磨砺成才的人，透过这片历史的镜子，年轻人应该能从中有所领悟，司马迁饱受宫刑的折磨，但他矢志不渝、继续笔耕，长篇巨著《史记》诞生于世；孙膑曾经朝气蓬勃，经受了酷刑的他，重拾昔日的自信，于是《兵法》修列；斯蒂芬·霍金疾病缠身，但他越挫越勇，成为科学界的巨人……折磨带给你的不仅是人生的挫折，还有心灵和意志的一次重新审视的过程，能经受住折磨的人，必定有惊人的心灵空间和顽强的意志。

古时候，有一个叫小小的孩子，他的生母去世了，父亲再娶了一个妻子，就是小小的后母。后母不喜欢小小，可是，小小很听后母的话，后母叫他做的事，他都尽力做好。因为他觉得，为人子就应该尽孝道。

后母几次折磨小小，可是小小都没有任何怨言，尽力做到最好。

一个寒冷的冬日，后母生了病，想吃活鱼，要小小到河里捉鱼。天下着大雪，北风呼呼地吹着，河水早已结冰，哪有鱼呢？小小想：我可以用体温使冰块融化啊！他脱掉衣服，卧在冰上，刺骨的寒冰冷得他牙关打战，全身颤抖，但他仍然强忍着、忍着……突然间，他身体下的冰块裂开了，两条鲤鱼跳了上来。小小大喜，抱着鲤鱼飞奔回家，煮鱼汤给后母吃。从此，他的后母对他视如己出，再也不为难小小了。

当然，这个故事年代久远，且没有普遍性，但是，作为年轻人，应该明白，在折磨面前勇敢面对的人，必定能完成一个质的飞跃，与此同时，也能收获心灵的蜕变，小小收获的就是一份孝心和后母的爱。

折磨就是一个过滤器，那些在风雨中积淀心灵财富的人终究会脱颖而出，完成心灵乃至意志的蜕变，直达成功的顶峰。历史上多少志士仁人最终经受住了实践的考验，证明了自己，折磨和煎熬让他们更坚定了自己的信念，在曲折坎坷的人生之路上他们一路高唱凯歌，勇敢地迎接风雨甚至雷电，然后在折磨中一次次崛起。

折磨造就英雄，年轻人是时代的未来，更应该有这种在折磨中积蓄能量，为成功和崛起作准备的坚强决心，时机成熟时也就是振翅高翔、大鹏展翅之时。成长本来就是心灵的一次次蜕变，没有折磨，何来成长，年轻人要转化劣势，在折磨中完善自己，完善心灵的一次次蜕变！

处变不惊，迎接不幸才是大幸

有人说，人生需要折磨，没有折磨的人生不是真正的人生！真正的人生是由一支支时而高亢、时而低沉的曲子谱写而成的乐章，而一个处变不惊的人持有的是一根沉稳有力的指挥棒，他的人生里没有不幸的际遇，只有动人的音乐。一个处变不惊的人宛如一颗千年苍松，经得起寒风凛冽，在白雪漫漫中，仍然面不改色，身着朴实无华的一身绿装，折磨带给他的除了痛苦和磨难，还有永生。处变不惊的人更如寒冬中的腊梅，在纯白、晶莹的雪的衬托下，显得如此冷艳，成就了"墙角数支梅，凌寒独自开，遥知不是雪，唯有暗香来"的诗篇。这就是处变不惊，是一种精神力量的升华，处变不惊就是当人在遇到一些突如其来的人生困境和苦难的时候，在情绪和行为上保持冷静，以积极的心态和清醒的头脑去思考解决之道的一种人生境界。只要年轻人要学会在折磨面前处变不惊，那么任何的不幸都是大幸。

真正的志士，有一种超乎常人的意志，不在乎面前的折磨，执着地追求自己的梦想，民族英雄岳飞，为了抗金，报效朝廷，顽强不屈；文天祥，在敌国丰厚的诱惑面前，依旧不屈服，还欣然写下"人生自古谁无死，留取丹心照寒青"的千古名句；刘胡兰在敌人的屠刀面前，临危不惧，15岁的小姑娘体现了伟大的气节；无数为中国革命事业牺牲的革命志士在敌人的残忍手段面前，也没有暴露党的踪迹，保全了一个个机密，这种处变不惊的态度值得后人赞扬！

德国历史上第一位女总理安哥拉·默克尔就是个处变不惊，始终坚持自己人生路的人，她是当今世界上令人瞩目的女政治家之一，她那种处变不

惊的铁娘子形象的形成来源于她儿时的一段经历。

出生于1954年7月17日的安哥拉·默克尔从小就是一个优秀的女孩子，她思路敏捷，兴趣广泛，在学校一直是品学兼优的好学生。14岁那年，小安哥拉满怀信心地参加学校学生会主席职位的竞选，可是，一直被视为最佳候选人的安哥拉却遭到了惨败，同学们指责她不苟言笑，缺乏亲和力；思想保守，缺乏创造性，完全不适合担任学生会主席。小安哥拉难以接受别人的批评，伤心得好几天连学校都不愿意去。安哥拉的父亲卡斯纳尔，是一名知识渊博的教会牧师，他非常了解自己的女儿，也非常疼爱自己的女儿，这位父亲对女儿寄予了很高的期望。为了使女儿能够以正确的心态来对待人生的挫折，卡斯纳尔给女儿讲述了自己亲身经历的一个小故事。

一个隆冬的早晨，屋外寒风凛冽。在上卫生间的时候，卡斯纳尔忽然发现在镜子的左上角有个小黑点，仔细一看，原来是一只个头很大的蚊子。纤细的足，长长的嘴，腹部有纹，模样非常丑陋。他扬起掌，准备狠狠拍下，蚊子却抖动翅膀，在空中盘旋了两圈，停到卫生间的墙角里去了。

突然，卡斯纳尔隐隐地感到有一丝感动，便不再去追打这只蚊子。在心里，他有三条理由放它一条生路：第一，它是一只英雄的蚊子。天寒地冻，它的部落成员们早就都销声匿迹，而它却能挑战自己的身体极限，坚强地生存在严酷的环境里。卡斯纳尔敬重这样一个生命。第二，它是一只有活力的蚊子。经过了严酷的自然选择，它依然肢体强壮，灵敏如常，这生命已经算得上是一个奇迹了。卡斯纳尔珍惜这样一个奇迹。第三，它是一只热爱生命的蚊子。在同类都已经死去的情况下，它还能乐观地活着，怎不让人佩服呢？

卡斯纳尔把自己奇特的感受告诉了妻子，妻子则不以为然，她的一句话，使卡斯纳尔不得不重新思考这只孤独的蚊子。妻子说："假如说我们家的卫生间并不是现在这般温暖如春，这只蚊子还会生存吗？很显然，这只蚊子是一只贪图温暖安逸而不知危险已至的愚蠢的蚊子！它是该死的！"说着，妻子拿起了一罐杀虫剂，将卫生间彻底地喷了一遍，结果，那只孤独的大个子蚊子瞬间就掉落在地上，毫无挣扎地死去了，并没有给人英雄牺牲时的悲壮之感。

讲完这段经历之后，卡斯纳尔语重心长地对女儿说：“同样一只孤独的蚊子，我们对它却有两种截然不同的认识和评价。亲爱的孩子，在生活中，当有人赞扬我们是英雄或者贬低我们为狗熊的时候，那不过是他们把自己的某些想法强加在我们的身上而已，并不代表我们真的就伟大或者渺小。正如这一只孤独的蚊子一样，毁誉并不能改变它的属性，我们永远是我们自己！不要被他人的口舌左右！”

小安哥拉忽闪着大大的眼睛注视着父亲，聪明的安哥拉明白了父亲话中的深意。从此以后，这个小姑娘不再看重别人的评论，而是按照自己的人生理想，不断地奋斗拼搏，一步一步地走向成功。首先她成了一名具有杰出贡献的物理学家，然后步入政坛，出任政府部长，最终成了德国历史上第一位女总理。当人们采访这位女总理时，她非常自豪地说：“我这一生最不能忘记的是父亲所说的那只蚊子，它帮我走过了许多人生困境。”

安哥拉的父亲为她解读了蚊子的故事，让她明白了：人生的路上会遇到很多这样的折磨，被别人贬低、被人谩骂，甚至被人踩踏，只要处变不惊，只要不把那些想法强加在自己身上，就会走得住、走得直！这个信念伴她走过了人生的很多逆境。面对这些，年轻人也要学会处变不惊，你还是你，不必因为那些折磨而改变自己，走好自己的人生路，不要被那些身外事羁绊和左右，这样，才会走出属于自己的别样的人生！

年轻人要心若幽兰，静如止水，找好自己的理想，一心一意为目标奋斗，排除干扰和任何的杂念，这就是一种处变不惊，即使风霜里依旧傲然挺立，即使困难重重也不颓废退缩，假以时日，年轻人一定会硕果累累！

面对折磨，摆正心中的指南针

波涛汹涌的大海上，因为有航标的指示，帆船才能顺利靠岸；黑夜中的人们因为有指明灯的召唤，才顺利迎接到光明。置身于浩瀚的苍穹中，作为“初出茅庐”的年轻人，我们太容易迷失前方的路，很可能被各种各样的折磨吓倒，因此，我们要在心中放一枚指南针，在遭遇折磨的时候，摆正它，这样折磨中的路便不再难走。

傲雪的寒梅为何不在暖风和煦的春天开放，却独独在雨雪霏霏的寒冬悄悄苏醒？幼鹰何以能忍受被折断肋骨、推下悬崖的恐惧，而在苍穹间无比完美又充满哀嚎地振翅一飞？饱受自然灾害的那些困难中的人们面临那被摧毁的家园，为何还能燃起生活的希望？因为他们的心中始终都有一枚摆正了的指南针，它指引他们，遭遇折磨，不要哭泣，不要折腰，不要彷徨，不要哀怨……人的一生往往会经历很多折磨，这个过程是痛苦的，是寂寞的，同时也是残酷的，也许你会失去健康，也许你会名落孙山，也许你会失去至亲的人，也许……但只要摆正心中的指南针，告诉自己，因为有梦，你的人生也同样精彩！

作为新时代的年轻人，面临纷纷扰扰的社会，我们更容易遭遇折磨。一些年轻人此时便放弃了自己，放弃了梦想，选择捷径，甚至违背做人的准则，或者自暴自弃，他们的人生在这里开始下滑；而也有一些年轻人始终相信，“宝剑锋从磨砺出，梅花香自苦寒来”，摆正自己的心，告诉自己明天一定会美好。

当邓亚萍在赛场上挥汗如雨的时候，或许我们没有想过她潇洒的身影曾经走过了多少风风雨雨……

最初，这个身材矮小的小女孩曾有过被体校拒收的经历，因为她的父亲是教练，她才有走上体坛的机会。但她不被教练看好，也不被大家看好，她的训练生活是枯燥无味的，她不像有些运动员那样终日被教练看着，受着大家的关注,她的存在似乎没有太多人在意。但她不服输,她小时候的梦想是成为世界冠军,所以她要朝着她的梦想冲刺。尽管现实与梦想的距离太远,但她深信,只要她付出相对的努力,时间会改变一切。

通过她的努力,13岁,这个小女孩创造了击败世界女子冠军的奇迹。一般来说,运动员遇到这种情况就可以顺其自然地进入国家队,但到了邓亚萍这儿却是个例外,她只进了国家二队——中国青年队。教练都是国家队的,他们的眼光自然不同,她的身高给她带来了太多的困扰,尽管她创造了这样的奇迹,但依旧没人看好她,特别是一队的队员。但她要用实力证明,她能行！之后一年中,5次全国尖子选手比拼中,她获得了4次冠军、1次亚军的优异成绩,这才一波三折地进入了国家队。

这个身高仅有1.5米的女子获得了14次世界冠军,4次奥运会冠军,成了世界乒坛的女皇。她的经历告诉我们:人生中,没有折磨哪会有成功!

邓亚萍是这样一个大家都熟悉而敬佩的人,正是有一颗正确面对折磨的心和对乒乓事业的执着的热情,让她走过了“千雕万琢”的阶段,铸就了一个体坛神话。

在心中放一枚指南针,年轻人,你可以没有金钱,没有地位,甚至没有一切,但唯独在折磨中不能失去坚强的意志,失去了坚强意志的人就如美丽的花瓶,可观而不可用:失去了坚强意志的人就如刚出巢穴的小鸟,面对广阔的天空,有翅膀却不能翱翔:失去了意志的人就如笼中的野兽,即使出了牢笼,面对眼前的美食也只能饿死。

世界上没有任何一条通往成功的捷径,每一次成功的背后都是无数血汗和精力的凝聚,折磨是每个成功人士的必经之路,是否能跨过折磨这条门槛,就看年轻人能否摆正自己心中的指南针,心志是否坚强。坚强的年轻人,即使眼前是天昏地暗,江海翻腾,也同样能走好自己的路,成就不平凡的人生。

很久以前,在古希腊有个年轻人,他从小的梦想就是成为世人瞩目的演说家,而偏偏他自小就有口吃,连与人说话都结结巴巴,口齿不清,登台时更

是出尽了“洋相”，一登台演讲，他就声音浑浊，发音不准，他的举动常常被人嘲笑，被对手压制。可他并没有气馁心灰。他告诉自己，一定要成功，为克服这个困难，他每天口含石子，面对大海朗诵，五十年如一日，终于成为全希腊最有名的演说家，他就是古希腊的演说家德摩斯梯尼。

真正成功的人都能领悟一个道理：不要被自己打败，真正打败你的人，不是对手，不是苦难，而是你自己，因为你自己卸下了梦想，卸下了希望，卸下了心中的指南针。有句歌词唱得好：“他说风雨中这点痛算什么，擦干泪，不要怕，至少我们还有梦。”的确，梦在，心就在，成功就在。

生活中，有太多会致使你苦闷的折磨你的人和事，但只要你不忘心中的指南针，无论遇到什么样的折磨，摆正它，你就能勇敢向前冲，冲破折磨，冲向成功！

一切困难都是为我们成功而存在的

每个人的人生旅途中都会有荆棘，有陡崖，有陷阱……面对种种困难，弱者会止步不前，痛哭流涕，祈求神灵的庇佑；而强者，会勇敢地面对种种困境，迎难而上，战胜一切困难。的确，困难就像我们生命中一只巨大的拦路虎，它也许令你心灰意冷、胆战心寒，但是，任何事物的存在都有好坏两个方面，如果我们换个角度，从好的方面来看它，那么你会发现，它还是有很多积极作用的。

来看这样一个故事：

一个农夫赶着他的驴子从集市上回来，路过一片田地时，驴子不小心掉进枯井里，农夫绞尽脑汁想要救出驴子，可是都没能成功。几个小时过去了，驴子还在井里哀嚎着，最后，农夫决定放弃，他想这头驴子已经老了，不值得大费周折地把它救出来，但是不管如何这口井是一定要填起来的。于是农夫就找邻居帮忙，一起将井里的驴子埋了，以免除驴子的痛苦。

大伙人手一把铲子，开始将泥土铲进井里。当这头驴子意识到自己的处境时，刚开始叫得很凄惨，但出人意料的是，过一会儿它安静下来了。大家好奇地往井底一看，出现在眼前的情形令他们大吃一惊：

当铲进的泥土落到驴子的背部时，它将泥土抖落一旁，然后站到泥土堆上面。

就这样，随着井里的泥土越堆越高，驴子一步一步地上升到井口，然后在众人的惊讶中快步跑开了。

驴子的顽强不禁让我们惊叹。在生命的旅程中，有时候我们难免会陷入"枯井"里，挫折和磨难也会像纷繁而落的"泥沙"一样，无情地倾倒在我们身上。如果我们恐惧它，被吓倒，那就是中了它的圈套；相反我们要鼓足勇气，像抖落泥沙一样把这些困难抖落下去，就能让它们变为我们走向成功的垫脚石。有了这样的勇气，即使困难再大，我们也可以轻松地战胜它们。

巴尔扎克曾经这样说："世界上的事情永远不是绝对的，结果因人而异，苦难对于天才是一块垫脚石，对能干的人是一笔财富，对于弱者是一个万丈深渊。"或许环境带给你痛苦和挫折，让你的身体和心灵备受磨难，但是只要拥有一颗坚韧的心，拥有一种积极进取的精神，你最终一定会战胜挫折、摆脱困境的。

巴雷尼小时候因病成了残疾，母亲的心就像刀绞一样，但她还是强忍住自己的悲痛。她想，孩子现在最需要的是鼓励和帮助，而不是妈妈的眼泪。母亲来到巴雷尼的病床前，拉着他的手说："孩子，妈妈相信你是个有志气的人，希望你能用自己的双腿，在人生的道路上勇敢地走下去！"

母亲的话，像铁锤一样撞击着巴雷尼的心扉，他扑到母亲怀里大哭起来。从那以后，妈妈只要一有空，就帮助巴雷尼练习走路、做体操，常常累得满头大汗。有一次妈妈得了重感冒，她想，做母亲的不仅要言传，还要身教。尽管发着高烧，她还是按计划帮助巴雷尼练习走路。黄豆般的汗水从妈妈脸上淌下来，她用干毛巾擦擦，咬紧牙帮巴雷尼完成了当天的锻炼计划。

体育锻炼弥补了残疾给巴雷尼带来的不便。母亲的榜样作用，更是深深教育了巴雷尼，他终于经受住了命运给他的严酷打击。他刻苦学习，学习

成绩一直在班上名列前茅。最终，以优异的成绩考进了维也纳大学医学院。大学毕业后，巴雷尼以全部精力，致力于耳科神经学的研究。最后，他终于登上了诺贝尔生理学和医学奖的领奖台。

巴雷尼在母亲的帮助下，用自己的坚强和毅力克服了生理上的障碍，走上了成功者的领奖台。古今中外也有很多事例却告诉我们，环境恶劣不可怕，身体残疾不可怕，只要有一颗不怕困难、坚持到底的心，任何阻碍都可以成为成功的垫脚石。

生活总是不乏佼佼者和被光环围绕的人，然而在我们看到他们发出光芒的时候，谁又能了解他们在成功背后所付出的艰辛，谁会知道他们在通往成功的路上遭遇了多少挫折和痛苦呢？能走上成功的领奖台，一定是因为他们战胜了重重困难，在失败面前他们没有胆怯，没有放弃，他们把失败看作是成功的垫脚石，在每一次失败中微笑，迎接新一轮的挑战。

如果在挫折中，你被吓倒了，放弃了，那么你就是放弃了成功的希望，放弃了改变命运的机会。如果这样，或许你应该向驴子学习，本来看似要活埋驴子的举动，由于驴子处理方式的不同，帮助它成功地逃出了“枯井”。如果我们能够像那头驴子那样，以肯定、沉着的态度面对困境，并且成功找到脱困的方法，一切困难就都变得不堪一击了。

一切困难都是为了我们的成功而存在，困难的出现虽然会让我们的旅途有所停顿，但是不妨把这个停顿看作是给疲惫的身体一个休息的机会，为了下一段路程走得更顺畅而作的准备。如果说生命是一部伟大的乐章，那么磨难便是这人生乐曲中不可或缺的一个音符，要想弹奏出生命的最强音，就要比别人经历更多的磨难。磨难是财富，让我们勇敢地战胜磨难，做一个生命中的强者！

折磨孕育成功，希望就在前方

希望是人生的钟摆，须臾停不得；希望是优美动听的歌，是奇丽无比的小诗、是令人神往的意境、是朝露、是晚霞、是阳光，有阳光的地方，就有希望。

每个人在成长的路上，都会遇到各种各样的折磨，年轻人当然也不例外，但无论何种境遇，只要敢于面对，勇于承受，把挫折当成一种营养，看到前方希望的曙光，人生就能孕育出光芒四射的珍珠。当你失意落魄时，看看那翱翔在东方海岸线上的海鸥，看着它那双抓住晨光的翅膀，一股敬佩之意就会油然而生；当你驻足于悬崖之上，发现那长在峭壁上的草儿正在一点点地破土而出时，你还会气馁吗？希望与失望只不过是抬头与低头的区别，低头是失望，那么昂起头便是希望。希望的路，千条万条；希望的河，处处可入海洋。希望有时候的确很渺小，可是往往就是那么一点点针尖般大的希望，却孕育着伟大的成功。

真正的伟人都有着非凡的品质，这种品质就是在折磨中不放弃希望，越挫越勇。折磨不可避免，也并不可怕，可怕的是失去希望，强者的本色是败而言勇。看林肯，他23岁竞选州议员失败，24岁做生意失败，27岁一度精神崩溃，29岁竞选州议长失败，31岁竞选选举人团失败，34岁竞选国会议员失败，39岁国会议员连任失败，47岁竞选副总统失败，49岁竞选参议员再次失败，51岁终于当选美国总统。他是公认的美国历史上最伟大的总统。再看诺贝尔，因为炸药实验，亲人离他而去，还有世人对他的误会和不理解，一次次的实验失败后，他没有放弃，他看到的是成功的希望，是人类和平的曙光，他用血的代价发明了雷管。

看着这些在折磨中崛起的人，年轻人，你还有什么值得害怕的呢？希望永远在前方，受折磨的是过去，明天会美好，你要做的不是在折磨中消沉，不是在障碍面前驻足，而是应该打破折磨的咒语，粉碎每一个障碍。

在美国,有一个叫乔治的人,在他35岁那年,他还在读大学,他不是一个普通的学生,他曾经因为犯法在监狱待了十几年,期间,他患了很严重的精神病。他是这样回忆自己的监狱生活的:“以往我没有生活目标,每天要服用大量的药物来维持自己的精神正常,我不照看自己的生活,经常与人争吵。一次我在监狱里打了人。这是一次愤怒引起的冲动行为,但现在我把那一拳视为转折点。我想我的生活已经糟到了极点,我不能再这样下去,所以我决定重新做人。”他的这一转变也是由于他的父亲的死去。

他父亲的去世对他的影响是多方面的,其中之一是让乔治恢复了信仰。父亲去世后的一年里,他去教堂做居丧祷告,这帮助他将精力集中于生活中的关键要素上。他还固定在每星期六下午去护理院和医院与人见面。他还在与疑惑和药物副作用斗争。他说:“必须一直坚持斗争,必须相信自己,相信某种更高类型的存在。我总是很累,生活本来就是这样。我累了,但不能趴下,必须前进。”

他上了自己喜欢的大学和自己喜欢的专业,四年里,他从基本目标开始,定期服药、按约复诊、保持个人和住所干净。他为自己设定学习和职业目标,他希望获得学士学位,成为新闻记者。

他回顾自己的过去,对自己能帮助有类似遭遇的人感到欣慰,他说:“我就想帮助别人,我只要帮助一个人避免我犯过的错误就行了,我花了挺长时间站起来,但现在我把损失的时间补回来了,感谢上帝,情况终于有了改变。”他还说:“必须始终相信自己,永远也不要放弃希望。”

我们很难想象,那个几乎放弃自己,精神世界崩溃的乔治能从生活的阴影中走出来,以前,他觉得自己的生活无目标,因为他没有看到前方的希望,他靠药物维持自己的精神正常,而现在的乔治尝到了由自己奋斗得来的一点一滴的成功,这让他看到了更加光明的明天,他重新燃起了生活的希望。

折磨只是人生的训练场,年轻人只有正视眼前的折磨,以明智的眼光来审视脚下的路,才能从折磨中收获成功的种子,看见前方的希望,只要坚持不懈去耕耘,失败的种子也会长成参天大树。年轻人要做一个充满自信、功夫在身、干劲十足的斗士,在人生的训练场上,为了前方的希望,努力积蓄力量,然后大干一场!

恐惧终须面对,逃避无济于事

成功者的身上有这样的共同点:他们从来不逃避问题,不畏惧折磨,不逃避恐惧。

不管是身处校园,还是置身于社会之中,恐惧的折磨都会偶尔浮上你的心头。美国著名将领艾森豪威尔将军说:“软弱就会一事无成,我们必须拥有强大的实力。”不正面迎向恐惧的折磨,面对挑战,你就得一生一世躲着它。

一天下午,艾森豪威尔从学校回家,一个同他年龄相仿的粗壮结实的男孩在后面追他。艾森豪威尔不敢迎战,只想逃跑。

艾森豪威尔的父亲看见后,冲他大喊:“你干吗容忍那小子追得你满街跑?”

艾森豪威尔当即委屈地反驳说:“因为我不敢还手;而且不管输赢,结果都是挨你的鞭子。”“别为自己的懦弱寻找借口,去把那小子赶走!”

有了父亲这话,艾森豪威尔还怕什么?他猛地转回身,怒发冲冠。那个追赶他的男孩被艾森豪威尔的突然反击吓坏了,他慌忙地夺路而逃。艾森豪威尔穷追不舍,一把将他抓住。当即把他放翻在地,并且正颜厉色地警告他:“如果你再找麻烦,我就每天揍你一顿。”

通过这件事,艾森豪威尔悟出一个道理:面对看似强大的对手的时候,千万不要胆怯和逃跑。一个人如果没有足够的勇气和信心,干什么都缩手缩脚、患得患失,害怕失败和挫折,就不会成为一个杰出的人。

有时困难在想象中会被放大一百倍,事实上,走出了第一步,就会发现那些麻烦与困难有时只是自己吓自己。每个人的勇气都不是天生的,没有谁是一生下来就充满自信,只有勇于尝试,才能锻炼出勇气。

“我们唯一值得恐惧的就是恐惧本身，那会让我们莫名其妙地胆怯，会让我们为前进所付出的努力付诸东流。”在哈佛学子的心中，美国总统罗斯福的这句名言一直鼓舞着他们面对一切压力与挑战。

富兰克林·罗斯福一直被视为美国历史上最伟大的总统之一，是20世纪美国最受民众期望和爱戴的总统，也是美国历史上唯一一位连任4届总统的人。

但罗斯福在第一次竞选总统时就惨遭失败，随后他暂时退出政坛。不久，又因一场意外遭遇而半身瘫痪。他瘫痪后相信自己还能成功，再次竞选时，他入主白宫。他在首次就职演说中提出的那个“无所畏惧”的战斗口号，鼓舞了千千万万的听众，他说：“我们唯一值得恐惧的就是恐惧本身。”他凭着永远不承认失败，永远不甘放弃的精神，把美利坚合众国引上了一条新的发展道路。他连任四届，成为美国历史上最杰出的总统之一。

1933年，美国弥漫着对经济危机的恐惧情绪。就在3月3日晚，美国32个州宣布无限期关闭银行。如果银行体系崩溃，几千万美国人毕生的积蓄将毁于一旦。愤怒的民众会选择什么样的方式发泄，谁也不能保证。

事实上，罗斯福已经遭遇到发泄的危险。早在2月15日，罗斯福在户外演讲时就遭到刺杀。刺客是一个穷困潦倒的人，因此对社会充满仇恨。他原来想刺杀在任总统胡佛，恰巧遇到罗斯福演讲，于是便向他开了枪。罗斯福幸免于难，而芝加哥市长却受了重伤不治身亡。也许上帝需要罗斯福来成就一番伟业，于是让死亡降临到其他人身上。

当然罗斯福并不是只靠一句话就能使美国人民重树信心，关键是随之而来的果敢而紧急的行动，包括《紧急银行法》《重建美国政府信用法案》《紧急救济法案》等法案的实施。两周以后，整个美国变了样，摆脱了冷漠和沮丧，开始充满活力。在纽约市小学生中进行的一项民意调查中显示，罗斯福受欢迎的程度已经远远超过了上帝。一个坐在轮椅上的人，竟能够使美国迅速恢复活力，不能不说是一个奇迹。这也说明美国选民作出了正确的选择，他们没有被罗斯福的轮椅遮住视线。

在哈佛有这样一句话:假如你选择了天空,就不要渴望风和日丽。年轻人爱冒险,而冒险的首要前提就是必须克服内心的恐惧。

不断进取,敢于面对一切困难,努力克服它,战胜它,这是生存的法则。相反,逃避是懦夫的作为,最终只能带来更多的危机。

一个人绝对不可在面对恐惧的威胁时,背过身去试图逃避。若是这样做,只会使危险加倍。我们只要立刻面对它毫不退缩,危险便会减半。任何人只要去做他所恐惧的事,并持续地做下去,直到有获得成功的纪录作后盾,他便能克服恐惧。

恐惧是获得胜利的最大障碍。你若失去了勇敢,你就失去了一切。

去做你所恐惧的事,这是克服恐惧的一大良方。大多数人在碰到棘手的问题时,只会考虑到事物本身的困难程度,如此自然也就产生了恐怖感。但是一旦实际着手时,就会发现事情其实比想象中要容易且顺利多了。

现实中的恐怖,远比不上想象中的恐怖那么可怕。很多时候,成功就像攀爬铁索,失败的原因不是智商的低下,也不是力量的单薄,而是威慑于自己面前的无形障碍。如果我们敢于做自己害怕的事,害怕就必然会消失。

强者总是选择走泥泞的路

有一个孩子,每次考试时,他的成绩都无法超过他的同桌,这让他很困惑,一同认认真真地听课,为什么每次同桌都能考第一,而自己每次却只能排在他的后面。

每次成绩下来后,他总是问妈妈:“妈妈,我是不是比别人笨?我觉得我和他一样听老师的话,一样认真地做作业,可是,为什么我总比他落后?”妈妈听了儿子的话,感觉到儿子开始有自尊心了,而这种自尊心正在被学校的排名伤害着。她望着儿子,没有回答,因为她不知该怎样回答。又一次考试后,孩子考了第20名,而他的同桌还是第一名。回家后,儿子又问了同样的问题。妈妈真想说,人的智力确实有高低之分,考第一的人,脑子就是比一

般人的灵。然而这样的回答，难道是孩子真想知道的答案吗？她庆幸自己没说出口。

应该怎样回答儿子的问题呢？有几次，她真想重复那几句被上万个父母重复了上万次的话——你太贪玩了；你在学习上还不够勤奋；和别人比起来你还不够努力……以此来搪塞儿子。然而，像她儿子这样脑袋不够聪明、在班上成绩不甚突出的孩子，平时活得还不够辛苦吗？所以她没有那么做，她想为儿子的问题找到一个完美的答案。

儿子小学毕业了，虽然他比过去更加刻苦，但依然没赶上他的同桌，不过与过去相比，他的成绩一直在提高。为了对儿子的进步表示赞赏，她带他去看了一次大海。就是这次旅行中，这位母亲回答了儿子的问题。

母亲和儿子坐在沙滩上，她指着海面对儿子说："你看那些在海边争食的鸟儿，当海浪打来的时候，小灰雀总能迅速地飞起。它们拍打两三下翅膀就升入了天空；而海鸥总显得非常笨拙，它们从沙滩飞向天空总要很长时间，然而，真正能飞越大海，横穿大洋的还是它们。"

人与人先天就存在差异，这是不可回避的事实。人的成长、成熟是一个漫长的较量，能否取得最后的胜利，不在于一时的排名，而在于持续的进步与积累。能够经受住更多风吹雨打的磨炼的人，他的翅膀才会更有力，才能飞得更高、更远。

不要嫉妒别人哪里比你强，如果你没有得到所谓的幸运，不要埋怨生活的不幸，请记住，上帝没有给你一条更为平坦的路，是因为他要让你更快成熟。

在一个古老的小镇上，一位老爷爷开了一个家具店。爷爷曾经是木匠，因此，店里的家具基本上都是他自己打的。当时，镇上有几家家具店，但没有一家生意比爷爷做得好。其实，每个家具店的品种和款式都差不多。孙子禁不住问爷爷："为什么集镇的人都买我们店的家具，都说我们店的家具好呢？"爷爷神秘地笑了笑，说："明天就带你找答案。"

第二天一大早，天刚蒙蒙亮，爷爷就把孙子从床上叫起来。他早就套好了牛车，带好了钢锯。孙子知道，爷爷要带他去山里伐木材。走了十多公里的路，他们终于来到大山脚下。说是山，其实并不高。

爷爷把牛车拴在了山脚下，拉着孙子的手一直往山顶攀。孙子好奇地问爷爷："山脚下那么多树可伐，为什么要费这么大力气爬到山顶上去？"爷爷笑了笑，用手指了指旁边几棵树说："你抱抱，看它们究竟有多粗。"那年孙子才七八岁，根本不明白爷爷的用意。但还是伸出双手，一连抱了好几棵。他发现，这几棵树中，即使是最粗的一棵，他双手环抱都有富余。攀上山顶，爷爷又指了指旁边几棵树让孙子抱，这里的每棵树用双手都抱不过来。这时他才明白，山顶的树比山脚的树要粗壮。

"山顶的树不仅粗壮，而且密实，用它们来打家具，非常牢固。"爷爷一边锯树，一边解释道。

"同样一种树，为什么山顶的粗壮，山脚下的细小呢？"

孙子打破砂锅问到底，爷爷停下手中的活，揩了揩额角上的汗珠，指了指山北方向，问："你看，山北边有什么？"孙子顺着爷爷手指的方向看了看，眼前一片空旷，极目远眺，好像是天的尽头。于是摇头回答说："什么都没有啊！"爷爷肯定地接过话茬："有，而且很大，那是从遥远的北方刮来的风和西伯利亚的寒潮。"爷爷一手叉腰，一手远指，犹如一位哲学家。

"这和风与寒潮有什么关系呢？"孙子大惑不解。

"当然有关系，长年经历风吹雨打的树木，生命力极强，根系特别发达，那么它从泥土中吸取的养分就充足，因此，长得也特别粗壮。"说着，爷爷转过身指了指山南的山脚，继续说道："你再看看那些树，背后有大山抵御风和寒潮，很少受自然界侵袭，从树枝到根系都得不到锻炼，长得也就瘦小脆弱。若用它们来打家具，不仅易折易裂，而且易受病虫腐蚀。"听完爷爷的讲解，孙子恍然大悟。

于是，他在山顶英雄般地立下豪言壮语："我长大了一定要做山顶上的大树。"爷爷听后，摸摸他的头，爽朗地笑了。

收获总不会轻易而来，就像那些在山底不经受寒风吹打的树一样，它的

生命中多了些安逸，就少了些张力。

有时候，不要抱怨上帝没有眷顾你，是你自己不够资格进入上帝的法眼，或者说，上帝早已把目光从你的身上轻轻掠过。因为你的“稚嫩”，因为你没有承受过多的磨难的历练，因此，上帝要用更多的艰辛和曲折来磨炼你。积极地接受生活给予的一切，即使是痛苦的磨难，也自有其意义。

成功的捷径是勇敢地走最艰辛的路

1896 年 4 月 6 日，现代奥运史上的第一个世界冠军诞生了，他就是来自美国哈佛大学的大学生詹姆斯·康纳利。

康纳利 1895 年被哈佛大学录取，学习古典文学。在学校时，他已经是当时全美三级跳远冠军了。听说奥运会即将在雅典举行，他便向学校请 8 周假前去参赛，但学校拒绝了他的要求。康纳利执意要到奥运会上一试身手，于是他离开了哈佛，自己争取到参加奥运会的资格，成为由 11 人组成的美国代表团的成员之一。

与他一同前去的其他美国同伴都是波士顿体育协会麾下的运动员，参赛是免费的。而康纳利太穷了，他享受不到这种待遇，他这次参赛是在一家很小的体育协会的赞助下才成行的。由于资金紧张，他花掉了自己仅有的 700 美元的积蓄，才登上了德国德福达号货船。

就在起航的前两天，他伤了后背，这一突发状况几乎毁了他的全部计划。幸运的是，在从纽约到那不勒斯的 17 天航行中，他的伤痊愈了。但是刚下船，他的钱包又被人偷走了。这还不算，更为糟糕的事接踵而来：因为希腊历制和西方历制不同，比赛在他们到达的第二天就开始了，而不是他们原以为的 12 天之后；而对他更为不利的是，他的三级跳远项目的起跳要求是单足跳、单足跳、起跳，而不是他从小练习的传统跳法单足跳、跨步、起跳。

1896 年 4 月 6 日下午，三级跳远比赛开始了。在其他运动员跳完之后，康纳利最后一个出场。他走到沙坑前，把帽子扔到了一个别的运动员跳不到的位置上,大声呼喊自己要跳到帽子那里去。他在跑道上加速,按照新的规则,先两个单足跳,然后起跳,最后落在比他的帽子更远的地方,跳出了13.71米的好成绩,成为当之无愧的现代奥运史上的第一个冠军。

1949年,哈佛大学试图与他和解,并授予他博士学位。

并不是每个人都能在逆境中坚持自己的决定。面临着参加奥运会就要离开学校,且自己自费参赛的严峻考验,詹姆斯·康纳利坚持自己的想法,最终取得了胜利。正如一位哲人所言:"成功者大都起始于不好的环境并经历许多令人心碎的挣扎和奋斗。他们生命的转折点通常都是在危急时刻才降临。经历了这些沧桑之后,他们才具有了更健全的人格和更强大的力量。"

人们驾驭生活的能力,是从困境生活中磨砺出来的。和世间任何事件一样,苦难也具有两重性。一方面它是一种障碍,要排除它必须花费更多的力量和时间;另一方面它又是一种肥料,在解决它的过程中能够使人更好地锻炼提高。

很久很久以前,有一个养蚌人,他想培育一颗世界上最大最美的珍珠。

他去大海的沙滩上挑选沙粒,并且一颗一颗地问它们,愿不愿意变成珍珠。那些被问的沙粒,一颗一颗都摇头说不愿意。养蚌人从清晨问到黄昏,得到的都是同样的结果,他快要绝望了。

就在这时,有一粒沙子答应了。因为,它一直想成为一颗珍珠。

旁边的沙粒都嘲笑它,说它太傻,去蚌壳里住,远离亲人朋友,见不到阳光、雨露、明月、清风,甚至还缺少空气,只能与黑暗、潮湿、寒冷、孤寂为伍,多么不值得!

那颗沙子还是无怨无悔地随养蚌人去了。

斗转星移,几年过去了,那粒沙子已经长成了一颗晶莹丰润、价值连城的珍珠,而曾经嘲笑它的那些伙伴们,有的依然是海滩上平凡的沙粒,有的已化为尘埃。

如果说这世上有"点石成金术"的话,那就是"艰辛"。你忍耐着,坚持

着，当走完黑暗与苦难的隧道之后，就会惊讶地发现，平凡如沙子的你，不知不觉中已长成了一颗珍珠。

每一个年轻人都要记住：逆境总是吞噬意志薄弱的失败者，而常常造就毅力超群的事业成功者。逆境是魔鬼，它夺走了你的光明。逆境也是天使，它是一座深不可测的宝藏。要在逆境中赶走魔鬼、拥抱天使，最重要的美德就是坚韧。

最不幸的那个人不会是你

有人说，幸福永远是相同的，不幸却会呈现不同的状态。幸福只有一种，不幸却有千万种，谁都不想拥有不幸，谁都期盼快乐永存，可是谁也无法预料生活。作为年轻人，我们唯一可以做的就是在面对不幸的时候有一颗快乐的心，因为你永远不是最不幸的人。看看那些比你不幸的人，你会发现，其实你已经很幸运，上帝可能剥夺了你的财富，可是你还拥有健康的体魄；也许你被疾病缠身，可是你还有蓬勃的生命；或许你情场失意，可是你还有年轻的心。

所以，不幸的年轻人，切勿过于怨叹，你拥有的还有很多，你不是最不幸的人。激励大师约翰·库提斯曾经告诉我们：“世界上永远都有比你更不幸的人！”他的这句话激励着无数年轻人走出不幸，生活依旧美好，乌云终会散去，阳光依旧灿烂。

一个婴儿刚出生就夭折了，一个老人寿终正寝了，一个中年人暴亡了，他们的灵魂在去天国的途中相遇，彼此诉说起了自己的不幸。

婴儿对老人说：“上帝太不公平，你活了这么久，而我却等于没活过。我失去了整整一辈子。”老人回答：“你几乎不算得到了生命，所以也就谈不上失去。谁受生命的赐予最多，死时失去的也最多。长寿非福也。”中年人叫了起来：“有谁比我惨！你们一个无所谓活不活，一个已经活够数，我却死在正当年，把生命曾经赐予的和将要赐予的都失去了。”

他们正谈论着，不觉到达天国门前，一个声音在头顶响起："众生啊，那已经逝去的和未曾到来的都不属于你们。你们有什么可失去的呢？"三个灵魂齐声喊道："主啊，难道我们中间没有一个最不幸的人吗？"上帝答道："最不幸的人不止一个，你们全是，因为你们全都自以为所失最多。谁受这个念头折磨，谁就是最不幸的人。"

的确，幸与不幸自在人的心中，受不幸念头折磨的人，即使没有失去什么，他也是最不幸的，因为他失去了乐观面对生活的心。而一个人若看到了自己不是最不幸的人，自己拥有的还有很多，那么他就是幸运的。

面对不幸，甚至处在人生的最低点时，年轻人也不应该自怨自艾，自暴自弃，而应该认真思考自己的人生，让不幸给你提供开掘自己智慧的契机，然后从折磨中崛起。

莎士比亚曾经充满深情地对一个失去父母的少年说，你是多么幸运的孩子，你拥有了不幸。当时这个刚刚失去父母的孩子，正处在孤苦无依的悲惨境地，孩子充满疑惑地看着这个被人们尊敬的艺术大师。莎士比亚摸着孩子的头说，因为不幸是人生最好的历练，是人生不可缺少的历程、教育，因为你知道失去了父母以后，一切就只能靠你自己了。这个孩子似乎领悟到了什么，悄悄地离开了莎士比亚的目光。40 年以后，这个孩子了成为英国剑桥大学的校长，世界著名的物理学家。他就是杰克·詹姆士。

正如杰克·詹姆士，拥有不幸，然后从不幸中成功实现梦想的人比比皆是，如果稍稍留意一下那些在人类的历史上留下杰出脚印的人们，你会惊奇地发现，很多杰出人物都曾遭遇过不幸。因为不幸，因为没有亲人呵护，因为一切都要靠自己的双手，所以他们懂得了脚踏实地，刻苦勤勉。与那些伟人的不幸比起来，年轻人，你的不幸又算得了什么呢？命运没有不公，给予你的可能是不幸，可是反之你得到的就是一次人生历练的机遇。退一步想，不幸就是幸运，因为不幸，你可能就与平庸的人截然不同。年轻人不要让乌云遮住了心中的太阳，要懂得人生中每一点阳光的宝贵。

前些年，正值人生花季的陈宇被查出患有尿毒症，不得不靠血液透析维

持脆弱的生命。但是从他生病的那一天起，他周围的人从没在他身上发现过痛苦和悲观，他对人生充满了爱，对生活充满了信心。他用自己的积蓄开办爱心热线，以自己的人生经验开导那些困惑中的人们。他阅读、写作，发表了很多轻灵精致的散文，成了较有名气的作家。后来，他换肾成功，尽管他每天都要服药以减轻排异反应，他几乎要把自己所有的收入都用来购买药物，但是他告诉别人，他感觉自己现在是天下最幸运的人，因为比起许多得了尿毒症的人，他活着，而且他依然可以工作，依然可以每天看见温暖的阳光，看见美丽的花草。

因为遭遇折磨，面临不幸，人生因此与众不同，生命也因此而感触颇深，陈宇就是如此，他并没有因为自己患尿毒症而悲观失望，而是因为自己依然可以看见温暖的阳光、美丽的花草而觉得幸福。比起那些因尿毒症而失去生命的人，他的确已经很幸运，幸福和快乐有时候就是那一点小小的幸运！

年轻人，不要再为生活中的那些微不足道的不快耿耿于怀了，你本不是那个最不幸的人，但是倘若你走不出心理阴影的话，那你就是真的不幸了。你应该做的是转不幸为幸运，让自己的世界每天升起一轮红日！

把折磨当财富，泥泞的路上才会有脚印

社会发展的潮汐有涨有落，人生的海洋上也是如此，大风大浪的日子会有，风和日丽的日子也会有。春风得意、意气风发的人生让人快慰，命运多舛、逆境重重的人生使人伤感。但正如唯有泥泞的路上才会有脚印，人生的路上有折磨才会收获多多，折磨本身就是一种财富。纵观古今中外多少名人志士，真正成大事者，莫不是经历了一番痛彻心扉的折磨。年轻人，你应该感谢的不是那些躺在温床上安逸睡觉的日子，而应该感谢那些风雨交加的生活，因为它让年轻人学会了如何自己走一段泥泞不堪的路。好心态拥有好人生，面对折磨，年轻人不要坐以待毙，而应该努力汲取折磨带给你的营养，这样才能以饱满的精神状况走出折磨，走向成功。

生于忧患,死于安乐,这句话并不是没有道理的,铁不经过淬火就难以成为好钢,宝剑不经过磨砺就难以见到锋芒。而暖风中的桃花始终经不住料峭的寒风,没有经历折磨的人生是不完整的人生,这样的人生看似浮华绚丽却并不醇厚,甚至难以持久。战国时期的赵括就是个很好的例子。赵括出生君侯之家,优越的环境、良好的教育使他自负。他可能有军事理论家的华丽外表,在日常辩论中甚至连他的父亲、著名军事家赵奢也不是对手。但他始终缺乏一种火候,一种需要经历逆境检验人生成色的火候,所以赵括注定难以成为军事家,他的人生最终以巨大的悲剧而告终。

顺境使人安逸,逆境催人奋进;顺境使人恣意,逆境让人坚实。那些出道时毫无建树,穷困潦倒,甚至跻身于他人门下的古人,都是尝尽了世态炎凉,悲欢离合,最终坚定自己的意志和信念,然后几番奋斗、几番挣扎,终成正果。

儒家学派的代表人物孔子之所以被称为中华民族的先师,这与他坚韧的品格是分不开的。他三岁的时候父亲就去世了,经常受到族人的歧视。在那个时代,既没有造纸术,也没有印刷术,流传的著作全靠传抄,自己想要保留别人的著作必须一个字一个字地用刀往竹片上刻,把刻好的竹简按顺序保存好,《易经》便是孔子刻的其中一本,所以他经常翻阅,由于翻阅次数太多,十分结实的牛皮绳都断了好几次。他读过的书简直汗牛充栋。

折磨往往是成功的前奏、黎明前的黑暗,而这就要靠年轻人自己来扭转。遭遇折磨,年轻人要拥有好心态,这正是锤炼自己,使人生更加完整、更加醇厚的最好时机,把它当作人生迈向辉煌的一笔垫脚石,踩着它,你会攀向成功之巅。

一个人遭遇的折磨越多,他的人生阅历和社会经验就会越丰富,而这就是他人生起航的开始。

某大公司招聘人才,应者云集。经过三轮淘汰,还剩下 11 个应聘者,最终将留用 6 个,第四轮面试将由总裁亲自主持。奇怪的是,面试考场出现了 12 个考生。总裁问:“谁不是应聘的?”一个男子起身:“先生,我第一轮就被

淘汰了，但我想参加面试。”在场的人都笑了，包括站在门口闲看的那个老头子。总裁饶有兴趣地问：“你第一关都过不了，来这儿有什么意义？”男子说：“我掌握了很多财富，因此，我本人即是财富。”

大家又一次大笑。男子说：“我只有一个本科学历，一个中级职称，但我有 11 年工作经验，曾在 18 家公司任过职……”总裁打断他：“你 11 年的工作经验倒很不错，但跳槽 18 家公司，我不欣赏。”

男子站起身：“先生，我没有跳槽，而是那 18 家公司先后倒闭了。”在场的人第三次笑了，一个考生说：“你真倒霉！”男子也笑了：“我不倒霉，相反，这是我的财富！”这时，站在门口的老头子走进来，给总裁倒茶。男子离开座位，一边转身一边说：“我很了解那 18 家公司，我曾与大伙努力挽救它们，虽不成功，但我从中学到许多东西；很多人只是追求成功的经验，而我，更有避免错误与失败的经验！”

男子就要出门，忽又回过头：“这 11 年经历的 18 家公司，锻炼了我对事物敏锐的洞察力，举个小例子吧——真正的考官，是这位倒茶的老人……”全场 11 位考生哗然，惊愕地盯着倒茶的老头。老头笑了：“很好！你第一个被录取了，因为我急于知道——我的表演为何失败了。”

没有昨日一次次的折磨，哪来今天可以一飞冲天的资本？没有昨日一次次的折磨，哪来今天执着前进的勇气？所以，年轻人，当自己的人生处于低潮、陷入逆境之时，大可不必意志消沉，悲悲戚戚，陷入伤感和失落的泥潭，而应以一种积极的心态审视它，好心态才有好人生，把折磨当成机遇之神对你的一次次考验，坚强地走过，微笑着面对，才能迎来灿烂的明天！

第4章 不怕被利用，就怕你没用

刀不磨，不锋利；人不磨，不成器。折磨是每一个年轻人在人生路上的必经之处。生活如同一张牌局，你无法选择你被发的牌，唯有运用自己的聪明才智，才能将整个牌局控制好，即使你的牌处于劣势，你也可能转败为胜。年轻人在生活中会遇到折磨，也可能被别人利用，但一个能成大事的年轻人必然会聪明地回应别人的利用，在利用和折磨中提升自己的价值，然后等待时机在折磨中崛起，迈向成功！

被成功者支配其实是经验的索取

自古以来,成功者都有一条不变的成功法则,那就是:向成功者学习,从中学到许多成功的经验。成功最快的方法不是自己花太多时间辛苦摸索,而是花较少时间去学习别人成功的方法。日本首席推销员齐藤竹之助,无论在何时,都不忘把贝格写的书放在身边,从中学习贝格的推销技巧和方法。二战时期英国首相丘吉尔是以学习拿破仑为榜样的,他是《拿破仑传》的忠实读者。成功者之所以成功,往往是因为他们踩在成功者的肩膀上。

这就是为什么很多人甘心被成功者利用,被他们使唤的原因,因为他们能从成功者身上索取成功的经验,拿别人的长处,来弥补自己的短处。当然,这并不是拿来主义,是把别人的东西通过消化变成自己的东西。人们的知识来源于两种:一是直接经验,就是经过自己亲身体验的,这种经验是刻骨铭心的,很难忘记;二是间接经验,就是前人留下来的,或是他人已经证明了的东西。一个人自己的经验毕竟是有限的,不可能人人都去实践,所以,我们学习的知识大多是间接经验,也就是别人的经验。

安东尼·罗宾是世界著名潜能开发大师。有人曾问他:“你是如何取得这样的成功的呢?”他说:“学习模仿成功者是卓越的捷径。”

年少时,安东尼·罗宾说话胆怯,语无伦次,不着边际,口才极差。19岁时,他谈了第一个女朋友,可没多久,女朋友就抛弃了他。因为没有什么技能,他只能在一家银行扫厕所,26岁时仍然住在仅有10平方米的单身公寓里,生活一团糟,前途十分暗淡。

一个偶然的机会,安东尼·罗宾听了美国著名励志大师吉米·罗恩的演讲,从此,他下定决心练习演讲,而这个决定改变了他的命运。他决定拜吉米·罗恩为师,并从模仿老师的一举一动,一言一行入手,开始了自己的演讲事业。他借鉴老师演讲时的表情、语速、语调,甚至一些相关的习惯和肢体动作。此外,他还模仿老师的生活、工作、时间管理等习惯。他原来很

少看书，知识贫乏，思路不广，眼界很窄，观念不新，当他了解到老师每年要读300本书时，他开始大量阅读，这为他后来脱口而出，旁征博引，口若悬河，滔滔不绝起到了至关重要的作用。

就这样，通过短短几年时间的努力，35岁时，他就跻身于美国最成功的励志演讲大师行列。

这就是安东尼·罗宾的成功之道，他并不是花很多精力去自己摸索，而是从吉米·罗恩的成功里汲取经验，然后去模仿他的特质，从而也获得了和吉米·罗恩一样的成功。

作为刚刚踏入社会的年轻人，往往社会经验不足，要想在成功的路上少走点弯路，就应该学习如何从成功者那里索取经验，即使遇到别人的折磨，被人利用，甚至是被人使唤，也都"物有所值"。的确，一个聪明的年轻人不会在乎眼前的那一点折磨，他的目光也不仅仅局限于当下受到的不公正待遇，他们善于把自己和成功者拴在一起，因为他们懂得，你若想成功，就要跟成功的人在一起。物以类聚，人以群分，近朱者赤，近墨者黑。和成功的人待在一起，就能从中学到许多成功的经验。美国心理学家杜德里和古德森在研究客户拜访沟通心理的报告中指出："他人身上有很多成功的经验，主动向别人学习，你会少走很多弯路！"世界级的成功人物能通过努力在非常短的时间内产生非常大的效果，是他们借助成功者的经验，实践在自己身上的结果。

其实，年轻人，折磨你的人很多时候是个经验丰富、在某一领域有突出才能的成功者，而正是因为他的成功，他或许趾高气扬，对你颐指气使，甚至是使唤你、折磨你，但只要你能从他那里索取到经验，这就是一桩有价值的"交易"。

在日本，曾经有个年轻人，他一心想获得成功，他明白，在美国，有比本国更先进的技术，于是他想了解美国竞争对手的情况，为此他只身来到美国，并观察这个企业的情况。一天，美国公司的总经理乘车外出，在门口把日本人的腿撞断。总经理非常内疚，想用钱补偿，日本人说，他没有工作，希望能在公司里做事,总经理一口答应下来。于是,这个日本人进入了竞争对手的公司。这一年中,他受尽了公司其他同事的歧视和排挤,但他并没有在意,他最终学到了他想要的东西。一年后,日本人突然消失,美国的技术出现在日本。

成功者的经验往往是他成功的精髓。年轻人,我们需要运用这些已证明有效的成功方法,来帮助自己成长,在最短的时间,创造最大的绩效,那么,你就必须帮成功者工作。每一个成功的人士,都是跟着成功的人学习,因为自己学习、摸索成功的速度一定很慢,也并不是最佳的学习方式。这时候,你或许会被成功者利用,被他使唤,甚至遭遇折磨,可是你还是应该感谢他,因为你从他那里获得了成功的"真经"。当然,你不能局限于这些已获取的经验中,你还应该加以创新,加以改革,成就出自己的一套风格。这样,你就能在最短时间内达成自己所设定的目标和理想!

感谢他人的利用,微笑面对世事

这个世界上,有一种不会凋谢的花,那就是微笑。它不分四季,不论南北,只要有人群的地方都会开放。越是高洁的心灵,微笑之花越美。哪里有微笑,哪里就有阳光。笑对生活中的种种,人生的乐趣莫过于微笑着面对一切,微笑是一种态度,一种领悟,一种修行。即使处于人生路上的苦难和折磨中,只要你尝试微笑,你的生活也会多姿多彩。

对于年轻人来说,在人生奋斗的路上,或许你会遭遇别人的折磨,被别人踩在脚下,被人利用,可是你还是应该感谢他,因为是他给予了你证明自己的机会,至少你是个有用的人,他激起了你内心最深处的要求改变现状的奋斗愿望。

俗话说得好,不怕被利用,就怕你没用。年轻人在被利用的时候,要用微笑宽慰自己的心灵,它给你阳光般的援助,它给你清风般的慰藉,它给你天空般的胸襟。你遭遇折磨时,一样可以含着微笑走过四季,再将它们储藏

成成功的美酒，享受一生。

从前，有一个苹果，它与众不同，不是因为它美丽可人，而是它很丑陋，可能在果树上的时候没有吸收到充分的营养，其他苹果也都嘲笑它的丑陋，嘲笑它既不好看也不好吃，已经没什么用处了。可是它却每天快乐地哼着歌儿，即使生命在树梢已经摇摇欲坠，它还是快乐地活着。

突然有一天，果农不知为什么，决定把它采回去，它终于告别了树梢上那些自以为美的苹果了，它满以为自己会躺进主人漂亮的餐桌上，可是它却被送到了水果市场，最终还是在别人千挑万选的情况下落单了。它被倒进了水果市场的一个拐角的垃圾堆里，看着周围那些和它有着同样命运的水果慢慢地腐烂、慢慢地化成灰烬，它依旧唱着歌儿。土地问它："你为什么总是那么开心呢？难道你就不憎恨那些使你有如此下场的人？"它说："我有什么不开心的呢？我虽说是一个丑陋的苹果，可是我也有自己的用处，我马上就要投入土地你的怀抱了，我真正的价值也就要体现了，或许我孕育出来的苹果树会很健康，结出来的果实会很美丽呢？"

几年以后，就在这个苹果腐烂的地方，果然长出了一棵又高又大的苹果树，上面结满了硕大的苹果。

一个小小的苹果，却有如此令人钦佩的情怀，即使被人丢弃，依然微笑面对，因为它能发现自己的用处，并且它还有顽强的抗争精神，在最肮脏的地方，孕育着最美丽的生命。微笑是一种力量，留一个微笑给伤痛，伤痛便会悄悄地溜走。因为，在我们心中没有太阳照不到的角落。

年轻人，当你回想到你所经受过的折磨，被人踩在脚下、利用你，当你听到有人叹息、畏缩时，你那进取的心是否也一样叹息、畏缩了呢！你的内心是否也充满怨恨，忘记了微笑呢？年轻人，你应该感谢利用，感谢折磨，这证明你是个有用的人，因此，你应该微笑，把微笑带给生活，用微笑去点缀生命。不用再苦苦寻觅欢乐，乞求光明的怜悯，因为微笑会带给你阳光！

清代有种残酷的刑罚，那就是流放。在乾隆年间，有个大臣，因为触怒了皇帝，被流放宁古塔三十年，当他被押上刑车的那一刻，他的家人就认为他被宣布了死刑,因为到了宁古塔的人,即使是有期的刑罚,也无法活着回来,那是一个正常人无法生活的地方。

这个大臣曾经也有一些直言进谏的朋友被发配到此,他们告诉他:“在这个地方,能活个几年就是万幸,想当初,我们也是朝廷的几品大员,可是到了这里,却像畜生一样被对待。夏天,顶着日头,凿石头,力气小的,就被活活打死了;寒冷的冬天,也要在深山里干活,有的冻死了,有的被野狼吃了。”他的那些朋友以为他会害怕,可是他却说:“这正是考验我的时候,为官的那些年,哪里做过这些,人也朽了,正好趁着这个机会,锻炼一下。如果我能够出去的话,一定解救你们。”虽然他的朋友很感谢他,可是他们知道这是不可能的事。

可事实证明,他真的活下来了,整整三十年。直到嘉庆帝继位,才宣布释放了他。而他的那些朋友,最终没有和他一样坚持到底,都死在了蛮荒的宁古塔。

生命的意义在于抗争,真正的激流是在遇到岩石之后才有惊涛拍岸的惊奇,最痛苦的折磨才能荡起最宽广的生命涟漪。古今中外,有多少人在折磨中克服了过来,在折磨中依然微笑。能被折磨,被利用,说明了你还有用,还能有改变命运的机会,你应该庆幸,应该感谢折磨。

年轻人,当你在人生的道路上经历了被人折磨、利用后,走上成功的道路时,你便会惊奇地发现,你以微笑克服了多少困难,你所经历的那些折磨和利用显得弥足珍贵!

和上司对弈,被利用而不被欺骗

中国人向来有忠君思想,在现代社会中,这种思想演化为忠于自己的上司,即是承认上司比自己的地位高,承认对方理应统治自己,并且不抱任何独立反抗的念头。这是一种错误的想法。的确,上司是有管理的权利,但管理其实是种利益交换。你服从上司的管理,你也有报酬,这是等价的交换。

但效忠却不同,效忠是从思想到灵魂的完全敬服,也是放弃自己的独立性和平等性。这就是为什么很多人被上司利用乃至欺骗的根本原因,不是因为他们不够聪明,而是他们内心的绝对听命和绝对服从。

职场中的年轻人,接触最多的就是你的上司。很多时候,你的上司会借着与手下交流的当口,企图利用你。聪明的你要有一双火眼金睛,会识别上司利用你的企图,可以被利用,但绝对不能被欺骗。他利用你,说明你有价值,但是绝对不能被欺骗,不能糊里糊涂地被欺骗,成为上司行事的棋子,而到头来背黑锅的人是你。

有人把与上司之间的关系比作一场博弈,聪明的下属会将计就计,表面上是上司赢了,下属似乎被利用了,其实下属心里一清二楚,能将上司的那点小伎俩看个透彻。

毕竟当今的职场也不免存在一些尔虞我诈的地方,年轻人一不小心就会陷入利用之中,要想在这场与上司的博弈中真正取胜,年轻人要有一定的识别能力,而不是绝对忠于某个人,更不能做违背自己原则的事。

黄盖在赤壁之战中起着很重要的作用,可以说,他也是个聪明人。由于他的诈降,让曹操失去了警觉之心。

曹操败袁绍、破乌桓,基本统一北方后,于建安十三年七月,自宛挥师南下,欲先灭刘表,再顺长江东进,击败孙权,以统一天下。九月,曹军进占新野,时刘表已死,其子刘琮不战而降。依附刘表屯兵樊城的刘备仓促率军民南撤。曹操收编刘表部众,号称八十万大军向长江推进。刘备于退军途中派诸葛亮赴柴桑会见孙权,说服孙权结盟抗曹。

孙权命周瑜为主将,程普为副将,率三万精锐水军,联合屯驻樊口(今湖北鄂州境)的刘备军,共约五万人溯长江西进,迎击曹军。十一月,孙刘联军与曹军对峙于赤壁。曹操将战船首尾相连,结为一体,以利演练水军,伺机攻战。周瑜采纳部将黄盖献计,并令其致书曹操诈降,曹操中计。黄盖择时率蒙冲斗舰乘风驶入曹军水寨纵火。曹军船阵被烧,火势延及岸上营寨,孙刘联军乘势出击,曹军死伤过半,遂率部北退,留征南将军曹仁固守江陵。

联军乘胜扩张战果，孙刘两军分占荆州要地。

赤壁决战，曹操在有利形势下，轻敌自负，指挥失误，终致战败。赤壁之战后，全国形势发生了变化。曹操退回北方。曹操死后，公元220年，他的儿子曹丕废掉汉献帝自立，国号为“魏”，都城为洛阳。刘备乘机占据了荆州大部分地方，又向西发展，在公元221年，也自立为帝，国号为“蜀”，建都成都。孙权则巩固了在长江中下游的势力，公元222年称王，国号“吴”，都城为建业（今南京）。三国鼎立的局面，直至公元280年西晋灭吴才结束。

曹操原本想利用黄盖打败蜀吴，可不料却被黄盖愚弄了，他们之间进行的就是一场心理战的较量，最终黄盖取胜，曹操败走华容道。

职场中的年轻人或许很迷茫，上司有管理职权，操纵着我的生杀大权，作为下属的我，怎么能抗争呢？年轻人当然可以被利用，但你不能有真正效忠臣服的思想，只有保持独立思考和独立的价值观，才能在与上司的博弈中取胜。很多年轻人为了体现自己的敬业，就对上司完全臣服，他让你做什么你就做什么，从此后成为上司的马前卒，不管刀山火海你都先冲上去，失去了自我。有人说，这世上的人，大致可以分为两种，一种是自控型，习惯自己掌握自己命运，愿意自己思考未来的方向。而另一种是他控型，喜欢把命运交到别人手里，愿意让别人来决定自己的将来。而这世上绝大部分成功者都是自控型的，他们是自己的主人，只会去控制别人，而不愿被人控制。

真正聪明的年轻人，表面上会服从上司的利用，但绝对会给自己留有余地。他们有自己的方式，即使“在夹缝中生存”，也能活得有自我，活得有价值，他们不会忘了自己的理想和目标。他们拥有“走钢丝”的技巧，能不大张旗鼓就取得成功。他们表面是被上司利用，但他们能将计就计，取得上司的信任，最终走向成功！

利用要忍，但役使决不可忍

人生在世，不免遇上各种各样的折磨与苦难，但君子有所为，有所不为，

年轻人在被人利用时，要忍耐，但面对役使，要寸步不让，因为一个人的高贵在于尊严。

人说，君子能忍人之所不能忍，容人之所不能容，处人之所不能处。因为忍耐，需要很多的付出。当然，因为你的忍耐，你会得到更多。从古到今，多少名人志士，社会名流，都忍耐过别人所不能忍的奇耻大辱。韩信若不忍受胯下之辱，怎么能有日后的飞黄腾达；司马迁若不忍受宫刑之苦，怎么能有史记千古流芳……所以要学会忍耐。不会忍耐的人将一事无成！年轻人要学会忍耐，忍耐别人的折磨，忍耐别人的利用，小不忍则乱大谋，忍者才能无敌，蚕忍受着茧的束缚，默默积蓄力量把纷飞的梦想留给明天；蚌忍受着沙石的打磨，用血肉模糊的痛苦把纯洁的珍珠留给明天。因为它们明白，这一时的痛苦，一时的忍耐是对灿烂梦想的铺垫，是对未来最强的支持。

生活中的年轻人要明白，大丈夫能屈能伸，试想，如此被人利用，被人折磨都能忍耐，那么还有什么意志不能磨炼出来的呢？忍耐是意志的磨炼、思想的提高、能量的积蓄，是无声的奋斗，学会忍耐，学会在忍耐中锲而不舍地追求，在忍耐中更深刻地感悟人生。

曾经有两只动物，分别是猫和狗，这只猫很聪明，总是能用各种方法欺负这只狗，因为它不希望狗夺走了自己在家中的地位。它极其懒惰，每天除了吃以外，就是睡觉，然后趁主人不在家，就让狗做各种事情，偏偏这只小狗很瘦弱，还不及猫强壮，只能听命于它，伺候它。

就这样，小狗越来越瘦，但越长越高大，而这只猫越来越肥，最后连站起来的力气都没有了。它的懒惰被主人看在了眼里，开始让它节食，它耐不住饥饿，就企图抢占小狗的食物，可是此时的小狗已经可以对付它了，不久，这只可恶的猫就被活活饿死了。

虽说这只是个童话故事，但年轻人能从中明白，当你被人折磨、利用的时候，只有隐忍，才能保全自己，才有翻身的机会。同时，年轻人更要明白的是，忍耐不是逆来顺受，不是甘心屈服于别人的役使。这样，时间的车轮才会载着你的忍耐走得更远，最终走向成功。忍耐不是消极颓废，年轻人要在沉默中坚定自己的信念,在失望中找到希望。

我们发现,生活中不乏一些甘愿被人役使的人,他们也许是迫不得已,也许是一些别的原因失去了自己的尊严、人格,只甘心做别人的附属品。人的高贵在于尊严,失去了尊严被奴役是可悲的,年轻人,不要为了某些事情,就抹杀了自己的个性、灵魂,即使被人折磨,也不能被人役使。

从前,有一对朋友,叫小金和小木,他们都是财主家的工人,受财主的管制,但他们都有自己的梦想,小金希望以后能和财主一样拥有万贯家财,而小木则希望拥有自己的农田。他们同时都受财主的器重。

一次,财主和人结了仇,对方通过一些手段抢占了财主的一些地,财主很生气,他叫来小金和小木,对他们说:"你们其中谁愿意为我办一件事,如果成功了,我可以满足你们的任何要求。"他们问财主所为何事,财主小声地对他们说:"此事不可声张,听说你们二人有一些功夫底子,你们去替我杀了张员外,事成以后,我会满足你们的所有要求,并且不会惹上官司,我已经打点好了一切。"

小金一看这是天上掉馅饼的好事,一口答应下来,可是小木觉得这是伤天害理之事,万不能引火烧身。虽说小金苦苦相劝,小木还是推掉了这件事,这件事让财主很生气,对他比以前更加苛责了。

小金按照财主的指示,杀了张员外,满以为可以发财了,可是就在他杀人的第二天,就被官府抓了起来,终生受牢狱之苦。

一个人要分清黑白是非,断不可受人役使,做违背自己原则和受道德谴责之事,否则会导致一失足成千古恨。

年轻人要拥有判断的能力,在被利用时当然要容忍,只要坚定心中的理想和信念,就能走出别人的折磨;而在役使面前,要寸步不让,你的人生由自己决定,你掌握自己的未来,成就自己的未来,走自己的人生!几多磨难,几多险阻,几多希望,几多失望,几多风光,几多荣耀后,你对人生会有深刻的感悟!

多听取他人意见，但不能没有主见

人非圣贤，孰能无过？无论是谁，都有做事疏忽或是犯错误的时候，别人的意见能使我们认识自己行为的不足，自然就令我们能避免很多行为上的缺陷。年轻人在性格或在待人处事方面尚不成熟，难免有一时疏忽的时候，也容易遭遇折磨，被人利用，因此的确需要劝导和忠告。瑞士的希尔泰说过："忠告如雪，下得越静越长留心田，也越深入心田。"可是，年轻人一定要有自己的主见，不能让自己的行为被人摆布，你脚下的路，需要你自己去走。这样，即使遭遇别人的折磨，也能顺利走出困境。

"人受谏，则圣；木受绳，则直；金受砺，则利。"成大事者，必将能听得进去别人的意见。听取意见，能够补充主见之中的不足。主观意识自有主观意识的局限。所谓"众人拾柴火焰高"，人人都有自己思维的局限，年轻人能听取意见，就能够协助抑制主观判断的闪失。

唐太宗和魏征是分不开的，作为一代明君，唐太宗以自己的雄才大略开创了贞观盛世。而作为一代贤相，魏征在"贞观之治"中起着举足轻重的作用。唐太宗与魏征既是君臣，又是朋友。没有唐太宗的贤明大度，就不会有魏征的忠直；而没有魏征的忠直，唐太宗就少了一面文治武功的镜鉴。二人相互衬托，相辅相成。

当初，魏征是唐太宗对手的部下，但唐太宗不记旧恨，才使魏征有了发挥才干的平台。他不仅帮唐太宗制定了"偃武修文，中国既安，四夷自服"的治国方针，也时时刻刻修正着唐太宗的谬误。他为唐太宗讲解了"民可载舟，又可覆舟""兼听则明，偏信则暗"的治国道理，也常常犯颜直谏。

有一次，魏征在上朝的时候，跟唐太宗争得面红耳赤。唐太宗实在听不下去，想要发作，又怕在大臣面前丢了自己接受意见的好名声，只好勉强忍住。退朝以后，他憋了一肚子气回到内宫，见了他的妻子长孙皇后，气冲冲地说："总有一天，我要杀死这个乡巴佬！"

长孙皇后很少见太宗发那么大的火,问他说:“不知道陛下想杀哪一个?”唐太宗说:“还不是那个魏征!他总是当着大家的面侮辱我,叫我实在忍受不了!”

长孙皇后听了,一声不吭,回到自己的内室,换了一套朝见的礼服,向太宗下拜。

唐太宗惊奇地问道:“你这是干什么?”

长孙皇后说:“我听说英明的天子才有正直的大臣,现在魏征这样正直,正说明陛下的英明,我怎么能不向陛下祝贺呢!”这一番话就像一盆清凉的水,把太宗满腔怒火浇熄了。

魏征死后,唐太宗很难过,他流着眼泪说:“一个人用铜作镜子,可以照见衣帽是不是穿戴得端正;用历史作镜子,可以看到国家兴亡的原因;用人作镜子,可以发现自己做得对不对。魏征一死,我就少了一面好镜子了。”

“良药苦口利于病,忠言逆耳利于行”,兼听则明,偏信则暗,凡事多听别人的意见,就能避免很多行为上的过失。唐太宗并没有因为听取别人意见而失去作为一个帝王应该有的权威和主见,正是他的果断与雄才大略,让他成为一代明君。

人们期盼成功,有如期盼阳光。然而,若真正走上通往成功之路,必须具备成功者的基本资质,自主与听取别人意见,正是这基本资质中很更要的两个。年轻人在人生的路上,或许面临着很多的折磨,或许对于别人的意见左右迟疑,但千万不要让别人为你作决定,不要被那些所谓的忠言迷惑了眼睛,始终要自信,然后自主。同样是帝王,和唐太宗不同的是,那个喜欢新装的皇帝就被人们视为笑柄。

在很久以前,有一位很爱打扮的国王,经常都要穿新衣裳,但城中的设计师都没能够满足他。有一天,城里来了两个骗子,他们自称是织工并对国王保证他们能织出最美丽与奇特的布料并将它做成衣裳。这种布,凡是愚蠢和不称职的人都看不见。国王聘用了他们,两个骗子就在空空如也的织机上忙碌起来。不久,国王派出大臣视察衣服的制作情况。大臣们见自己

什么也没看到而害怕起来，纷纷向国王欺骗说自己看到了极其美妙的布料。最后当骗子们向国王献上根本不存在的“衣服”时，国王虽然什么也没看见，但因为不愿承认自己的不聪明，所以便依骗子的指示“穿上”了这件衣裳。后来更穿着这件衣裳出巡，结果沦为国人的笑柄。

作为一国之君，本来是何等的威严，何等的不可一世，何等的自主，然而，这个皇帝却因为不够自信而被两个骗子摆布，这是何等的可悲！

年轻人，人生路途上的折磨必不可免，但只要我们够自信、够自主，并且善于听取别人的意见，那么就会无往而不胜，开辟出新的一片天！

你的价值有时候体现在被利用上

一般人在生活和工作中面临折磨和被利用的时候，都会有两种截然不同的回应：有人会采取逃避的态度，不去正面处理问题，或以拖延的方式把问题置之不理，这种处理方法当然是错误的；另一种处事的方式就是正面回应，采取积极而有意义的行动，把折磨转化为积极的动力。要知道，你之所以被利用，是因为你有利用的价值，是个有用的人。作为年轻人，要感谢折磨，在被利用的时候，要努力提升自己的价值，在折磨中历练自己，为走出逆境，走向成功打下雄厚的基础。

印度前总理尼赫鲁说过：“生活就像是玩扑克，发到手里的牌是定了的，但你的打法却完全取决于自己的意志。”年轻人，我们面对现实，可能没有任何选择的余地和更换的可能性。当你拿到不好的牌时，处于折磨和被利用之中时，请不要一味抱怨，因为这没有半点儿用处，也不会因为你的抱怨而令现状有所改变。你能做的，就是调整自己的心情，学好玩牌的技术，将自己手中不好的甚至糟糕的牌优化组合，然后把每张牌都打好。提升自己的价值，才能在折磨中出奇制胜。生活中，很多年轻人刚刚踏入社会，你可以被别人定位，被人利用，但不能被定型，不要让自己的心被框住，倘若如此，那么你只能永远被人利用，没有翻身的机会。

小李之所以能鲤鱼跳龙门，不是他的运气，而是他的能力使然。2002年，他刚刚大学毕业，经过艰难的一段时间的求职后，他找到了在一家超市做饮品促销员的工作。他苦笑着，一个名校的毕业生，居然做促销员，他的心情可想而知。可是他并没有把这种情绪带到工作中来，相反，他把工作做得很好。并且，他利用工作之余，学习所有关于饮品和促销的知识。一年以后，他到一家饮品单位面试。幸运的是，他被一这家饮品企业任为主管，然后历经了历经主管、督导、分公司经理、大区经理等职位。可是，渐渐地他发现自己变成了公司高层之间争权夺利的武器，随后，由于公司高层更迭以及发展空间滞缓等原因，他毅然辞职，刚好，在那段时间，一家更大的健康食品公司事业部面向全国招聘市场总监，他踌躇满志地参加了竞聘。在强手如云的竞争对手角逐中，历经近一个月的6次面试，他打动了评委，进入了为期3个月的市场总监的试用阶段，然后一次次成功晋级，历经沉浮磨难，蓦然回首，他感触良多："努力提升自己胜过一切空话。"

生活中，不少刚刚毕业的年轻人，总是奢望马上就能找到自己理想中的工作。然而，很多好工作是无法等来的，你必须选择一份工作作为历练，在历练中努力提升自己的价值。即使你被利用，这也说明你是个有用的人。也许你找了一份不尽人意的工作，那么从这里出发，好好地沉淀自己，从这份工作中汲取到有价值的营养，厚积薄发。不积跬步，无以至千里；千里之行，始于足下。大凡有突出成就者，都是在折磨中提升自己，一步一个脚印走过来的。董建华听从父亲的安排，在通用汽车公司勤勤恳恳工作了4年。松下幸之助也是从电气公司的修理工做起的。那么，对于年轻人来说，该如何在折磨中提升自己？

第一，用知识武装自己，提升自己的价值。一个游荡于社会底层的年轻人在考取了律师资格证书后身价倍增，这是因为他用知识提升了自己的价值；一个刚毕业的会计专业的毕业生因为考取到了注册会计师而深受企业的喜欢，高薪录取，这是因为他知道现在就业的压力，需要拥有自己的王牌；一个下岗的工人在学得一门技术后重新走入社会，重新找回自己的价值，因

为他知道一切可以从头开始，只要努力就会重新发光发热。所以，年轻人要明白，不要因为每天忙碌的学习或者工作，忘记给自己充电，学校学的知识不能满足这个飞速发展的社会，知识更新的速度会让你们无所适从。只有不断学习，不断充电，才能永远立于不败之地。

第二，提高自己的人文素养，学会有品位地生活，学会和成功的人打交道。如果你想成为一个成功的人，就要学习成功者的经验，成功者自有成功者的道理，要想学习成功者，你必须想法接近成功者，并与成功者在一起。只有这样，你才能真正学到成功者的思维方式和经验。因为在和他们的交流过程中，你能学到他们的点滴，或许一句话、一个小小的习惯都足以让你获得极大的提升，而且也可能让他们赏识你，成为他们事业上的伙伴。看一个人的品性就看他身边的朋友，因此请试着接触更高层次的朋友，通过他们来提升自己的价值。

年轻人，倘若你正处在被人利用，被人折磨的处境之中，不要抱怨，也不要怨恨，学会去感激，因为他让你得到了提升自己的机会，他让你看清楚了知识和技能的重要性。你要学会努力提升自己的价值，这样，你就是一个值得被利用的有用之人，成功的脚步离你也会越来越近。

大智若愚，在被利用中卧薪尝胆

老子说："大象无形，大音稀声，大智若愚。"真正有才能的人，不会居功自傲，而是大智若愚，即使在被利用中，也能卧薪尝胆，伺机而动，取得成功。这不但是中华民族的传统美德，更是一个人成熟、睿智的标志。《周易·上经》之《坤卦》篇："六三，不显露、炫耀才华，固守柔顺之德，即使辅佐君王，亦不居功自傲，会有善终。"当今社会的年轻人，当你遇到折磨、被利用的时候，不要喋喋不休地抱怨不已，不要表现出自己才华被埋没的愤世嫉俗的态度，也不要对折磨你的人指手画脚，真正聪明的人会在折磨和利用中积蓄能量、卧薪尝胆，这才是大智若愚的年轻人。他们即使怀才不遇，也不会锋芒毕露。

“有志者，事竟成，破釜沉舟，百二秦关终属楚；苦心人，天不负，卧薪尝胆，三千越甲可吞吴。”能卧薪尝胆的年轻人才能成就一番大事业，才能从被折磨、被利用的境地中崛起。这一点，越王勾践永远是年轻人应该效仿的榜样。

公元前496年，吴王阖闾派兵攻打越国，但被越国击败，阖闾也伤重身亡。阖闾让伍子胥选后继之人，伍子胥独爱夫差，便选其为王。此后，勾践闻吴国要建一水军，不顾范蠡等人的反对，出兵要灭此水军，结果被夫差奇兵包围，大败，大将军也战死沙场。夫差要捉拿勾践，范蠡出策，假装投降，留得青山在，不愁没柴烧。夫差也不听老臣伍子胥的劝告，留下了勾践等人。三年后，饱受侮辱，终被放回越国的勾践暗中训练精兵，每日晚上睡觉不用褥，只铺些柴草，又在屋里挂了一只苦胆，不时尝尝苦胆的味道，为的就是不忘过去的耻辱。

为鼓励民众，勾践和王后与人民一起参与劳动，在越人同心协力之下把越国建设得强大起来。

一次夫差带领全国大部分兵力去赴会，要求勾践也带兵助威，勾践见时机已到，假装赴会，领3000精兵，拿下吴国主城，杀了吴国太子，又擒了夫差，报了当年破国之仇。

勾践的聪明之处，在于取得了夫差的信任，并潜伏于夫差的身边，这样方便掌握夫差的一举一动，甚至了解了夫差的弱点。知己知彼，方能百战不殆。表面上，他是糊涂的，是个忘记了亡国之仇的懦夫，可是实际上他是聪明的，他是在等待时机，招兵买马，昔日的耻辱最终换来了今日的富国强兵。

年轻气盛是每个年轻人的特点。他们往往满怀抱负，准备大展拳脚，可是却遭遇折磨，被人利用，心中难免不平，但是年轻人要学会理智地去对待，要学会隐忍，就像勾践一样，成大事者，能屈能伸，能卧薪尝胆，做到大智若愚，看似愚钝，但发奋的心却不能愚钝，要坚定自己的信念和目标。

龚遂是汉宣帝时代一名能干的官吏，而他身边却有个糊涂的属吏王先

生。当时渤海一带灾害连年，百姓不堪忍受饥饿，纷纷聚众造反，当地官员镇压无效，束手无策，宣帝派年已七十余岁的龚遂去任渤海太守。龚遂轻车简从到任，安抚百姓，与民休息，鼓励农民垦田种桑，规定农家每口种一株榆树、100棵菱白、50棵葱、一畦韭菜，养两口母猪、五只鸡，对于那些心存戒备，依然带剑的人。他劝谕道："干吗不把剑卖了去买头牛？"经过几年治理，渤海一带社会稳定，百姓安居乐业，温饱有余，龚遂名声大振。

于是，汉宣帝召他还朝，他有一个属吏王先生，请求随他一同去长安，说："我对你会有好处的！"其他属吏却不同意，说："这个人，一天到晚喝得醉醺醺的，又好说大话，还是别带他去为好！"龚遂说："他想去就让他去吧！"

到了长安后，这位王先生还是终日沉溺狂欢，也不见龚遂。可有一天，当他听说皇帝召见龚遂时，便对看门人说："去将我的主人叫到我的住处来，我有话要对他说！"

龚遂还真来了。王先生问："天子如果问大人如何治理渤海，大人当如何回答？"

龚遂说："我就说任用贤材，使人各尽其能，严格执法，赏罚分明。"

王先生连连摇头道"不好，不好！这么说岂不是自夸其功吗？请大人这么回答：'这不是微臣的功劳，而是天子的神灵威武所感化！'"

龚遂接受了他的建议，按他的话回答了汉宣帝，宣帝果然十分高兴，便将龚遂留在身边，任以显要而又轻闲的官职，而王先生也受到了龚遂的重用。

这个王先生看似愚钝，事实上却是个聪明人，他的智慧，从他的说话技巧上就可以略知一二。而这样的聪明人却躲在众人光环的背后，历史上这样的贤德之人比比皆是。真正有能力的人是不会举着"我是人才"的大旗高喊，向世人吹嘘自己，他们会等待时机，展现自己，姜太公七十出山，一举成名；诸葛孔明也曾"躬耕于南阳"……

年轻人在面对折磨、被人利用时，要能吃苦，要有勾践卧薪尝胆的隐忍的气度，大智若愚，才能走出折磨，迎来成功！

做人保持警惕，别让人抓住把柄

古人云："君子坦荡荡，小人常戚戚。"君子做事应该光明磊落，大度洒脱的对待别人，可是君子"防人之心不可无"，毕竟小人是存在的，企图欺骗你的人也是存在的，你只有保持警惕，才不至于被人欺骗，让人抓住把柄。

年轻人在人生的路上，尤其是在身处人下、被人折磨时，因为社会阅历尚浅，可能会被人欺骗，被别人抓住把柄，然后被人利用，甚至被人当成棋子。所以，年轻人要保持警惕，这样才能保全自己。

当今社会竞争激烈，你不能保证每个人都按照绝对公正的准则办事，也不能保证每个人都会友好地对待彼此。很多时候，你一不小心就被人利用了。尤其是在职场，或许下一场风暴的中心就是你，而你要想躲过这危机，就要警惕谨慎，学会从蛛丝马迹中体会端倪，这样，你反倒有机会反败为胜。

战国末期秦国大将王翦奉命出征。出发前他向秦王请求赐给良田房屋。

秦王说："将军放心出征，何必担心呢？"

王翦说："做大王的将军，有功最终也得不到封侯，所以趁大王赏赐我临时酒饭之际，我也斗胆请求赐给我田园，作为子孙后代的家业。"

秦王大笑，答应了王翦的要求。

王翦到了潼关，又派使者回朝请求良田，秦王爽快地应允。手下心腹劝告王翦，王翦支开左右，坦诚相告："我并非贪婪之人，因秦王多疑，现在他把全国的部队交给我一人指挥，心中必有不安。所以我多求赏赐田产，名为子孙计，实为安秦王之心。这样他就不会疑我造反了。"

王翦是个聪明的将军，正如他说的，秦王多疑，他要求赏赐田产，是为了安秦王之心。年轻人在工作中，也可能遇到这样的上司，只要是聪明的年轻人，就能体会到上司的试探。如果你不谨慎说话，就可能被人抓住把柄。而聪明的年轻人，在遇到这样的危机下，就会巧妙地利用语言上的战术躲过

“追捕”，安然度过危机。

在生活中，很多时候，年轻人还要学会忍，俗话说得好，忍一时风平浪静，机警是首要，但忍是上策，看古时那些成大事者，他们为了成就一番伟业，都能忍难忍之事，只是为了等待时机，有他日翻身的机会。刘备就是个能“韬光养晦”的君王，在“煮酒论英雄”中顺利“过关”。

那时，刘备时运不济，依附曹操。曹操位居汉相，势力强大，野心勃勃，挟天子以令诸侯。汉献帝极为恐惧，就秘密下诏给国舅董承，设计谋杀曹操。董承联络刘备聚义图谋，刘备参与了这一行动计划。当时，刘备为豫州牧，势力弱小，被曹操安排在相府左近宅院居住，实际上受到监视，随时有被杀的可能。在这种情势下，刘备只能日日在后园种菜，以为韬晦之计。曹操为人生性多疑，从表面上看，他十分器重刘备，但实际上他一直防备着刘备，生怕他打出皇叔的旗号来号召天下。于是就发生了曹操对刘备的考验——青梅煮酒论英雄。

《三国演义》第二十一回载：“玄德也防曹操谋害，就下处后园种菜，亲自浇灌，以为韬晦之计。关、张两人曰：‘兄不留心天下大事，而学小人之事，何也？’玄德曰：‘此非二弟所知也’。两人乃不复言。”

一日，曹操摆下酒筵来试探刘备的野心，问刘备天下有哪些英雄，刘备佯装列举了当时叱咤风云的一些人名，只不提自己。《三国演义》载：“操以手指玄德，后自指曰：‘今天下英雄，唯使君与操耳。’玄德闻言，吃了一惊，手中所执匙箸，不觉落于地下。时正值天雨将至，雷声大作。玄德乃从容俯首拾箸曰：‘一震之威，乃至于此。’操笑曰：‘丈夫亦畏雷乎？’操遂不疑玄德。”最终，刘备抓住去截击袁术的机会，逃之夭夭。

孔子曰：“小不忍则乱大谋。”只有忍受屈辱，掩饰实力，等待时机，才能打败敌人，有所作为。刘备后来在赤壁之战中大败曹操，形成三国鼎立之势，终成大业。人说，忍者才能无敌，忍一时风平浪静，年轻人能忍，就能免除很多不必要的麻烦，也自然就不会中人之计，被人抓住把柄。

年轻人，当你正处于折磨中，想撑开自己的一片天的情况下，千万要记住，首先要做到“警”，随时要察觉出别人的计谋，而后要“忍”，切不可因为逞一时之气，乱了方寸，保全自己是当下的关键，这样，才有他日出人头地的可能。

可以被利用，但不要被身边的人欺骗

古之成大事者，皆有明察秋毫、明辨忠奸的睿智，因为他们明白，欺骗你的很多时候都是你身边的人，给自己带来折磨的人很多时候也是身边的人，因为他们能掌握你的秉性，然后利用你、欺骗你。生活中的年轻人，一定要看清楚你身边的人，分清好坏与善恶，要明白谁是真正的朋友，谁是企图欺骗你的人，总之，要对身边的人有警惕之心。毕竟，人都有私心，一己之私会让他们选择欺骗、选择背叛。

真正的朋友贵在知心、真诚，当你处于人生的低谷和折磨之中，在最落寞最无助的时候，向你伸来援助之手的人就是你的朋友；那个在你耳边传授逆耳忠言的人也是你的朋友；那个伴你走过风风雨雨的人是你的朋友，可是还有一些人，他们觊觎你的职位，妒忌你的才华，甚至想欺骗你的人，这样的人，你一定要谨慎，要把他们从你的好友之列删除，不要被他们欺骗。

历史上那些成大业者，除了有雄才大略以外，还生性敏捷，能洞悉是非，在别人出手之前，当机立断，提前一步采取行动。唐太宗之所以成为一代明君，就在于他的果断与机警，在玄武门之中顺利脱险，表现出不拘小节的风范，虽然他杀害了自己的长兄，可是没有他的“残忍”，也就没有“贞观之治”的出现。

大唐武德九年，高祖李渊的次子李世民削平天下十八路反王，灭尽七十二道烟尘，安享富贵，江山一统。高祖有四子，建成、世民、元吉、元霸。李元霸早夭，建成封英王、世民封秦王、元吉封齐王。建成、元吉与高祖宠妃张艳雪、尹瑟瑟私通，曾被秦王撞破，虽事后囫囵过去，心中毕竟深以为恨。按照过去帝王继承规矩，高祖千秋万岁之后，建成当继位，但李世民功高盖世，大

唐江山几乎为他一人打下，高祖常常对其赞誉有加，建成、元吉心中十分妒恨。“元”“吉”二字，合之颇类“唐”字，故元吉自命有天子之份，觊觎大位已久，建成懦弱不成事，忌惮者唯秦王而已。元吉欲先假建成之手除去秦王，再除建成以自代，终宵谋划。恰逢平阳公主病逝，文武宗亲皆去送葬，建成、元吉假意摆下酒宴，邀秦王共饮，却在酒中下了剧毒。秦王生性豁达，只道建成与元吉知错谢罪，坦然不疑，举杯欲饮。自古“王者不死”，秦王才饮一小口，一只燕子飞过，遗粪于杯中，又污了秦王衣服。秦王遂起身更衣，忽然腹痛如绞，回府后，终宵泄泻，呕血数升，几乎不免。自知酒中必有蹊跷。唐帝闻之，恐秦王兄弟之间不能相容，欲使秦王移居洛阳，自陕西以东皆由秦王主政，建天子旌旗，如汉梁孝王故事。

建成、元吉大恐，知秦王胆略过人，胸襟如海，文有长孙无忌、徐懋功、李淳风、房玄龄、杜如晦，武有秦叔宝、程咬金、尉迟敬德、李靖等，日后举义旗，天下归心，无人可制，于是再设毒计，欲调秦王手下大将远征突厥。秦王见事紧急，遂将建成、元吉秽乱宫廷之事告知高祖，高祖命建成、元吉第二天进宫对质。建成、元吉次日率亡命之徒四、五百人，来到玄武门前，只等秦王一到便下杀手。谁知秦王早有准备，身披铠甲而来。建成、元吉见秦王，便弯弓射了三箭，皆被秦王躲过，秦王还了一箭射死建成。元吉欲逃，被尉迟敬德一箭射死。

此事史称“玄武门之变”，唐太宗杀害了自己的兄弟，却将魏征收为门下，把他当作自己的一面镜子，因为他能够明辨忠奸，知道谁是自己成就伟大事业路上的支持者。

生活中的年轻人，为了避免遭受折磨，将自己陷入困境，就应该学会用聪明的头脑、雪亮的眼睛，看清楚你身边的人，这样可以避免很多不必要的麻烦，不要让身边的人成为伤害你的人，在这一点上，赵匡胤就是个有先见之明的人，他实行了“杯酒释兵权”，从而让自己避免了军事威胁，避免了别人用同样的军权威胁方法夺去自己的皇位。赵匡胤杯酒释兵权，既不伤君臣和气，又解除了大臣的军权威胁，是历史上有名安内方略。

公元961年7月某天的晚朝时,赵匡胤把石守信等禁军宿将留下来喝酒。当酒兴正浓的时候,赵匡胤突然屏退侍从,长长地叹了一口气,对石守信等人说:“我如果不是靠你们出力,得不到这宝座。但是,你们是不知道当皇帝是多么艰难呀?我自从做了皇帝后,每夜不是睡不着觉,就是睡觉了做噩梦,实在不如做节度使快乐。”石守信等人忙问为什么,赵匡胤说:“这是非常清楚的,我这个皇帝的位置,谁不想要呢?”石守信等人听了,知道他话中有话,都慌忙离席下跪说:“陛下何出此言!如今天命已经确定了,谁还敢有异心呢?”赵匡胤马上说:“话可不能这么说,你们虽然没有异心,然而,你们的部下就难保没有异心了。他们想富贵,一旦以黄袍加在你们身上,你们虽然不想当皇帝,能够办得到吗?”一席话,使在席将领知道自己已经受到猜疑,弄不好就有杀身之祸,一时都惊慌得哭泣起来,幸好,赵匡胤于是缓和了口气,指明了一条生路,那就是他答应给这些将领购置田产,让这些将领回乡安度晚年。就这样,赵匡胤避免了兵变的发生。

宋太祖赵匡胤依靠自己所掌握的禁军大权,轻而易举地完成了改朝换代,为赵姓家族夺取了天下。他从自己黄袍披身的经历之中,深知掌握禁军兵权对巩固政权的重要性,因此,机警的他吸取后周亡国的教训,加强对禁军的控制,并迅速取消了殿前都点检的官职,从此不再设置此职,从而让自己稳坐皇位。

当然,生活中的年轻人可能没有赵匡胤面临的那种危机,可是,从他的经历中,年轻人要明白一个道理,那就是:不要让你身边的人欺骗你,不要因为他们而令自己陷入折磨之中,所以,要看看清楚他们,防患于未然,这自然就能避免不必要的麻烦,人生的路也会顺畅很多。

第5章 世事多有不公,少抱怨多改变

人生的道路本不完美,当然更不可能事事如愿。当你抱怨事事不公,抱怨爱情不可靠,抱怨天气变幻莫测的时候,有没有想过自己对待生活的态度是否正确呢?态度决定一切,少一些抱怨便是少一分对内心的折磨,多一些积极努力便是多一丝希望;与其苦苦抱怨,不如尝试改变自己,用一颗积极的心来体味烦恼,感化折磨,这是一个人成熟的过程。

把抱怨别人的心情，化为上进的力量

经常听到有人抱怨，为什么这次升职没有我，为什么今天的天气如此糟糕，为什么我的父母不是有权有势的人，为什么机会从来不垂青于我……生活中，太多的抱怨包围着人们。为什么要抱怨呢？生活并不完美，我们也没有理由要求它十全十美，每个人对待生活的态度和方法不同，也便会有各种各样的日子。如果你只知道抱怨生活，生活中就时刻存在着折磨。对于聪明人来说，他们不会轻易抱怨，生活并不容易，但正因为这些曲折和颠簸，让我们的生活更加多姿多彩。

有这样一则古老的寓言：

一个年轻的农夫划着小船，去给另一个村子的居民运送自家的农产品。那天的天气酷热难耐，农夫汗流浃背，苦不堪言。他心急火燎地划着小船，希望赶紧完成运送任务，以便在天黑之前能返回家中。突然，农夫发现前面有一条小船沿河而下，迎面向自己快速驶来。眼看两条船就要撞上了，但那条船丝毫没有避让的意思，似乎是有意要撞翻农夫的小船。

“让开，快点让开！你这个白痴！”农夫大声地向对面的船吼叫道，“再不让开你就要撞上我了！”但农夫的吼叫完全没用，尽管农夫手忙脚乱地企图让开水道，但为时已晚，那条船还是重重地撞上了他的船。农夫被激怒了，他厉声斥责道：“你会不会驾船？这么宽的河面，你竟然撞到了我的船上！”当农夫怒目审视对方的小船时，他吃惊地发现，小船上空无一人，听他大呼小叫、厉声斥骂的只是一只挣脱了绳索、顺河漂流的空船。

这就如同我们在工作中，当你责难、怒吼的时候，你的听众或许只是一条空船。那个一再惹怒你的人，绝不会因为你的斥责而改变他的航向。

抱怨就像是工作的伴生物，在工作中，我们总是可以听到抱怨，要么是领导多么不理解自己，要么是自己受了多大的委屈，要么是这个世界多么不公平，要么是别人多么差劲。然而仔细想想，似乎每个人都在不停地抱怨同

一件事，并且都是在背地里抱怨别人，而不是对自己的所作所为进行反省。

迈克尔天生有缺陷，其缺陷并不明显。出生之日，连最细心的护士也没发现他身体的畸形。乍一看，他似乎正常，直至进入七年级，上手工艺课时，他的这个缺陷才显现了出来。

他对木工与金属加工这两种活计简直无可奈何。在木工课上，26 个男孩照着相同的草图做出来的家具，有 25 个男孩的几乎一模一样，只有迈克尔的却总是不合乎规格；在金属加工课上，他的表现也是一样地糟糕。有人说，木工活儿也是需要一定的天赋的，迈克尔起先亦作如是想。

渐渐地，迈克尔心中深深地认为，那并非因为他缺乏此方面的天赋，问题出在他与生俱来的残疾上。许多次，他在夜里大汗淋漓地醒来，心中悲哀地抱怨："我是个残疾人！上帝怎么这样对待我啊！"这实在令他难以面对，虽然如此，多年后他还是接受了命运的安排。

29 岁时，迈克尔与莉萨结婚。不久后她生了一个男孩，活泼健康，一点缺陷也没有，那真是迈克尔一生中最幸福的日子。作为一个男孩的父亲，迈克尔有着重大的职责，教会儿子所有的手工活：买给他一些工具，锤、锯、螺钉等，然后给他示范，如何做小板凳，如何给门装上把手……这本是为人父亲的快乐之事，但对于迈克尔来说却有别样的滋味。

他明白，终有一天，儿子会问，为何自己从不像别的父亲那样教他手艺活。儿子 16 岁时，可怕的一天终于来临。"儿子，事情是这样的……"迈克尔战栗着回答儿子说，"你是不是常常看到那些木匠、水管工、建筑工、电工，他们总是把一支铅笔夹在耳朵后面？"

"是的，爸爸。"男孩轻轻地说，似乎等待着父亲告诉他什么可怕的事实。

"但我却不能像他们那样！"迈克尔悲伤地抱怨说，"我的耳朵向外远远伸出，不贴近脑袋，所以夹不住铅笔！我是个残疾！我是个残疾！"

迈克尔口中所谓的残疾实际上就是现在我们常说的"招风耳"，也有很多人管它叫做"美人耳"，说明长着这样耳朵的人通常都很漂亮。而在迈克尔心里，却把这样的耳朵当作自己无法成为木匠、无法做出好手艺活的借口，并且让自己每天在这种抱怨、懊恼中度过，真是悲哀。

有些事你看得很严重，将它当作你成功的障碍以及失败的借口。但是认真想想，你所抱怨的问题根本不存在。出问题的是你的“心”，而不是“耳朵”。一个成熟的人都应该知道，这样的抱怨完全是浪费时间，只会起到反作用，而不会让任何问题得到解决。让一个人改变是非常困难的事情，我们也不能把自己的“幸福”寄希望于别人身上，拿自己的幸福作赌注实在是不值得的事情。

抱怨不能解决任何问题，要让抱怨起作用，唯一方法就是用积极的心态去替换消极的想法。在这个纷繁的世界里，生活是艰辛的，充满苦、辣、酸、甜、咸。生活让人们体味到人生的不易和辛酸。在人生的道路上，有阳光，也有阴霾；有平坦，也有坎坷；有畅通，也有堵塞。所以我们必须正确地把握人生方向，摆正心态，常怀“少抱怨、多感激”之心，生活才能有品位、有滋味、有意义，我们才能在人生的道路上走得更长、更远！

年轻人少斗气，多争气

俗话说：“生气不如争气，斗气不如斗志。”这句话着实有一番深刻的道理。每个人都希望自己能够顶天立地，能够在这个竞争激烈的社会中自由驰骋，父母长辈也都是“望子成龙”“望女成凤”，即便不能成龙成凤也要“不蒸馒头争口气”。然而在现实社会中，有许多人因为斗气而让自己更加难受，失去了争气的机会，有多少人因为生气而摆脱不了内心的纠结，甚至失去了争气的斗志。

一名刚刚踏入社会的年轻人，二十几岁，正是开始一番作为的好时候。他给人打工，然后自己创业，经历了成功的美妙滋味后，在一次金融危机时公司倒闭，成了一名待业青年。此时的他，无法从高高在上的位置下走下来，以致很久都没有找到工作。

一天，他骑着电动自行车在拐弯时与一辆出租车相撞，出租车司机一下

车,就指着他的鼻子骂一些“你没长眼睛,你眼瞎了,电动车也不会骑”等侮辱的话。也巧,正赶上这名年轻人心情不好,也不甘示弱地回骂起来。

两人在“都不认错”“互不相让”时,出租车司机又破口大骂,这年轻人终于火大了——老子刚事业失败,又找不到好工作,女朋友也因此离开了,你这个混蛋,竟然敢用粗话来骂我!这口气怎能咽得下?于是这个年轻人就捡起地上的铁条,和司机拼命打了起来。

没想到,司机也回车上,拿出暗藏的铁拐锁和扁钻,怒红了眼睛,没命似的大干一架!当然,最后两人都挂彩了,而这个年轻人,被打得头破血流,也被扁钻戳破肠子,躺在医院一个多月才出院。

人,或许是个“智慧的巨人”,却也可能是个“情绪的侏儒”,时常被一些不良情绪控制,以致造成不可挽回的错误。有时人在气头上,会说出这样一些话:“这口气,我绝对咽不下去!我非得去讨个公道不可!”“谁惹了我,谁就倒霉!要死大家一起死……”

然而,人不是要比谁的脾气大,而是要看谁活得更自在、更快乐!每个人都希望被人重视,受人尊重,受人欢迎,但有时又难免被人嘲弄,受人侮辱,被人排挤,生活给了我们快乐的同时,也给了我们伤痛的体验,而这就是生活,这就是我们需要面对的人生。生气不如争气,斗气不如斗志。

人生的道路很漫长,途中必然会有艰难曲折,而这些只是考验,锻炼我们的毅力、耐心,使我们变得勇敢,坚强,失败乃成功之母!我们不必为了身边的那几块毫不起眼的石头而放弃一整片绮丽、明媚的景色,我们一定要把握每一分每一秒,去努力追求进步,不争一时之长短,要比一世的成就!

人生不如意事十之八九,当你在为梦想而努力时,也许会遇到困难,如果你去斤斤计较,不能坦然面对,最终受伤的可能还是自己,糊涂的人只会生气,聪明的人懂得去争气!让自己成为聪明的人,就必须学会争气!这样才能让自己有上进心,才能让自己出类拔萃,才能让自己不致成为一个失败者!

一个人若没有志气,只会比大声、比凶狠,即便赢了口舌,也算不上真正的赢家,所以,我们万不能为了赢一时而输掉一辈子。很多时候是我们自己小肚鸡肠,斤斤计较那些虚无的名利,而把所有的责任推到别人的身上,我们为什么不想想,如果我们自己足够优秀,别人还会对我们冷嘲热讽吗?所以,让自己快乐的最好办法就是自己争取,去做得更好,在人格上、知识上、智慧上、实力上使自己加倍成长,变得更加强大。

俗话说:“佛争一炷香,人争一口气”,要争气,就要有斗争到底的毅力和气魄,与其总生别人气,不如学会自己争口气。靠拳头盛气凌人,算不得什么,以“实力、能力”来让人服气,来创造自己的命运,才是有骨气、有志气的表现!

不要急于辩解,真相自然明了

很多人经常会把这句话当作自己人生的座右铭:“走自己的路,让别人去说吧!”意思是说,自己喜欢怎样生活就怎样去做,只要是对的,即使现在被别人误解,到最后也总会发现自己是对的,这只是时间的问题,不用急于辩解。

行动是花,成功是果。行动之花经过努力汗水的滋润,总会结出丰硕的果实。“狗不以善吠为良,人不以善言为贤”,行胜于言。

在伽利略之前,古希腊的亚里士多德认为,物体下落的快慢是不一样的。物体的下落速度和它的重量成正比,物体越重,下落的速度越快。比如说,10 千克重的物体,下落的速度要比 1 千克重的物体快 10 倍。

多年以来,人们一直把这个违背自然规律的学说当成不可怀疑的真理。年轻的伽利略根据自己的经验推理,大胆地对亚里士多德的学说提出了疑问。经过深思熟虑,他决定亲自动手做一次实验。他选择了比萨斜塔作为实验场。这一天,他带了两个大小一样但重量不等的铁球,一个重 100 磅,是实心的;另一个重 1 磅,是空心的。伽利略站在比萨斜塔上面,望着塔下。塔下面站满了前来观看的人,大家议论纷纷。

有人讽刺说:“这个小伙子的精神一定是有病了!亚里士多德的理论不会有错的!”实验开始了,伽利略两手各拿一个铁球,大声喊道:“下面的人们,你们看清楚,铁球就要落下去了。”说完,他把两手同时张开。人们看到,两个铁球平行下落,几乎同时落到了地面上。所有的人都目瞪口呆了。伽利略的试验推翻了亚里士多德的学说,这个实验在物理学的发展史上具有划时代的重要意义。

面对生活中的一些现象,年轻人敢于大胆发表自己的看法,这非常好,也反映出大家呼唤正义,渴望公平的心情,但面对现实中的一些丑恶现象得不到惩处时,年轻人的内心又充满了困惑。年轻人因为现有的认知水平和价值取向的不同,一些看法难免会失之偏颇。太阳不能把光亮洒向每一个角落,但你不能否认它的明亮;凡事都有个度,既是程度也是角度,当你转换思维思考时,一切都会豁然开朗。

在我国历史上,有许多曾遭人诬陷的忠义之士,他们面对别人的诽谤,并没有用过多的言语去解释,而是表明自己的态度,继续坚持自己。

汉代公孙弘年轻时家贫,后来虽贵为丞相,生活依然十分俭朴,吃饭只有一个荤菜,睡觉只盖普通棉被。就因为这样,大臣汲黯向汉武帝参了一本,批评公孙弘位列三公,有相当可观的俸禄,却只盖普通棉被,实质上是使诈以沽名钓誉,目的是为了骗取俭朴清廉的美名。

汉武帝便问公孙弘:“汲黯所说的都是事实吗?”公孙弘回答道:“汲黯说得一点没错。满朝大臣中,他与我交情最好,也最了解我。今天他当着众人的面指责我,正是切中了我的要害。我位列三公而只盖棉被,生活水准和普通百姓一样,确实是故意装得清廉以沽名钓誉。如果不是汲黯忠心耿耿,陛下怎么会听到对我的这种批评呢?”汉武帝听了公孙弘的这一番话,反倒觉得他为人谦让,更加尊重他了。

公孙弘这种以退为进的做法是一种大智慧,他面对汲黯的指责和汉武帝的询问,一句也不辩解,全都承认,结果不仅没有使自己陷入困境,而且使得汉武帝更加尊重他。

事实证明，当我们面对诬陷和谣言时不必急于辩解，有些时候话说得越多，错得越多，越辩解越使自己远离真相。像公孙弘这样，承认自己沽名钓誉，对于指责自己的人大加赞扬，反而让人觉得他是坦诚的，有度量的。试想这样的"沽名钓誉"如果能假装一辈子，也不是一件容易的事，并且这样的小事对自己来说构不成任何威胁，对同僚构不成任何伤害，大家自然也不会去追究他的过失，毕竟这只是一种无伤大雅的癖好而已。

"以退为进，不急于辩解"是一种大智慧。特别是对于领导者来说，这方面如果运用得好，更能受益匪浅。作为一个团队的领袖，受大众至少是团队内部成员的关注程度肯定会高于一般人。而有些人可能对情况不怎么了解，又喜欢乱下结论，甚至有时候会有一些莫须有的罪名加到你头上，这时候你去辩解反而会让人觉得你心中有鬼，即便最后得到澄清，也极可能给旁人一种不好的印象，更何况有时候你无意之中真的会犯一些错误。

对没有做过的事情不置可否，事情终会有水落石出的一天，那时候你可以得到更多人的尊敬，有什么小错就承认也没什么大不了的，人家反而会觉得你人格高尚，勇于承认错误更易得到大家的谅解，而且一个光明磊落的人即使错也不会错到哪里去。

行胜于言。在大是大非面前只要坚定自己的立场，任何谣言和诽谤都终会在空中被风吹散。不要急于辩解，真相自然明了，很多时候沉默比辩解更让人信服！

错过花朵，你将收获雨滴

人的一生，有意无意之中，会做错很多事，也会错过很多事；或许是由于一时的疏忽，忘记了银行卡的密码，错过了最实惠的那套衣服，或许是忘记要等某人的电话，错过了与之倾心相谈的一次机会，又或者错误地理解了爱人的意思，错过了一段锦绣良缘……错误、错过，面对这些你是不是终日都在抱怨和叹息？其实大可不必如此，错过了大学，你还拥有阅历；错过了爱

情,你还拥有朋友;错过了财富,你还拥有自由……说不定哪一天你会忽然发觉:错过了,反而是一种幸运,就像错过高挂的太阳,你可能会迎来夏日的凉爽。

魏蒙和四个同伴一起从家乡出来打工,并且在同一个工厂里工作。这年他们运气不错,包揽了一笔大业务,拿到了不少钱,可以风风光光回家过年了。按照规定,他们应该乘火车返回,厂里给报销一部分车费,但是其中有个人提议坐飞机回去,趁机开开眼界。几个人都没坐过飞机,大家一致赞同这个建议。

当天,几个人就结伴去购买了第二天上午6时20分从包头飞往湖南的机票。魏蒙因为走得匆忙,将身份证遗落在家中,所以没能购到机票,只好改乘第二天由包头开往湖南的火车。去买机票的路上,大家还嘲笑他没有坐飞机的福气。看着几个同伴兴奋的样子,魏蒙懊悔不已:身份证为什么不带在身上呢!

但是,后来发生的一切让魏蒙不再为自己的疏忽而懊悔。

四个伙伴乘坐的从包头飞往湖南的客机,刚起飞10秒就坠入距机场不远的公园里,机上63人全部罹难。

魏蒙错过了购买机票,却也恰恰因为错过才换回自己的生命。谁能说错过就是不好,错过一次机会,得到一生的机会,我们还有理由为错过而伤怀吗?据说,印度洋地震海啸灾难死亡总人数已超过14万,但是有一对英国夫妇却因为迟到而幸免于难。可见,有时错过并非坏事,只要凡事向积极的一面看去,一定可以发现不同的美丽。

有人说:“如果你为错过太阳而哭泣,那么你将会错过群星。”是的,不要再为错过而懊恼了,看看你能收获什么。

美国一所著名的大学要在中国招收一名学生,这名学生的所有费用由美国政府全额提供。初试结束了,有二十几名学生被定为候选人。考试结束的第十天是面试的日子。二十多名学生及家长云集某饭店等待面试。当主考官出现在大厅时,一下子被大家围了个水泄不通,学生们用流利的英语向他问候,有的甚至还迫不及待地向他自我介绍。这时,只有一名学生由于某种原因,没办法接近主考官,他十分懊恼。

于是他认为他这次肯定没戏了。正在这时,他看见一个异国女人有些寂寞地站在大厅的一角,目光茫然地望着窗外,他想:身在异国的她是不是遇到了什么麻烦,不知道自己能不能帮上她的忙?于是他走过去,彬彬有礼地和她打招呼,并介绍了自己,最后他问:“夫人,您有什么需要我帮助的吗?”接下来,两人聊得很投机。

后来这名学生被主考官选中了,其实他的成绩在二十几名候选人员中不是最优秀,他也错过了和主考官接近的好机会,但是他却无意中和主考官的夫人攀谈了一段时间。原来,错过了美丽,收获的并不一定是遗憾,有时甚至是圆满。

人生中一些极美、极珍贵的东西,常常与我们失之交臂,这时我们总会因为错过美好而感到遗憾和痛苦。其实喜欢一样东西不一定非要得到它,俗话说:“得不到的东西永远是最好的。”当你为一件美好的事物而心醉时,远远地欣赏它或许是最明智的选择。

我们每个人的一生都不是一帆风顺的,在你感觉到人生处于困顿期时,不要为错过而惋惜。失去也许会带给你意想不到的收获。花朵虽美,毕竟有凋谢的一天,请不要对花长叹,因为可能在接下来的时间里,你将收获雨滴。

人生不要太圆满,你不需拥有全部的东西,让别人和自己共同分享才是生活的真谛。往事如歌,在人生的旅途中,尽管有过坎坷,有过遗憾,却没有失去青春的美丽。相信自己,希望总是有的,记住那句话:错过了太阳,我不会哭泣,否则,我将错过月亮和星辰。

待遇不公,更要奋发向上

经常听到有人这样抱怨:“太不公平了,凭什么我在同级别的同事中工

资这么低？我都想跳槽了！”原来，很多公司实行的是秘薪制。有些人因为粗心的财务人员在发薪水时弄混淆了，一不小心知道了其他同事的薪水，就开始不满了。

世上有没有绝对的公平？很显然没有！于是人们开始抱怨、哀叹，有用吗？很显然没用！那怎么才能正确面对这些不公呢？

虽说人人都希望“一碗水端平”，但事实上，待遇不公的情况在职场上总是或多或少存在着。很多公司的员工薪水，都是和老板谈出来的。曾经有一个人，他当时去应聘时提出的待遇是年薪8万元，但公司表示最多只能给他5万元，后来，这个人经过侧面了解到，这家公司后来招聘的该职位人选年薪仅4万元。

一位心理学专家说，的确有不少人咨询这样的案例，遭遇不公对待确实很让人抓狂，不少人选择跳槽来解决问题。其实，比别人拿得少，不单单是物质层面的，更多的是对自尊心的打击。

专家说，职场上的待遇不公，主要原因有3种：

第一，工作资深。这些人员在自己岗位上已经工作了5、6年或更久，他们建立起了自己的人脉网络，同时也建立了自己的信用度。在很多工作中，大多数人需要亲自面对，苦口婆心、三番五次地去面对自己客户；而他们通常只要一个电话，甚至一种默契，就能把职场新人需要花一两天或更长时间完成的工作完成，这样一来，他们工作就要比别人看起来悠闲轻松多了，但待遇收入却要更高，这种原因是所谓“不公平现象”中占主导的现象。

第二，关系需要。这些人员自身能力或许并不强，但这些人员的某些亲戚就在企业的主要客户单位就职，甚至掌握相当权利，能影响或左右企业的运营结果，所以与其说他们是企业员工，还不如说是“客人”，“客人”不做事或少做事，老板当然不会去说什么的，不但不说，还要招待好他们，因为他们是“客人”。

第三，家族员工。公司是自己家人开的，自己在家人开的企业里面混个职位，就为图个省心省力，不做事或少做事，拿点高工资，也是天经地义的，这种现象在民营企业较常见。

面对待遇不公，有些人的反应过于积极，如找上司大闹。有些人反应过于消极，如用怠工行为来表现自己的不满。可到底该怎么做，才最为合适呢？

其实，不公就是人的一种心理，就像当年的“仇富”是一样的。与其不着边际地仇恨别人，不如踏踏实实提高自己，厚积薄发，终有一鸣惊人的那天。

我们总是奢望别人能公正地对待自己，但是一百个人对你可能是一百个态度，怎样才算是公平呢？你说爸妈总是偏向你的兄弟姐妹，那或许是因为你有着明显超越他们的优势，让父母觉得你完全有能力照顾好自己；你说老师总是偏向学习好的学生，那或许是因为你没有看到那些虽然学习差可是却很懂事的孩子同样获得了老师的青睐；你说领导偏向别的同事，那或许是因为他做得确实比你周到……职场不是一成不变的，遭遇这样的困惑时，我们不妨用更长远的眼光来看待眼前的郁闷。还是那句话，是金子，总会发光的。

抱怨不如改变，与其抱怨薪水太少，不如想方设法增加自己的实力，凭借真本事赚更多的钱；与其抱怨加班太频繁，不如提高自己的工作效率，超额完成任务之后，谁敢对你不加班抱有异议？与其抱怨公司没有提供发展平台，不如和公司共同进退，共同发展……其实，在每一种貌似合理的抱怨背后，都有一种更好的选择，那就是提高自己，改变现状。

美国成功哲学演说家金·洛恩说：“成功不是追求得来的，而是被改变后的自己主动吸引而来的。”的确，在工作中，总有很多人让我们很郁闷。这种郁闷可能是因为他们和你融不到一起，可能是他们不欣赏你，可能是他们不喜欢你，可能是他们不重视你，但是，与其抱怨别人，不如改变自己。

年轻人在职场上，一定要记住：职场上没有所谓的公平和公正。你的职业实力决定着你付出和收获的比例关系，而不是靠所谓“公正”去决定的。同时，也不要把一些社会上不好的现象作为自己在职场上的参照物，这样只能让自己更迷茫，更无助于问题的解决，一旦遇到这样的问题，不要自己为

难自己，主动解决问题才是万全之策。

跌倒了，请爬起来再哭

人的一生不可能永远一帆风顺，在快乐的同时总伴随着痛苦；与此同时，生活也就因为成功与失败并存、欢笑与眼泪同在，才变得更加充实与美好。我们的每一次进步和提高，也正是因为一次次的跌倒为我们积累了无数失败的经验，为我们即将到来的成功作好了铺垫。

如果你现在还沉浸在失败与泪水当中，那么请对自己说：跌倒了，爬起来再哭。在我们的日常生活当中，没有人会一生平安，一帆风顺；跌倒了爬起来就好，如果一味沉浸在失败的深渊里难以自拔，就永远无法迈出走向成功的那一步。要记住，摆在你面前的不是天堂，不是地狱，只有现实。

有一名年轻人行走在雨中，路面非常泥泞，在途中跌倒后，他爬起来继续前行，可不久又跌倒了。如此几次，他终于趴在地上不再起来，还自言自语道："反正爬起来还会再跌倒，不如趴在地上算了。"

故事中的年轻人只是博人一笑，可现实中我们跌倒了该怎么办呢？面对挫折不要报怨，这点困难放到长长的人生道路上，还不足以阻止一个人前进的步伐。面对人生道路的崎岖坎坷，如果跌倒了就此趴下，一蹶不振，我们永远不会到达胜利的顶峰，而跌倒了再爬起来，总是会有成功的希望。

是的，命运是不公平的。或许你现在高考落榜，而有人却在为考入重点大学而兴奋不已；或许你现在刚丢掉一份工作，而有人却得到了升职加薪；或许你刚和自己的恋人分手，而不远的草坪上却有人正在举行婚礼……或许你认为自己是这个世界上最倒霉、最无助的人，然而这一切并不能成为你甘于平凡，不想振奋的理由。记得有人这样说过：人的一生不在于拿一手好牌，而在于能够把坏牌打赢。在任何时候都不能向命运低头，跌倒了，请爬起来。

无论你在什么地方跌倒，你就要从那里站起来，重新开始。不要因为某一个梦想未曾实现而放弃你所有的梦想，不要因为某一次努力曾经失败而放弃所有的努力，不要因为某一个朋友曾背叛你而怀疑一切友谊……在人生的道路上，总会有新的机会、新的友谊和新的力量在等待着你。

成功不在于永远不跌倒，而在于每次都能从跌倒的地方站起来。你跌倒了一百次，就要从第一百零一次重新开始。有首歌唱得好："心若在，梦就在，天地之间还有真爱，看成败，人生豪迈，只不过是从头再来。"跌倒了，爬起来！要相信精诚所至，金石为开，即使想哭，也要爬起来再哭！

当你抱怨时，幸运已经转身

人经常会抱怨自己不够幸运，却从来不去探讨幸运发生的原因。经常能听到一些人抱怨上司、抱怨同事、抱怨工作、抱怨环境，有的甚至发展到了牢骚满腹、喋喋不休的程度，好像这个世界上谁都对不住他。于是，这些人便老是觉得自己怀才不遇，别人庸俗低劣，生活丑恶不堪。殊不知，这个世界上没有人喜欢抱怨者，正如没有人喜欢自大狂一样，当你不停地抱怨时，幸福已经悄然转身。

有一对夫妻是做外贸生意的，在原本红火的生意中，他们却总是不停地抱怨："本来这次可以再多赚一些，都是因为……这次雇的这个伙计还没有上次的勤快……我们现在这么忙，那些人还总来给咱们找事，什么朋友啊……看看人家都移民了，我们什么时候可以走出去啊！"抱怨声声中，原本的客户和朋友都开始疏远他们，遇到事情也不再找他们帮忙，他们的身边冷清起来，而生意也随之一落千丈。

没有人喜欢跟这样的朋友一起，他们不停地抱怨，不停地让周围所有人心里不舒服。他们抱怨自己得不到幸福，却不知道，幸福也在他们的抱怨声中转身离开了。

让我们所有人都停止抱怨，把对问题的抱怨转变成为解决问题的建议，这样才可能有所进步。

有一名出租车司机，面对着不断上调的油价和每天的“份儿钱”心烦不已，他每天唯一喜欢做的事情就是和周围的司机朋友以及客人抱怨这些。眼看着自己的生意越来越差，他的抱怨越发多了起来。

终于有一天，他听到广播里介绍励志成功学大师韦恩·戴尔博士出版的新书《心诚则灵》。戴尔说：“停止抱怨，你就能在众多的竞争者中脱颖而出。不要做一只鸭子，要做一只雄鹰，鸭子只会‘嘎嘎’地抱怨，而雄鹰则在芸芸众生中奋起高飞。”

这段话让他茅塞顿开，他决定要做一只“鹰”。他开始留心观察别的出租车，发现许多出租车很脏，司机的态度也很恶劣，于是他决心要做一些改变。

每次有客人拦车，他都会主动下车帮客人打开后车门，并且递上一张精美的宣传卡片：“您好，我帮您把行李放到后备箱去，您可以先看看我们的服务宗旨。”卡片上面写着：在友好的氛围中，将我的客人最快捷、最安全、最省钱地送达目的地。

开车之前，他会问客人：“想来一杯咖啡吗？我的保温瓶里有普通咖啡和脱咖啡因的咖啡。”如果乘客说：“我不喝咖啡，只喝软饮料。”他会微笑道：“没关系，我这儿还有普通可乐和健怡可乐，还有橙汁。”客人往往会惊讶得有些结巴：“那就来一罐健怡可乐吧。”

另外，如果路途比较远，他还提供各种报纸杂志，还有一张专门准备的音乐广播节目单。一路上他不再有任何抱怨，而是尽心尽力地为客人服务：问客人空调温度是否合适，问问对这次走的路线是否有更好的建议……

从他开始学做“鹰”的第一年，收入就翻了一倍。今年他的收入可能是以前的四倍。他现在一般不需要在停车场里等待客人，他的客人都会打他的手机预约。他也曾把自己的方法讲给五十多个出租车司机听，但只有两位对此感兴趣并仿效了他的做法。而其他那些司机，仍然喋喋不休地抱怨着他们越来越差的境况。

当这个司机不再抱怨时，他的人生就变得不平凡起来，因为一个优秀的人永远不会抱怨。

有人说："抱怨就好比口臭。当它从别人的嘴里吐露时，我们就会注意到；但从自己的口中发出时，我们却浑然不觉。"如果你想抱怨，俯拾皆是抱怨的对象；如果放得下，平和些，生活中没有什么值得让人抱怨的东西。

如果我们从另一个角度来看问题，你可能会发现自己还是非常精彩地生活着。你不能改变天气，为什么不试着改变心情？常言道：风雨之后见彩虹。与其抱怨风雨无情，何不享受看到彩虹的幸福？不再抱怨，珍惜生活，生活会处处显得美好，慢慢地，你会发现人生变得顺利、和谐起来！

压力是促使你成长的养料

如今的社会，生活节奏越来越快，人们面临的压力越来越大，家庭、工作、爱情、事业等方面的压力常常压得人喘不过气来。

没有压力就没有动力，没有动力，人就没有前进的毅力，就好像船没有发动一样，只能独自停留在那里。成长同样也需要压力，有了压力，我们才有学习的动力，才能为实现自己的目标而坚持不懈地去奋斗。

有这样一个故事，一个挑稻草的人和一个拿一根稻草的人打了个赌，看谁先到集上，第二天，他们一同出发，挑稻草的人坚定不移地前进，很快到达了集市；而另一个拿稻草的人心不在焉，把稻草弄得弯弯曲曲，到了集市，他那根稻草已经无影无踪了。这时，挑稻草的人想："有压力并不是坏事，它能使人奋进。"

在现实生活中，这样的事有很多。我们生活的周围，每天都有来自不同地方的压力，有压力，人们才会有动力；有压力，才能促使我们不断进取、不断进步。压力就好像人们行走的脚一样，没有了脚，人们将无法行走，没有了压力，人们就停止了勇往直前的步伐。压力是现代生活中很平常的一部分，接受它，并且积极地解决它，那么压力将会成为动力。

常有人面对苍天唉声叹气，抱怨老天为何这么不公平。其实，老天是公

平的，更是慷慨的。苍天把最珍贵的一切免费地馈赠给了每一个人，机会是均等的。这就看你会不会享用，能不能把握了。

其实，我们每个人都是一条在生活的海洋中航行的船，生活中的各种压力就是我们的负担，这些压力虽然有时会令我们疲累、烦躁，但若没有这些压力，我们就很容易被生活的波浪打翻。

有压力才有动力。压力来自生活中的方方面面，如学习、工作、家庭中的压力，它在不同的生活领域起着不同的作用，压力曾压垮过许多经不起考验的人，使他们一次次地倒下，最终消失。所以我们要学会给自己减压，把压力变为动力。

有几种比较有效的舒缓压力的方法供大家参考：

第一，发泄。这不是说让你对家人、朋友、同事大发脾气，而是通过参加体育活动等来缓解心中的压力。

第二，转移。忙碌中别忘了给心灵一点空间，让喜悦与平静在心中滋长，随时给生命来个深呼吸，你会发现美好无处不在。你可以放下工作、生活压力，约几个好友到户外走走，呼吸一下新鲜空气。

第三，倾诉。很多人都会选择把心事压在心里，可是这样时间长了会很疲累，而且渐渐地你会变得沉默，变得自闭，严重的话可能发展成抑郁症。其实，你可以找个信任的朋友诉说你的心事、工作压力，让别人一起帮你分担。当然，有时候你会觉得难以启齿，但是只要你敞开心胸，慢慢地，你就会发现其实这没什么。

心情的美好与否不仅取决于人处在什么样的生存环境，更取决于人是否能将不利的现实转化为上进的力量，使自己的心情好起来。不以物喜，不以己悲，把压力变成动力，愉快地迎接明天的到来！

抱怨是最无力的自虐

失败者总是找借口，成功者永远找方法。这里所说的借口，无疑是抱怨的另一种表达方式。在失败面前,人们总能找出种种借口,编织各种各样的理由,来掩饰自己的懦弱、错误和无能。

一个善于为失败准备借口的人,无论怎么掩饰,都是一个不折不扣的懦夫!翻开历史,看看身边,哪个成功人士没有经历过失败?重要的是面对失败,你还有没有从头再来的勇气。

在英伦三岛,可能有人没有听说过莎士比亚,但他肯定听说过"霍布戴尔香肠"。曾经,霍布戴尔先生在曼彻斯特一所小学"工作"——负责看门、拖地板、擦黑板、整理桌椅等,报酬是每周5英镑,他的工作平凡而又充实。

可是后来,老校长退休,新校长约翰逊上任,为加强管理,他建立了新的考勤制度,要求每个教职工早晚都要在考勤簿上签名。不识字的霍布戴尔不会签名,只好回家。

失业的霍布戴尔到处求职,但是有谁需要一个不识字的人呢?多次碰壁之后,他想,也许我应该找一份不需要识字的工作。正巧,隔壁卖香肠的琼斯太太去世了,家人工作太忙,准备转让香肠店。霍布戴尔便用自己打工攒下的积蓄盘下了香肠店,由于他服务热情、童叟无欺,香肠店的生意越做越好。霍布戴尔抓住时机,大做广告,广开分店。

最"疯狂"的时候,霍布戴尔请来了电影公司,将自己的事迹拍成了电影——《一种香肠的诞生》,在英国各家电影院轮回放映,并雇用飞机在空中做广告。很快,"霍布戴尔香肠"就誉满大不列颠,同时也引起了媒体的关注,一位记者在采访时问他:"霍布戴尔先生,您没有受过教育,但是您获得了成功。您设想一下,如果您会读和写,您将干什么呢?"

"或许还在那所小学校当看门人,一个星期收入5英镑。"霍布戴尔笑着回答。

霍布戴尔用自己的亲身经历告诉世人:生活真的很公平,它可以让人意志消沉,也可以让人百炼成钢,关键就看你是怎样的一个人。命运也真的很公平,在关闭一扇命运之门时,上苍必定会为我们留一扇希望之窗。与其死守着那扇紧闭的大门怨天尤人,何不转过身来,尽快找到属于自己的那扇

窗呢？

生活没有绝境，走出门去，外面就是一片蓝天。只是有时候，潜力和成功是被逼出来的。所以，遭遇困难和挫折时，我们不应该一味地怨天尤人，因为等待你的可能是一片更宽广的天地。其中的关键，就在于我们肯不肯“逼迫”自己。学历不等于能力，知识也不见得能绝对改变命运，只有百折不挠、自强不息，才有可能走向成功，创造奇迹。

哲人说：“苦海即是天堂，天堂也即苦海。”想想真是如此，有时候我们明明生活在天堂，却总是觉得自己苦不堪言；而我们意识当中的苦海，却有很多人在其中生活得很快乐。这一切，其实都取决于我们的心态是否平和，我们是否足够坚强。学着去适应、去发现、去感受、去改变，你一定会摆脱抱怨的束缚，发掘到幸福、快乐的真谛。

有一天，佛外出云游，路上遇见一位诗人。诗人年轻、有才华、富有、英俊，而且拥有娇妻爱子，但他总觉得自己不幸福，逢人便抱怨上天对自己不公。

佛问他：“你不快乐吗？我可以帮你吗？”

诗人回答：“我只缺一样东西，你能给我吗？”

“可以。”佛说：“无论你要什么，我都可以给你。”

“是吗？”诗人盯着佛，一字一顿、满脸怀疑地说：“我要幸福！”

佛想了想，自言自语道：“我明白了。”

说完，佛施展佛法，把诗人原先拥有的一切全部拿走——毁去他的容貌、夺走他的财产、拿走他的才华，还夺走了他的妻子和孩子。做完之后，佛立即离去。

一月后，佛再次来到诗人身边。此时的诗人，已经饿得半死，躺在地上呻吟。佛再施佛法，把一切又还给了诗人，然后悄然离去。

半个月后，佛再次去看诗人。这一次，诗人搂着妻儿，不停地向佛道谢。因为，他已经体会到了什么是幸福。

生活中，我们不正像那位诗人一样吗？对自己身边的幸福视而不见，却苦苦寻觅所谓的幸福与快乐。其实生活就是这样，它在无形中就已经给了我们必需的东西，是追逐的目光和抱怨的心理使我们不懂驻足欣赏我们已经拥有的幸福。当一切失去时，才蓦然发现它的珍贵。

也许有人会说，有谁愿意抱怨啊？你不了解我的痛苦！确实，生命的苦旅中有无数艰难险阻，有的让人难以承受。但是抱怨又能怎样呢？而且当你看完了上面的故事，相信大多数人都会明白，我们甚至没有抱怨的资格！

人生在世，挫折与失败是不可避免的，抱怨只会磨灭人的斗志，使生活增加痛苦，不怨天，不尤人，宽容感恩，积极地直面人生才是上上之策。

与其抱怨别人，不如改变自己

房龙说："当世界抛弃了你，而你又无法改变时，你才有权利抱怨。"不少人在平时的工作中常常推责于别人，却很少从自己身上找原因。其实，别人的存在与做法一定有其合理性。抱怨别人不如改变自己，你自己改变了，一切就会改观。

一个女儿对父亲抱怨她的生活，抱怨事事都那么艰难，她不知该如何应付生活，想要自暴自弃了。她已厌倦抗争和奋斗，好像一个问题刚解决，新的问题就又出现了。

她的父亲是位厨师，他把她带进厨房。他先往三只锅里各倒入一些水，然后把它们放在旺火上烧。不久锅里的水烧开了。他往第一只锅里放些胡萝卜，第二只锅里放只鸡蛋，最后一只锅里放入碾成粉末状的咖啡豆。他将它们浸入开水中煮，一句话也没有说。

女儿咂咂嘴，不耐烦地等待着，不明白父亲在做什么。大约二十分钟后，他把火关了，把胡萝卜捞出来放入一个碗内，把鸡蛋捞出来放入另一个碗内，然后又把咖啡舀到一个杯子里。做完这些后，他才转过身问女儿："亲爱的，你看见什么了？""胡萝卜、鸡蛋、咖啡"，她回答。

他让她靠近些，并让她用手摸摸胡萝卜。她摸了摸，注意到它们变软

了。父亲又让女儿拿一只鸡蛋并打破它。将壳剥掉后,她看到了是只煮熟的鸡蛋。最后,他让她喝了咖啡。品尝到香浓的咖啡,女儿笑了。她问道:“父亲,这意味着什么?”

他解释说,这三样东西面临同样的逆境——煮沸的开水,但其反应各不相同。胡萝卜入锅之前是强壮的,结实的,毫不示弱;但进入开水之后,它变软了,变弱了。鸡蛋原来是易碎的,它薄薄的外壳保护着它呈液体的内脏;但是经开水一煮,它的内脏变硬了。而粉状咖啡豆则很独特,进入沸水之后,它们倒改变了水。“哪个是你呢?”他问女儿,“当逆境找上门来时,你该如何反应?你是胡萝卜,是鸡蛋,还是咖啡豆?”

是啊,你呢?你是愿意做胡萝卜、鸡蛋还是咖啡豆?我想没有人愿意做那个看似强硬,一旦遇到痛苦和挫折就变得软弱的胡萝卜。或许你是柔弱的,或许你害怕困难,但是如果你勇敢地坚持下来,你会发现自己在逆境中变得坚强,此时的你已经是一个较之以前更为强大的熟鸡蛋了。而有些人,他们本身是坚硬的,在遇到困难时,他们毫不退缩,甚至把周围环境利用起来,让自己蜕变为一杯香味醇厚的咖啡!鸡蛋和咖啡豆是不同的,然而它们又是相同的,它们的相同之处在于:面对困难,它们没有抱怨,而是勇敢地承受下来;而咖啡豆更是因为愿意改变自己,变成了比自己本身更受欢迎的咖啡!

现实生活中,不如意事常有,心情不好就抱怨天气,工作太苦就抱怨老板,家庭困难就抱怨自己为何不出生在富裕之家,甚至抱怨上天不公等,于是抱怨成了最佳的心情发泄的途径。然而凡事都要有一个限度,轻微发泄一下,可以缓解压力;但若过度抱怨,不但不能缓解紧张的情绪,反而成了痛苦的放大镜,让人越来越觉得无法容忍。

小青和小翠是一对好朋友。一天小青对小翠说:“我要离开这个公司,我恨这个公司!”小翠建议道:“我举双手赞成!破公司,一定要给它点颜色看看。不过你现在离开,还不是最好的时机。”小青问:“为什么?”小翠说:“如果你现在走,公司的损失并不大。你应该趁着在公司的机会,拼命去为自己拉一些客户,成为公司独当一面的人物,然后带着这些客户突然离开公司,公司才会受到重大损失,而且非常被动。”小青觉得小翠说得非常在理,于是努力工作,事遂所愿,半年多的努力工作后,她有了许多忠实客户。再见面时,小翠对小青说:“现在是时机了,要跳槽就赶快行动哦!”小青淡然笑道:“老总跟我长谈过,准备升我做总经理助理,我暂时没有离开的打算了。”其实这结果也正是小翠的初衷。

这则故事告诉我们一个道理:当自己身处逆境,或与周围的环境、人群不协调时,一味地抱怨,只会将自己推向更为尴尬的境地,如果能及时调整好自己的状态,积极进取,把握良机,事情定会朝着好方向转变。与其抱怨别人,不如试着改变自己。要相信,机会总是留给有准备的人。

与其在对别人的抱怨声中消亡,不如尝试改变自己,让自己蜕变。不如意的事情可以让人更加清醒,可以为人积累经验,为将来的成功作积淀。同时,要把自己看得低一点,这样想你就会心如止水,平静安详。幸福的生活、美好的爱情就该向你招手了!

下　篇

非凡人生，愈折磨愈奋进

第6章

愈折磨愈睿智，沉住气才能成大器

面对折磨，我们要学会沉着镇定，从容自若。逆境中，我们要学会隐藏锋芒，韬光养晦，才能够避免伤害。为人处世懂得变通，刚柔相济，外圆内方才会既坚持原则又能够让事情顺利推行，圆满解决。关键时刻能屈能伸，进退有节，才能够躲过致命的打击。在折磨中学会处世的手段，积蓄力量，顺势而为，才能走出人生低谷，成就大业。

遇事沉住气，分析利与弊

圣人老子曾经说过这样的话："大的洁白，是知白守黑，和光同尘，故而若似垢污；大的方正，是方而不割，廉而不刿，故谓没有棱角；博大之器，是经久历远，厚积薄发，故而积久乃成；浩大之声，过于听之量，故而不易听闻；庞大之象，超乎视之域，故而具体无形。"这句话的意思是说，一个人要想打破枷锁，战胜折磨，有所突破，就不能只计较眼前一时的得失利弊，真正重要的是如何经受长久的磨炼，通过这种有意识的磨炼来淡化锋芒、祛除骄躁。但是，老子在上千年前就参透的人生哲学，并没有得到传承。时至今日，还是有很多年轻人一旦面对问题就失去理智、变得毫无头绪。

曾经有一个牧童，一次放牧时偶然间发现了森林深处的一间废弃木屋，由于牧童年龄小不知道害怕，好奇心促使他进入木屋。他发现木屋中堆满了煤矿石。牧童很是好奇，不知道这就是可以卖钱的煤矿石。他小心地拿起了一块，自言自语道："拿回去给牧场主看看，他肯定知道是什么。"他将牛赶回了牧场，又如实地把一天的经历告诉了牧场主，并把煤矿石拿出来给牧场主看。牧场主见多识广，一眼就看出来是煤矿石，他欣喜若狂，一把将牧童拉到身边，问储藏煤矿石的木屋在哪里。牧童把木屋的大体位置告诉了他，老牧场主马上命令管家与手下的打手们直奔木屋，让牧童为他们带路。

牧场主很快就到了木屋，见到了一屋子的煤矿石。他眼冒金光，欣喜若狂，赶忙把煤矿石装进带来的麻袋中。虽然下起了大雨，牧场主也不停地搬运，非要把所有煤矿石全带走才能满足。忽然，一阵轰隆隆的雷声响过后，矿坑边的木屋倒覆在塌陷的矿井里，牧场主因为贪图利益，被利益冲昏了头脑，连自己的命也丢在了矿坑中。

老练的牧场主阅历丰富，并且拥有一整个农场，但是在不义之财面前也被冲昏了头脑，失去了理智，最终丢掉了性命。可见，"沉住气"看似简单，但是真正能够做到的却是寥寥无几，即便是活了半辈子的人，也不一定弄明白

这个道理。

小陈是一家物流公司的主管，他做事可谓清清楚楚，明明白白，从来没干过一件糊涂事，一般有什么大事小陈自己觉得可以解决的，也不会跟家人商量。

一天，小陈下班回来，在小区门口看见围了几个人，就上前看看怎么回事。原来是一个小伙子在做宣传，主要意思是内蒙古现在有个“万里大造林”的项目，通过老百姓集资买树种，在沙漠上种树，以后长大了成了树林以后，大伙都能分到钱。现场有好几个年轻人当场就掏出上万块钱“入股”，小陈觉得植树造林是好事情，而且还能在以后赚钱，是一举两得的好事。于是赶紧回家把家里的三万块钱拿出来，二话没说就入股了。晚上他把这件事和父母一说，家人马上表示反对，妈妈说电视上关于万里大造林是个大骗局的传闻已经传得满天飞了。小陈一听傻眼了，第二天去社区门口一看，昨天热火朝天的摊子如今已经是人去楼空，小陈赶紧打合同上的电话，也是空号，小陈这下慌神了，赶紧打电话报了警。

过了一个月，警察给小陈送来了追回的3万元钱，并且告诉小陈这个犯罪团伙已经流动作案很久了，而像他这样上当受骗的年轻人也不在少数。他们都是跟小陈的想法一样，觉得首先植树造林是有益于国家的事情，应该给予支持，主要还是因为一听可以赚钱，而且是成倍赚钱，于是就被利益冲昏了头脑，失去了理智，沉不住气，最终导致上当受骗。

有句老话叫做“沉住气，成大器”，这句话体现了我们为人处世所应该具备的一项重要素质——沉住气，保持冷静的头脑。这种沉稳并非是老于世故、老谋深算，而是对任何人都适用的生存哲学，是生活在这个无限复杂的社会中的人必须学会的生存法则。如果能够真正领悟并运用好这一处世良方，那么不论多么难处理的事情、多么复杂的利益纠葛都可以迎刃而解。

其实，对一时的利益得失不必看得太重，很多时候，心浮气躁、急功近利往往会让事情变得更糟糕，而且这种心理是很不健康的。由于面对利益而失去冷静的头脑，接着沉不住气，失去理智，进而把事情弄砸了，再懊悔不已，伤及健康。这是一个一旦陷进去就难以自拔的恶性循环。所以说，沉住气，不要心急，放弃急功近利，把眼光放长远，这是一种通向成功的境界，更是我们为人处世的重要技能。

忌鲁莽行事，忌猛冲猛打

这个世界上有这样一种人，他们有着一颗善良纯朴的心，在面对各种生活中遇到的矛盾和折磨时，经常是据理力争、是非分明，绝对不会为了自己的私利而破坏做事和做人的原则，甚至为了辩个曲直而得罪领导也在所不惜。这种正派的为人处世的风格很值得提倡，但是，这样做也有很大的不足，那就是总不能顺顺利利地解决问题，甚至有的时候会好心办坏事，不但没能把该解决的问题顺利解决，最后还把别人得罪了。原因就是他们做事沉不住气，行动之前毫无思路可言，仅仅凭着自己的一腔热血，猛冲猛打、鲁莽行事，我们称之为有勇无谋，匹夫之勇。

据历史资料考证，匹夫之勇一词，最早出现在《国语·越语上》这本著作中。这个典故是这样的，勾践既许之，乃至其众而誓之曰："吾不欲匹夫之勇也，欲其旅进旅退也。"这句话的意思就是说：行军打仗不能光凭个人的勇敢和冲动，而是要用智谋，要有清晰的思路。一旦光顾勇敢而沉不住气，被形势冲昏了头脑进而越过了理智的水平线，就变成了鲁莽行事。看看下面这个真实的故事：

楚霸王项羽有万夫不敌之勇，虽然他是一个失败的英雄，但是后来司马迁却称赞他说："当年秦国政治腐败，百姓纷纷起来反抗，项羽在陈涉这个地方领军对抗……前后只花了三年时间，就把秦国灭掉，然后将得来的天下分封给各王侯贵族，成为称雄一方的霸主，虽然最后他失去了霸主的地位，但是他的功绩伟业，是近古以来还没有人能做到的。"

结果刘邦做了皇帝以后，在洛阳宫摆设筵席宴请群臣的时候说："我之所以能成功，顺利取得天下，是因为能够知道每个人的特长，并且也懂得如

何让他发挥长处。”然后他问韩信对自己的看法。韩信回答说：“大王您很清楚自己各方面的才能与长处，因此您心里其实明白，说到机智与才华，您不如项王。不过我曾经当过他的部下一段时间，对于他的性情、作风、才能，了解得比较清楚。项王虽然勇猛善战，一人可以压倒几千人，但是却不知道如何用人，一些优秀杰出的贤臣良将虽然在他手下，却都没能好好发挥各自的专长。所以项王虽然很勇猛，却只是匹夫之勇，做事不懂得深谋远虑、三思而行。而大王任用贤人勇将，把天下分封给有功劳的将士，使人人心悦诚服，所以天下终将成为大王您的。”

韩信的话可谓是一语道破天机，直接点出了沉得住气的大智大勇和猛冲猛打、草率鲁莽行事的匹夫之勇的根本区别。而这恐怕也是楚霸王没能坐稳江山的根本原因吧。

苏轼在《留侯论》中写道：“古之所谓豪杰之士者，必有过人之节。人情有所不能忍者，匹夫见辱，拔剑而起，挺身而斗，此不足为勇也。”这几句词的意思是说：普通的勇士遇到了难以忍受的事情时，就会拔出剑来，上去不管三七二十一先拼个你死我活再说，这样的人算不上真正的勇敢。古代称得上豪杰之士的人，一定具有超越常人的气度和节操。但凡是天下称得上是侠士的人，不仅有大勇，更加难能可贵的是还要有大智。

战国时期，有一个名叫张良的人，他在青年时，面对秦王暴政，心里十分不满，有诗句描述为：“不忍忿之之心，以匹夫之力而逞于一击之间”。而后来受兵书于黄石老人，并数次经老人“倨傲鲜腆而深折之”，使张良“忍小忿而就大谋”，没有为小怒气所挑衅而坏了大局势，最后终于练就了一颗大智慧的心，完成了大事业，从“匹夫之勇”成长为“大智大勇者”。

苏轼后来研究分析了张良辅佐刘邦的生平和他前后的作为，归纳总结出两种勇敢，一种是猛冲猛打、鲁莽行事的匹夫之勇；另一种则是遇事不慌张，沉得住气，理清思路的大智大勇。这种大智大勇者，按他在《留侯论》中的说法是：“猝然临之而不惊，无故加之而不怒，此其所挟持甚大，而其志甚远也。”意思就是说，具有大智大勇这种气节风度的人，其特点是能沉得住气，遇事不慌，虽于生死荣辱之间，仍能慷慨从容，举重若轻，镇静自若。

大智大勇与草率鲁莽的区别就是在于在面对事情时能否真正沉得住气，有一条清晰的解决问题的思路。大智大勇是沉着的，草率鲁莽是沉不住气的。在很大程度上，草率鲁莽的人往往成事不足，败事有余。搬起石头砸自己的脚是多数草率鲁莽者的结果。

大智大勇不分身份与能力高低，其精髓在于不慌乱，沉得住气，有清晰的思路。找到勇敢而不鲁莽的平衡是很难把握的，既要大胆地去闯荡，又要作最坏的打算和最好的准备，凡事既要有敢打敢拼的精神，又要沉着冷静，不能仅凭意气用事，也就是说，要冒险，不要冒失。做事前一定要先冷静思考，凡事三思而后行永远是不变的真理。

忌优柔寡断，忌婆婆妈妈

在遇到折磨你的事情时，沉得住气固然很重要，但是就像一枚硬币有两个面一样，任何事物都具有两面性，任何事物都是一把双刃剑。如果在解决问题的时候过于沉得住气，不慌不忙而导致作决定的时候优柔寡断、婆婆妈妈，就会贻误战机，错失作决定的最佳时机，这同样是不可取的做事原则。

时间倒退到1997年的美国加利福尼亚州。在这个州中有一位年轻的华人工程师，他是公司的技术骨干，拥有华尔街上市公司的股票，娶到了美丽聪明的妻子。作为一名在美国的华人，他事业顺利，生活美满，再无他求。每天下班之后他最热衷的事情就是照管自己别墅前小菜地的菜，带着中国传统文人的情怀，他觉得自己已经达到了陶渊明的境界。

但是这样的悠然却被他的妻子破坏了，在一个阳光明媚的早晨，他的妻子把他菜园里的菜全部拔掉，他下班后很生气地质问妻子为什么破坏他的劳动成果，而妻子非常认真地对他说："我不毁掉菜地，菜地就会毁掉我的丈夫。你是世界顶尖的IT专家，我不能让你成为一个婆婆妈妈的加利福尼亚的农夫！"

丈夫被妻子的话震撼了,他开始重新思考自己人生的方向,并且在妻子的支持下,辞掉美国待遇优厚的工作回国创业,决定要在自己的专业领域成为成功的企业家,而不是高薪打工者。

这个丈夫就是如今响彻世界的百度公司的CEO李彦宏,他的妻子是美国生物学博士,在他安于现状,面对事业优柔寡断的时候,告诉他不能就这样错失机会。她有力的话语为自己有成功潜质的丈夫下决心创业起到了有力的推动。

即使如今的百度是世界上排名前三的搜索公司,今天的李彦宏在搜索领域被认为是全世界前三的顶尖技术专家,可是如果他当初没有当机立断地作出那个决定,而是过分沉住气以至于贻误战机,他也不会成为全世界最大的中文搜索引擎公司的老板。正是因为那时在美国加州夫妻同心、当机立断的决定,让加州少了一个安于小日子的"农夫",让中国多了一家享誉世界的企业。其实,现实生活中有很多人和李彦宏一样具有成为成功者的潜力,只是这种潜力还没有被挖掘出来,而唤醒这种内在成功力量的第一步,就是果断地作出决定。

作出决定其实并不难,难的是能够作出果断及时的决定。果断的决定让李彦宏成了中国的骄傲;果断的决定让比尔盖茨成了成功的传奇。因为果断的决定,使得今天我们把许多看上去不可能的事情变成了现实。

虽然作出决定并不能保证换来一个人的飞黄腾达,不能换来一件事情的水到渠成,虽然成功并不仅仅是源于决定,但是成功的条件里,首先是源于作出果断的决定,这种决定甚至可以决定一个人的成长历程和一件事情的走向。

打工皇后吴士宏的故事,可以说是家喻户晓。1985年,吴士宏还是一个普普通通的护士。当时,为了离开毫无生气可言,甚至都满足不了温饱的护士职业,吴士宏毫不犹豫,毅然选择了辞职。凭着家里的一台收音机,花了整整一年半的时间学完了许国彰英语三年的课程。在练就了娴熟的英语技能以后,吴士宏鼓足勇气,向当时就闻名于世的IBM公司投出了简历。到了

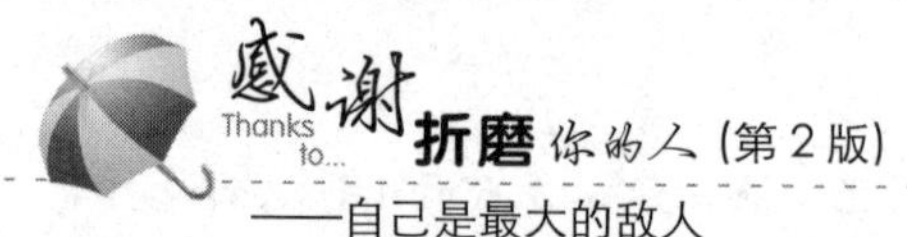

面试的那天，吴士宏站在五星级标准的长城饭店外，暗暗下定了决心，绝不允许任何人因为任何事情而把她拦在门外，这种对于成功的渴望，让她克服了所有困难。在面试现场，主考官问她会不会打字，从没有摸过打字机的她当机立断地回答："会！"因为她知道这是一个将左右她人生走向的决定。

面试结束以后，吴士宏马上跑回家去向亲友借了170元钱，买了一台打字机，从此没日没夜地敲打了整整一星期，甚至最后疲惫得连吃饭都拿不住筷子，可是由于不懈地努力，在短短的时间里她奇迹般地敲出了专业打字员的水平。

这个真实的传奇故事也反映出了成功人的特质，那就是关键时刻绝不优柔寡断，在冷静思考以后当机立断地作出决定。许多成功者在成功之前，其实也和你我一样平庸，甚至在别人看来并不起眼。但是如果你没有想清楚自己要成功的方法，而只是像没头苍蝇一样到处乱撞，那么你所谓的决定，就只不过是一种未经深思熟虑的、鲁莽的决定，就像没有根基的摩天大楼，经不起任何风风雨雨，轻轻一震就会轰然倒塌。

总而言之，果断的决定就像是一把钥匙，它不是万能钥匙，不能保证你一路畅通无阻，但是确实是到达终点必不可少的一个环节。不论我们做什么事情，在沉住气、理清思绪的基础上，千万不能犹犹豫豫、婆婆妈妈，一定要瞅准时机，作出那个可以改变结局的决定。

做事要刚柔相济，外圆内方

人的脾气性格有柔有刚，处世手段有圆有方，一般柔弱的人处世手段比较圆滑，如大多数女人性格柔顺，说话比较含蓄，做事比较圆通，很少让人为难，下不来台。而年轻人性格一般比较刚直，说话也不会拐弯抹角，做事以原则规矩为准，常常因此得罪人。当然这些也是因人而异的。

我们说话做事也要顺势而为，看情况而定。既坚持一定的原则，又要有圆通的手腕。在不破坏原则的前提下，适度柔韧，圆通，才能让我们的人际

关系更好，做事更顺利。那么，何时做事要圆柔，何时做事又要刚直方正呢？

当你的生活工作中秩序混乱，关系失常时，我们做人做事就不能一味守成不变，必须圆通一点，柔顺一点。圆通不是没有原则，而是不要太过计较细节，不要太过执着成规。在举世滔滔时，有一点圆通方便，才能通达人情，利己利人。

当你的生活工作都很稳定，令你满意时，我们做人做事，就不妨刚直方正一些，这时的“方正”，就是你高尚品德、铁面无私的表现。有了这样的环境，这样的品德通常会被别人接受，被别人尊敬。坚持耿直是有前提的，乱世直臣不值得做，治世贤臣才是我们的追求。

有的人常有“生不逢时”“怀才不遇”之叹。其实，如果你真的很有能力可是生不逢时，或是你很有德行，却不受人重视，处在这种低潮的时候，不要着急，也不要失望，只要你养深积厚，作好“蓄势待发”的准备，一旦因缘成熟，不怕不会脱颖而出。所以，一个人“不患无位，患所以立”，只要自己有实力，何患无成。只是有再多的实力，我们也要等待适合的时机，在此之前，我们就要有圆通处世的手腕，刚柔相济的做事手段才能够让我们事半功倍。

唐代著名的直臣魏征辅佐太宗李世民之前曾是太子的谋臣，但他那时却没有“刚直”的名声。难道是他做事不够“刚直”吗，恐怕是形势所迫，他只得柔忍以待，或者他虽然“刚直”却不被太子看重。值得庆幸的是，上天终于给了他一位明君，让他做了贤臣。太宗当政之后，魏征屡屡进谏，刚直不阿，与皇帝共同成为千古君臣的表率。

做人做事如同在生活的海洋中行船，要有眼观六路耳听八方之能，遇到暗礁，灵活转身，化险为夷；碰到风浪，勇敢搏击，力挽狂澜。舵握在你的手中，你既要目标明确，沉着应战，又要随机应变，所谓识时务者为俊杰也。如此才能在生活这片汪洋里拨云见日，游刃有余，开创辉煌。

生活中，做人左右逢源，做事圆圆满满，是每个人都在追求的大境界。然而要实现这样的境界却要求我们刚柔相济，方圆无碍。

自然界中，弱小者常靠柔韧的品性战胜强大。天下之物莫柔于水，而攻坚强者莫之能先。雪压竹头低，地下欲沾泥；一轮红日起，依旧与天齐。飓风狂暴地侵袭小草，小草只摇晃了一下身子，依然保持了生命的绿色。

人生亦如此，当我们处于强大而不可改变的恶劣环境中时，就要用自己的柔韧战胜它，用自己的圆融来处世，如此才能够让自己在折磨中生存下来。“木秀于林，风必摧之”，小草匍匐于地，却能够经受暴风骤雨。这说明在强大而不可抗拒的折磨面前，我们要保持柔韧，才可能等到时机到来的那一刻，取得成功。孔子曾去求教老子，老子不跟孔子说话，只是张开嘴让孔子看。两位哲人心领神会，张嘴而不说话寓意的哲理是：牙齿掉了，舌头还在。牙齿是硬的，舌头是软的，硬的东西因其刚强而死亡，软的东西因其柔弱而存在。所以人到老年，刚硬的牙齿不在了，而柔弱舌头仍旧灵活自如。刚往往只是外表的强大，柔常常是内在的优势，因此，柔能克刚便成了一条辩证的法则。刚直容易折断，只有适度的柔韧，适度的刚直才会让我们处世更加圆通。

这里的“柔”，不是“柔弱”，而是“柔韧”不但有“柔”还有“韧”，这里的“韧”性也是刚直的一种。只不过它不是表面的刚强，而是内里的一种韧性，百折而不挠，即使遇到摧毁性的打击，也不会被消灭。它比表面的刚直更强大，更有力量。我们要做的“刚”却不是“刚直”而是“刚强”“刚韧”，只有刚直是不够的。

只有刚直就容易方，只有柔弱就容易圆。为人处世，最好是方圆并用，刚柔并济，这才是全面的方法，也是成功之道。如果能刚而不能柔，能方而不能圆，能强而不能弱，能弱而不能强，能进而不能退，能退而不能进，那么失败在所难免了。

晚清重臣曾国藩对此领略颇深，他说：做人的道理，刚柔互用，不可偏废。太柔就会委靡，太刚就容易折断。但刚不是说要残暴严厉，只不过不要强矫而已。趋事赴公，就得强矫。争名逐利，就得谦退。所以他虽居在功名富贵的最高处，却能全身而归，全身而终。

我们做事既要趋事赴公，又要取得自己的利益，这就要求我们刚柔相

济，方圆无碍。做事时，我们不妨坚持原则，做人却要求我们圆通柔韧。然而事与人是始终连在一起的，有人才有事，有事就要人来做，所以我们要脾气直，手腕圆，才能在处世中胜出。

方圆无碍，按现在的说法是原则性与灵活性的高度统一，这是一种最高级的战略，也是为人处世最高级的方式、方法。要做到这一点，则需要高度的智慧和修养。只有有了这样的智慧和修养，我们才能平静面对生活中的风风雨雨，才能在折磨中沉住气，等待时机的到来。

低调行事，大智若愚

古语说“仁者乐山，智者乐水”，是指仁者喜欢山，他的德行就像山一样高大，让人高山仰止，钦敬佩服。智者的行为就像水一样柔顺无争，低调顺从，却让所有人乐意接受。

我们如果遇人不明，或者在生活工作中遇到困境折磨，就要坚持像智者那样做事，柔顺无争，低调顺从，以期避过更致命的伤害，在逆境中保持实力，广结善缘，才能够让我们拥有更好的人际关系，从而麻痹对手，获得更多的支持，这样才能够尽快摆脱逆境，获得成功。

大智若愚就是指，才智很高而不露锋芒，表面上看好像愚笨。老子曰：大音希声，大象无形。大都是一个意思，只是更能表现被形容者伟大可以掌控一切的一面。“大智若愚”，“若愚”已入理悟之境；但要大彻大悟，当须“守愚”，守者即修行，亦即功夫。理上之悟，是一悟，已近“愚”之境界；事上之悟，事事悟，时时醒，持守如一，乃一大智者。大智者，愚之极致也。大愚者，智之其反也。外智而内愚，实愚也；外愚而内智，大智也。外智者，工于技巧，惯于矫饰，常好张扬，事事计较，精明干练，吃不得半点亏。内智者，外为糊涂之状，不善斤斤计较，事事算大不算小，达观，大度，不拘小节。智愚之别，实力内外之别，虚实之分。

所以大智若愚的人不是智慧上“愚笨”，而是凡事不计较，装糊涂，达观

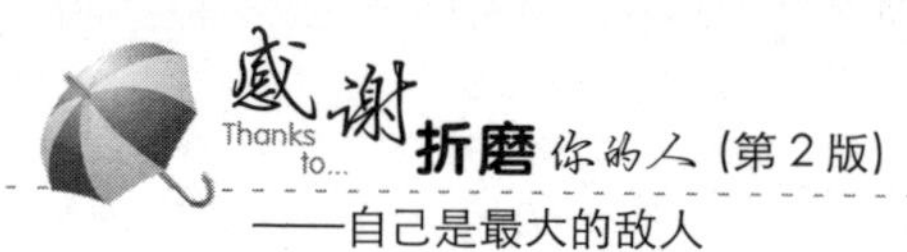

大度，不争功，从而更能取得人们的好感，赢得更多人的拥护，拥有更好的人际关系。而一个人要实现生活中的各种愿望，智慧和好的人际关系都会起重要的作用。前者是成事的基础，后者是成功的关键。

"大智"指的是参悟了、看透了，看重双赢而不是眼前的蝇头小利，这与在利益上斤斤计较的小聪明是有区别的。"若愚"一是藏巧，"满招损，谦受益"，锋芒毕露又自高自大，不懂与他人合作，就无法取得别人的信任和支持，甚至会遭人嫉恨。三国刘备与曹操煮酒论英雄时，曹操点破天下英雄只有他们二人，刘备大惊之下掉了筷子，恰巧这时雷声大作，刘备趁机谎称自己胆小怕雷，掩盖了自己的抱负，实在是一位高情商人士。二是装糊涂，人际关系盘根错节，古人讲究做人要像铜钱一样内方外圆，即小事不较真，大事不含糊，以此来避免人事纠纷，保全人格纯净。

把智慧精明放在心中，宽厚待人，语言含蓄稳重，敏于行而纳于言，内精明外浑厚，这才是做人的基本原则。尤其在折磨之中，我们要学会藏巧露拙。"大智若愚"后面本来还有一句"大巧若拙"，我们藏巧露拙才能够麻痹竞争对手，麻痹那些对我们心存敌意的人。只有装糊涂，不较真，才能够得到上司的赏识器重。如果一味"争功诿过"或斤斤计较，就会引起上司和同事的不满，为自己树敌更多，以致让自己的处境更加艰难。

在纷繁复杂的社会，如果不懂得低调，大智若愚，以糊涂之道来应付，就难以保持宁静致远的心境，难以避免明枪暗箭的伤害，也就不会有人生的快乐，更谈不上成就人生的伟业。纵观古今中外的历史，那些真正能够享受人生，而且能够获得大成功的人，都是精通并且能够自觉恪守和运用糊涂之道的人。

"水至清则无鱼，人至察则无友"，很多人不是看不到别人的缺点，做错了事，而是选择装糊涂，不去计较。每个人都是有缺点的，每个人都会做错事，如果我们选择有原则地原谅别人，小事糊涂，大事明白，不但可以让我们少得罪人，更可以增加我们的修养，让我们只看到别人的长处，利用别人的长处。

汉代皇帝刘邦在作战时，收到韩信，韩信的书信称已攻破某地，只是怕没有威信，自作主张封了自己做王。刘邦接到此信时，甚为生气，但他立刻在萧何的暗示下熄灭了怒气，装作糊涂，不但没有治韩信自作主张之罪，还故意把此地封给了韩信，让他做了诸侯。他虽然怪韩信自作主张，骄傲自负，但他同时看到了韩信骁勇善战的一面，选择了不计较。后来韩信为汉代江山的建立立下了汗马功劳。

大智若愚在生活当中的表现是不处处显示自己的聪明，做人低调，从来不向人夸耀自己或者抬高自己，做人原则是厚积薄发，宁静致远，注重自身修为、层次和素质的提高，对于很多事情持大度、开放的态度，有着海纳百川的境界和强者求己的心态，从来没有太多的抱怨，能够真心实意地踏实做事，对于很多事情要求不高，只求自己能够不断得到积累。

大智若愚的人社会支持多、情绪稳定，更容易成功和获得快乐。相反，周瑜赔了夫人又折兵，王熙凤机关算尽反误了卿卿性命，由此看来，有小聪明而无大智慧的人不仅不会永远得势，还可能导致心理健康受损，甚至送了性命。

面对陷害我们的对手，抢我们功劳的上司，我们要保持“难得糊涂”的观念，直到自己的力量壮大到不容他们忽视，不敢与自己竞争，我们就能获得自己想要的。

因此，我们在折磨中也要有大智若愚，安之若素的表现，才能让我们更好地积累力量，壮大自己，赢得善缘，从而更快地摆脱逆境和折磨，获得成功。

韬光养晦，在折磨中隐藏锋芒

很多年轻人总是锋芒毕露，凡事喜欢强出头。争辩时一定要说服对方，做事情一定要按自己的方法做，总是轻易炫耀自己的才华，希望得到人们的瞩目。

博得别人的认同是每一个人的愿望，无可厚非，但我们要采取正确的方式，否则就会被某些人利用或招人嫉恨，为自己树立很多敌人。

比如，员工甲是公司的新进员工，他一进公司就声明自己才华横溢，且绝不吃亏。上司听到这种言论，立刻把他调到无足轻重的岗位待一年，他虽然心中愤恨，但也无可奈何。一年之后，他被调回原来的岗位，但他依然没有接受教训。在同事的怂恿下，甲为乙强出头，越级上报，把上司告到了总经理面前，原因是上司嫉贤妒能，抄袭了下属乙的方案，抢了别人的功劳。结果上司被开除了，乙被提拔了，不久，他却被曾站在同一战线的乙开除了，原因很简单，谁愿意身边有一颗定时炸弹，做错一点事，就有可能被捅到总经理面前去。

“木秀于林，风必摧之”，我们要想躲开那些防不胜防的明枪暗箭，就要收敛自己的锋芒，学会韬光养晦，把才能平庸的人看作朋友，不要恃才傲物，目中无人，时时炫耀自己。

深藏不露是一种高层次的谋略，也是成大事的基本素质之一。在生活中，我们不难发现，那些口若悬河、好出风头，心中藏不住半点秘密的人一定是浅薄之人，时间长了会令人反感乃至厌恶。相反，那些看来口齿笨拙的人，却往往成竹在胸，计谋过人，更容易成功。

不露锋芒不是销蚀锋芒，而是隐藏锋芒，不恃才、权、财咄咄逼人，而重视社会接受及效率，以免无谓烦恼。

康熙王朝四大辅臣里，索尼最是貌拙，轻易不开口，不道人是非，遇到事情就装病卧床在家，只要皇帝不开口要求，自己就一问摇头三不知。但最后他的孙女成了皇帝的第一任皇后，家族荣宠两代。其次是遏必隆，处事圆滑，墙头草，两边倒，哪边势力强就依附哪边，最终也被皇帝原谅，继续做自己的臣子。鳌拜仗着自己的权势，最是横行无忌，甚至威胁到了皇权，最终没有落得好下场。苏克萨哈，最是疾恶如仇，与鳌拜对着干，不断地揭发他，弹劾他，最终被鳌拜逼死，也没有落得好下场。

在现实生活中，我们虽不能做鳌拜，但也没有必要做苏克萨哈。因为谁

都不是正义战神，有上司，就没有我们打抱不平的必要，如果人人都想打抱不平，要上级做什么？当然，我们也不要学遏必隆，圆滑也是有一定的原则的，不能助纣为虐。我们要学的恰恰是那位索尼大人，坚持原则，但不强出头，看形势办事。

以上对于我们如何处世来说的，而关于我们如何做人，更要深藏不露，韬光养晦，不要轻易炫耀自己的才华和能力。

我们不要做外表虚张声势，其实毫无实力的人，而要学那些外表其貌不扬甚至貌似愚笨，实际上无比聪慧的人。

孔子年轻的时候，曾受教于老子。当时老子对他讲“良贾深藏其若虚，君子盛德貌若愚”。意思是说，善于做生意的商人，总是隐藏其宝货，不令人轻见之；而君子为人，品德高尚，但容貌却显得愚笨。其用意是告诫人们，过分炫耀自己的能力，是毫无益处的。

中国旧时的店铺里，店面上一般不陈列贵重货物，店主们总是把它们收藏起来。遇到有钱又识货的人，才告诉他们好东西在里面。倘若随便将上等商品摆放在明面上，岂有贼不惦记之理。不仅是商品，人的才能也是如此。“满招损，谦受益”，才华出众而喜欢自我炫耀的人，必然会招致别人的反感。所以，无论才能有多高，都要善于隐匿。

那些善于隐匿锋芒，韬光养晦的人，才是真正不可小觑之人，他们在任何情况下都会镇定自若，游刃有余，既不让人小瞧欺负，又不强出头，为别人当炮灰。不显山，不露水，一旦时机成熟，却会一鸣惊人。

过去说“宰相肚里能撑船”，是说大有人有大量，这个“大量”也包括镇定自若。胸中自有百万雄兵，能藏得住秘密，不会显山露水。实际上，宰相肚里的船，不会撑到外里去，心机只有自知。肚里无论怎么计策谋划，仍然不动声色，等对手麻痹了，放松了，就可以悄无声息地设下胜局。这种非凡的人格修养容易获得别人的信任，让人相信你是一个诚实的人，不会陷害或攻击对方，让人对你发生好感。

大汉王朝建立后，为了让江山稳固，汉高祖开始清洗功臣，在清洗了一批武将过后，宰相萧何成了目标。萧何为人非常好，深受百姓爱戴，很少做错事情。正是这样，皇帝才担心他的声望会被宰相盖住。为保护自己，萧何听从谋士建议，故意收受点贿赂，并且让高祖知道，高祖皇帝看了，觉得原来萧何也是胸无大志的人，就没去算计他。

反观韩信，不但在战争中声称刘邦只能带10万兵，而自己带兵则多多益善，而且在汉朝建立之后，竟然公然违抗高祖的命令，不去带兵打那些小的番邦，结果被刘邦猜疑，最终丧命。

匹夫之勇，爱炫耀，易激怒，遇到比自己威严的人则表现怯懦，遇到比自己高明的人则自惭形秽。而那些真正神勇的人，通常不动声色，貌似憨厚，心态平和，遇到比自己高明的人，会更加谦和，遇到不如自己的人也不会轻视。他们从不轻易与人一争高下，也不轻易与人结仇，因此拥有很好的人缘，做事也容易成功。

在我们遇到不顺心的境遇时，不妨学那些神勇的人，隐藏好自己的锋芒，不轻易显露自己，炫耀自己，更不轻易与人较高下，强出头。做一个内敛的人，方可顺利渡过危机，躲过更大的危险和磨难。

关键时刻，能伸能屈

“屈”就是退让、收敛、储蓄、调整、牺牲、克制。“伸”就是进攻，前进、冲锋、爆发、收获。能做到“伸”并不难，谁不会一往无前地战斗冲锋呢？在折磨的境遇中，如何做到“屈”是困难的，要学会克制自己，理智处世是不容易的。

谁都想与对手一较长短，谁都不想自尊受辱，所以“屈”变得如此之难。

自然界中刺猬可以说是能伸能屈的智慧化身了。当它身处顺境时，拱着小脑袋，凭借着满身的硬刺，横冲直撞；当它身处险境时，则缩回脑袋，把自己滚成一个刺球，让敌人无隙可击。能伸能屈，与其说是生物界的一种智慧，不如说是一种生存本能。

在生活事业处于困难、低潮或逆境、失败时，若我们学会运用“屈”的智慧，往往会收到意想不到的效果，反之，该屈时不屈，去伸，必然遭到沉重打击，甚至连性命都保不住，那样，还有什么资格去谈人生、谈事业、谈未来、谈理想呢？所以在自己受到折磨、屈辱之时，不妨暂时忍辱负重，以待时机，等到顺境来临时，再与他人一较长短，这也是一种生存的智慧。

韩信年轻时，在街上佩剑而行，受无赖欺侮，从胯下钻了过去，忍一时屈辱，最后做了大将。而侮辱他的无赖，韩信也没有为难他，只是让他做了自己的随从，牵马坠镫。每当韩信要上马下马之时，都要让他作上马石，任他踩踏。他死后，韩信还让能工巧匠按他的形象雕了一个屈跪的上马石，永远报了自己当年的胯下之辱。那个无赖因当年的一时气盛，最后落得如此下场，忍辱偷生地过完下半生，实在不值得。

大丈夫真正体现“伸”的地方是原则问题，如果不论什么事情上都要伸，只会碰得头破血流，有时必须弯曲。屈从、屈服并不等于屈膝，也不等于软弱地放弃了做人原则，而是在迂回中前进。谁能屈，谁才称得上大丈夫，因为能屈是不易做到的，是心灵的磨难，是自尊的受挫，但屈却会给人带来益处，带来人事通达，带来事业成功。我们在人事、工作、生活和事业中遇到不顺的时候，应辨明泾渭，该屈的时候一定要屈，因为屈会使你走入另一番新天地。

人的一生就如一条大河，不可能一直向前，直通大海，必然要根据地势、地貌，弯弯曲曲，回转奔流。一般来说，当人处于逆境的时候，就应该委曲求全，收起锋芒，从而以屈求伸，等待时机，再创生命的辉煌。这就是屈的功能。

不与他人争一日之长短，必要时委屈自己，蛰伏起来，不断磨炼自己，以期有朝一日，待时机成熟而获得成功，一洗前耻，这也是“屈”的技巧。

“屈”不是一味的无原则的退让牺牲，而是为了伸。如果我们做无原则的退让则会失去了“屈”的本意。

“屈”是“人在屋檐下，不得不低头”，而不是随时打算低下头。“屈”是为了更好地伸展自己，而不是一生一世窝窝囊囊。我们要在逆境中委屈自己，更要在时机到来时，一展雄心抱负。“屈”不过是暂时的，是权宜之计，如果我们把委曲求全当成了一种常态，就失去了“能屈能伸”的原本意义。

古人说：“小不忍，则乱大谋。”每个人应该都有自己的人生目标和理想，为了达到这些目标和理想，甘受寂寞、甘受白眼，甚至甘愿被社会、被亲人误解，都应该在所不惜，这是一种“屈”。

人应该学会保护自己，以期发展自己，这也是一种“屈”，如果我们只知道显露才华，认为自己这也比别人强，那也比别人好，处处表现出一种进取的态度，就会使一些人产生反感，认为我们尽管有能力，也有才干，但是不谦虚，太骄傲，目中无人，那就得不偿失了。相反，我们处处委屈顺从，就会得到谦虚谨慎的美誉，让人容易接受，我们也能更快接近自己的目标。

总之，能屈能伸是一种战术，只要掌握技巧与分寸，便会无往而不胜。无论“伸”还是“屈”，都是为了让我们更好、更快地达到目标。

在学术研究上，我们不妨“锋芒尽露”，让大家注意到自己的才华，得到同行们的认可。而在现实生活中，尤其在身处逆境中，我们不妨让自己“能屈”一点，以换取更好的环境，更利于我们发展，实现理想。

“大丈夫能伸能屈”强调的是屈，而不是伸。“伸”固然需要天时地利人和以及具备“伸”的能力，同时要努力。但“屈”则更难，当面对侵犯的时候，能“屈”不易。在自己强大的时候能伸，在自己弱小的时候能屈，也只有这样才能在社会中长存。

如此，我们要做成大事，就要能屈能伸。尤其在我们处于逆境，或者在对手的眼皮底下做事时，更要学会“屈”的智慧，方能保全自己，最终成就大事业。

清晰的思维，正确的战略

现实生活中，我们在处理难事时，能否拥有一个清晰的思路，能否采取

正确的战略,都将是决定事情走向和结果的因素。迈克尔·波特说:“战略就是创造一种独特、有利的定位,涉及各种不同的运营活动。战略就是在竞争中作出取舍,其实质就是选择不做哪些事情。”无论是对于个人,还是对于一个集体(比如说一个企业)来说,能否理清思路并制订一个整体战略,会决定事情的成败。

戴尔公司的创始人麦克·戴尔先生在最初创业的时候并不想重复其他计算机生产公司的销售方式,所以一直致力于探索一种更有效的销售方法。在对当时整个计算机市场盈利模式做了冷静的思考以后,他发现直接对客户终端提供计算机是其他计算机生产厂家都没有尝试过的,有可能是一个巨大的商业机会。

事实上正是戴尔先生发现的一个简单并且处于初始环节的问题——如何使客户更为便捷地购买计算机。这也是戴尔计算机公司从初始创业起一直到现在一直奉行的核心理念,或者说是根本战略。戴尔计算机生产商直接把计算机卖给终端客户,这样可以消除分销商的加价并且直接将节省的钱还给客户,这样才有了今天令大家如雷贯耳的戴尔公司。

试想如果戴尔先生当初没有沉下心来,冷静地观察当时的计算机市场,也跟众多生产商一样埋头生产,那么钱就都被中间的分销商挣走了。最简单的问题也是最容易被大家忽略的问题,也是最需要清晰的思路来找寻的,进而才能制订合理的战略,这是一个逐层深入、环环相扣的逻辑问题。我们再看看比尔·盖茨是如何制订合理的战略的。

软件产品生意就是关于市场占有率、标准化以及主导性的生意,一旦某种产品拥有了较高的市场占有率,成为全球标准化产品,企业也会理所当然地成为该行业的主导者,如此,无论在成本还是适应性上,企业便将长期处于不败之地。

当初微软公司总裁比尔·盖茨洞悉了软件行业的特点,看到操作系统软件的巨大商机,首先在 1981 年推出 MS DOS 1.0 版本,并经过漫长的时间把 DOS 的市场占有率提升。在意识到 MS DOS 操作系统的缺陷后,他立即投入巨资开发 Windows 操作系统。1985 年，微软率先推出 Windows 1.0，又在 1990 年独具慧眼地借用 David Culter 两次失败的经验来制造 NT。在 NT 漫长的成熟过程中，他仍继续投资 Windows 3x，发展成为 Windows95，Windows98。到了 Windows2000 才以 NT 为基础一统 OS 天下。在这个过程中，微软公司不断升级换代 Windows，逐渐使它成为一款较成熟、完善的操作系统，同时也使它成为操作系统的标准，最终在市场中获得绝对的垄断地位。

比尔·盖茨可以说是世界上家喻户晓的成功人士，无数青年都希望自己能够有朝一日像他一样成功。但是，我们更应该看到比尔·盖茨先生在创业之初是如何“拨开乌云、打破坚冰”。我们都知道比尔·盖茨没有念完哈佛的学业就退学创业了，所以可以说从科学技术的角度上来看，比尔·盖茨并不是一个软件天才，但是比尔·盖茨之所以能够获得今天的成功，是因为他能够在风口浪尖上冷静下来，平心静气地理清思绪，分析局势的利弊，制订出最可行高效的战略。而这也恰恰是大部分成功人士普遍具有的优良素质。

清晰的思路是贯穿始终的那根主线，无论什么时候都不要忘记沿着这根主线一直走下去；正确的战略伴随着高度与远见，真正有战略眼光的人，懂得如何通过制订一个合理战略来代替事无巨细的亲力亲为。所以，一个想成功的人，必须养成凡事冷静思考，制订最合理战略的意识，有了这样的意识，才会有成功的可能。

看清楚形势，别做无用功

在物理学当中，功是一个量化的概念，通过功的计算公式，可以得出功的大小，但是功还分成有用功和无用功，如果做的是无用功，那不管你克服了多少阻力，也是白费事，都是一种折磨。在面对具体的问题时，特别是那些让你感到头疼，折磨你的事情时，如果你沉下心来，冷静思考和观察，看清楚了形势，那你做的各种努力就会是有用功；可是如果事情已经进入一个死

胡同了，那不管你做多大的努力，对解决问题也是于事无补的。

一次，某著名数学教授去一所中学调研教学工作，忙了一上午以后，在休息期间，学校领导特意叫来一名学生，说这个学生在学校很出名，有自己的特长，想要请这个数学教授来指点指点。教授一听很是高兴，因为数学方面有特长很不容易，教授以为这个学生可能是一个数学奇才，于是赶忙让这个学生给自己展示他的特长，只听那个学生口若悬河、滔滔不绝——原来竟然是背诵起圆周率来了，据学校领导说，这个学生冬练三九夏练三伏，经过不懈努力，如今已经能够背出圆周率小数点后多达二百多位的数字了，而且现在正准备向300位发起挑战呢！然而，当这个数学教授听完这个学生的汇报背诵后，并没有表现出任何惊喜之情，只是轻叹了一声说："够了，已经很厉害了，不用再背了。"

我们学过一点数学的人都知道，圆周率在实际计算中一般仅仅用到小数点以后第二位，即3.14，最多也是记住3.1415926就可以了。如果是要搞科研工作需要用到更多位，完全可以去查一些相关资料，需要用到第几位都一目了然，而像这名"神童"这样花费这么大精力去背诵圆周率真的有必要吗？这就是做了无用功，如果省下这些时间和精力，可以用在学习别的更有用的知识上。正是因为这一点，这个教授才会如此无奈地发出一声叹息，而更多的是对这名学生的惋惜之情。

曾经有一次，在某频道一档与饮食有关的节目中，请来了一位技艺高超的名厨。主持人介绍了半天这位名厨技艺如何如何高超，吊足了大家的胃口。正当大家准备欣赏厨师的高超技艺的时候，荧屏上出现的场景却令所有观众一片愕然——只见该名厨右手提着一把明晃晃的菜刀，左脚踏上方凳，伸手间挽起裤子，将一个拳头大小的土豆放在了大腿上面，在音响师急促的打击乐伴奏之下，以大腿为案板表演起切土豆丝的技艺来了。

我们不得不承认，这个厨师的功夫可谓是练到家了，但是这也属无用功，不能作为任何一家饭店推出的特色菜。推想一下，如果你去饭店就餐，服务小姐手托菜盘款款走到你的桌前，用甜美的声音介绍：请您品尝本店特色菜炝拌土豆丝，这道菜的特点是我们的名厨以大腿为案板切出来的……不知道谁听了这样的介绍还能吃得下去。厨师们练就炉火纯青的技艺不是没有意义，只是这个技艺的表现形式不对，而且也只能够作为茶余饭后的消遣节目。

沉住气，冷静分析局势，找对思路多做有用功，这个过程并没有我们说得那么简单。有的人以能记住所有的电话号码为荣，甚至连一些与自己毫不相干的电话号码也要强迫自己背下来，目的就是让人家夸奖自己的记忆力好，借此满足虚荣心；有的人以能背出全部足球明星或者篮球明星为荣，以为这样就能算作是真的懂球，是真的球迷；还有的人以能背下来整本的新华字典为荣。我们先不论这些人这么做的目的或者动机是什么，也许是虚荣心的驱使，也许是真的把这些挑战行为看作一种乐趣。但是在实际生活当中，这些事情真的毫无意义，统统都是在做无用功。我们在做事情之前一定要沉下心来，弄清楚做一件事情的目的。与其背下所有的电话号码，不如弄清楚哪些人是真正的朋友，哪些人是泛泛之交；与其背下所有球星的名字，倒不如真正了解一名伟大球星是如何通过不懈努力取得辉煌的成就的；与其背下整本新华字典，倒不如弄清楚每一个常用字的意思和用法。多沉下心来思考问题，寻找思路，借此来多做有用功才是我们需要关注的。

当今这个社会，我们所面对的是如此残酷的竞争，以至于我们无时无刻都不能有一丝一毫的放松，要想安身立命甚至有朝一日出人头地、飞黄腾达，真才实学和寒窗苦读是必不可少的，但是光靠这些是远远不够的，我们还要静下心来思考什么时候做什么事情能够发挥最大的效用，如应该先解决衣食住行，再考虑花前月下；先解决遮风挡雨，再考虑金碧辉煌；先解决基本温饱，再全力奔向小康。只要我们牢记，行动之前先沉住气，大干之前先理清思路，那么我们做的努力都会转化成宝贵的有用功。

遇突发情况，冷静并自制

生活中，我们经常会遇到各种突发情况折磨自己的内心，而且很多时

候，一些紧急事件是我们之前做梦也不会想到的。为了在这种突发情况下能够临危不乱，在关键时刻能够沉住气，瞬间理清思路并妥善地处理，我们平时就要多注意培养自己冷静并且自制的能力。客观地讲，在突发事件下保持冷静并且自制是一种十分难以练就的处事本领，也是最难养成的成功习惯之一，而且有能够在危急时刻保持冷静并且自制的能力，才能抓住成功的机会。

齐达内是历史上最伟大的足球运动员之一，他一生的成就足以载入任何一本关于足球的史册，但是由于他没有足够好的遇突发情况保持冷静的能力，最终没有一个好的生涯终结。齐达内是过去 20 年中最伟大的球星，但他结束职业生涯的方式却令人难以想象。在 2006 年世界杯的决赛的最后一刻，那一晚让所有人都至今难以忘怀。

事情是这样的，在 2006 年世界杯决赛场上，在比赛进行到 110 分钟的时候，代表法国队征战的队长齐达内在比赛难分难解的情况下，因为意大利球员马特拉奇所说的话侮辱了齐达内的母亲和姐姐，使他感到十分愤怒，索性用头直接顶向对手的胸膛，而狡猾的马特拉齐顺势倒向地面。这一行为被当时就在旁边的助理裁判看得清清楚楚，而可怜的齐达内随之被主裁判伊利宗多出示红牌直接罚下。在齐达内进入休息室的一瞬间，这位一生辉煌的老将的背影成了世界杯上最令人动容的历史之一。当时全场一片哗然，全世界电视观众大都被惊得说不出话来，而没有了齐达内的法国队丧尽优势，最后也被意大利队击败，遗憾地丢掉了本可以到手的大力神杯。

在这场比赛之前，世界上所有关注足球的人都知道这是 2006 年世界杯的决赛，所有的人都知道那将是齐达内的最后一场比赛，是他足球生涯的告别演出。所以很多人花高价买票去现场或者守在电视机前，他们并不仅是为了看比赛，而是要看齐达内足球生涯的华丽谢幕。可是所有人做梦都没有想到最后会是这样一个结局。世界杯决赛结束的那天晚上曾有法国记者撰文指出，这场决赛的红牌将使齐达内的历史定位注定无法与球王贝利、马拉多纳等伟大的球员达到相同的水平。客观地讲,作为普通人,我们当然不能说他不堪屈辱的反应错了,但是作为一个足球运动员,一个职业球星,他应该有职业球员的素养,应该能够临危不乱,沉住气。在场上的时候,他的使命就应该是进球,足球比赛以外的其他任何恩怨都可以等比赛结束以后再解决。像齐达内这样采取一种不冷静的方式,就是犯了遇突发情况不能沉住气、做事冲动不经过冷静思考的弊病,这样正好让对手想要通过激怒球员从而影响比赛的计谋得逞,而且从齐达内本身来讲,他这么不理智,这么不懂得自控,也对不起这么多年来支持他的球迷,更对不起他自己。

齐达内的遗憾以最悲情的方式告诉我们:遇突发事件,冷静并且能够自制是多么重要。其实,很多时候阻止成功的最大敌人是我们自己,正是由于缺乏对自己情绪的控制,缺乏沉住气冷静思考的能力,会把许多来之不易、稍纵即逝的机会白白浪费掉。比如,在感到愤怒时不能遏制怒火而乱发脾气,这会使周围的合作者望而却步;在情绪消沉时随意放纵自己的萎靡不振,这会错过许多的成功良机。

某公司调来一位新主管,人还没到,就有传言说新来的主管是个能人,专门被派来整顿业务。很快新主管开始上班了,但是随着日子一天天过去,新主管却并没有什么惊人的表现,反而却毫无作为——每天彬彬有礼地跟大家打招呼,一进办公室便躲在里面一天都难得出门。那些本来紧张得要死的捣乱员工,发现新主管这么窝囊反而更猖獗了。

很快三个月过去,就在大家都觉得新主管不过如此而感到失望时,新主管却发威了,突然对那些捣乱员工进行整顿,优秀员工则获得嘉奖,他的下手之快和断事之准,与他这三个月里的表现旁若两人。到了年终聚餐时,新主管在酒过三巡之后致词说道:“相信大家对我新到任期间的表现和后来的大刀阔斧一定感到不解,现在听我说个故事,各位就明白了。我有位朋友,买了栋带着大院的房子,他一搬进去,就将那院子全面整顿,杂草树一律清除,改种自己新买的花卉,某日原先的屋主来访,进门大吃一惊地问:‘那最名贵的牡丹哪里去了?’我这位朋友才发现,他竟然把牡丹当草给铲了。后

来他又买了一栋房子,虽然院子更是杂乱,他却按兵不动,果然,冬天以为是杂树的植物,春天里开了繁花;春天以为是野草的,夏天里成了锦簇;半年都没有动静的小树,秋天居然红了叶。直到暮秋,他才真正认清哪些是无用的植物,而大力铲除,并使所有珍贵的草木得以保存。”说到这儿,主管举起杯来说道:“让我敬在座的每一位,因为如果这办公室是个花园,你们就都是其间的珍木,珍木不可能一年到头开花结果,只有经过长期的观察才认得出啊!”

这个主管从朋友处理房子杂草的问题上得到了启发,那就是遇事先沉住气,冷静观察和思考,了解了情况以后理清思路,然后有条不紊地行动。他将这种处事原则用在了人事管理的工作上,取得了很不错的成功。

在通往成功的道路上,很多时候我们会碰到意想不到的突发事件,在这种时候无论如何必须控制你的情绪,懂得如何自制。如果不是懂得这个处世哲学,张良不会弯腰给老人捡三次鞋子,韩信不会忍胯下之辱。古希腊思想家亚里士多德曾经说过:“人人都会发怒,那是轻而易举的事。不过,发怒要找合适的对象,要恰如其分,要在恰当的时间,也要有合适的目的与方式,这就不是那么容易了。”能够在突发事件下沉住气,主动控制情绪并且引导自己的情绪的人,是真正具备成功素质的人,这样的人怎么会不成功呢?

有思路才会有出路

年轻人闯荡社会,遇到问题不慌乱而沉住气,最重要的是可以让我们理清思绪,从而找到解决问题的出路。何为思路,思路就是一种思维方式,是人们在实践中沉住气,通过分析事情的走势,判断形势而思考出的解决问题的轨迹。

中国航油(新加坡)股份有限公司(简称“中国航油”)的执行董事兼总裁曾经说过:“思路决定出路,决策者的思路如何,与事业的最终成败息息相关,小到一个单位、一个部门,大到一个地区、一个国家都是这样。”无论对个人还是对企业而言，若要在激烈的竞争中立于不败之地，一定要沉住气，有清晰、正确的思路。

成立于1993年5月26日的中国航油公司，刚开始仅是一家从事船务经纪业务的公司，成立不到两年即蒙受了十九万新元的亏损。紧随亏损之后的是公司又经历了两年休眠的挫折。到了1997年7月中国航油重新启动时，可谓“一穷二白”，既无办公室，又无专业贸易人员，恰巧当时又碰上亚洲金融危机，市场一片低迷。要开展业务，银行不给资金支持，石油界不给放账，船务公司又要求提前付款。面对重重危机和困难，中国航油没有慌作一团，而是沉下气来正视问题，寻找对策。通过冷静分析自身的条件和充分的调查研究，中国航油决定先找准市场定位，理清发展思路。

很快公司高层就发现：前几年之所以亏损、休眠，是因为公司经营定位不准确，在没有自己运力的情况下，却从事船运经纪业务；身处新加坡这个国际油品第三大交易中心，信息最为直接、资源最为丰富，却没能很好地利用国际资源这个优势。找到问题的症结所在后，公司管理层果断将公司重新定位为以航油采购为主的石油贸易公司。自此，中国航油便以崭新的形象出现在市场面前，在中国进口航油采购市场中频频出击，打出了一片全新的天地。公司在中国进口航油的市场份额也由1997年不到3%的微弱地位逐步上升至2001年起的100%，其供油量达到中国民用航油消耗总量的三分之一。

中国航油之所以很快成长壮大，很大程度上就在于公司找对了方向，有了好的思路，而这个思路能够出现，多亏了公司高层能够临危不乱，沉住气。让“思路决定出路”不再是一句空话，而成为实实在在的传奇。

一个人如果没有清晰的思路，就没有走进成功殿堂的资格，只能是看别人“有声有色”；一个企业如果没有清晰的思路，那么它只能是“积之不厚，行之不远”。清晰的思路来源于学习、实践，这是众所周知的道理。

有一位印度学者对阿利·哈费特说：“如果你能得到拇指大小的钻石，就能买下附近所有土地；如果你能找到钻石矿，那么就能够让你儿子坐上王

位了。”

从此，钻石的价值就深深烙进哈费特的心坎。那天晚上，哈费特彻夜未眠，第二天一早便跑去找学者，问他到哪里才能找到钻石。学者发现他如此迷恋，便更改了建议，希望打消哈费特的念头。但是，已经沉入妄想中的哈费特完全听不进去，死乞白赖地缠着学者，最后学者随口说：“您要去很高很高的山里，寻找流着白沙的河，只要找得到白沙河，就能找得到钻石。”于是，哈费特变卖了所有的家产，开始他的寻钻之路。但是，他找了许久，始终找不到宝藏，最后在西班牙的海边投海死了。

几年后，有人买下哈费特的房子。当新屋主准备让骆驼饮水时，发现沙中竟然闪着奇特的光芒。他立即拿了工具去挖，不久便挖到一块闪闪发光的石头。不知道这是什么，只觉得这个石块很漂亮，便将它放在炉架上。

有一天，那位学者来拜访这户人家，一进门，就发现炉架上那块闪闪发光的石头。学者惊奇道：“这是钻石啊！是哈费特回来了？”新屋主说道：“没有啊！哈费特并没有回来，这块石头是我在后院的小河旁边发现的。”学者怀疑地说：“不！你在骗我。”于是，新屋主向学者说出他找到钻石的地方，两人便立刻来到小河边，开始挖掘。几分钟后，底下便露出一块更为亮丽的钻石，接着又陆续挖掘出许多的钻石。后来献给维多利亚女王的那块净重100克拉的钻石，也是出自这个地方。

很多时候我们就像哈费特一样，用其一生去追求的成功，其实就与我们近在咫尺，但是因为我们不能沉住气，静下心来冷静地理清思路，而是心情浮躁地大做特做无用功，到头来还是与成功背道而驰，越来越远。经验证明，心情浮躁，沉不住气，会导致本来有的思路也会越来越狭窄，甚至整个人都呆板僵化，事情也就毫无出路可言。相反，平心静气，保持冷静，就会开始创新思路，伴随而来的办法与措施会层出不穷，越用越顺，前景也必然充满希望。

有一位伟人说过：世界上怕就怕“冷静”二字。思路的产生和确立，也不例外。许多思路实际上就是保持冷静、观察分析、认真探索和努力追求的结果。我们在实践中常常看到这样的现象：对同一个事物，因为能否沉住气导致了两种截然不同的出路和结果，心浮气躁的人会把事情越办越糟，云里雾里；而头脑清晰的人则会云开雾散，越走越顺。

沉住气冷静思考可以得到一个正确的思路，一个正确的思路可以让人获得成功和发展，一个错误的思路则可能导致失败和后退，所以我们一定要掌握处事不惊、临危不乱的人生哲学，这样才能永远有思路、有出路。

为人处世要善于变通

俗话说"穷则变，变则通"。当我们遇到逆境、挫折、折磨时，执着于自己的原则固然能够让我们在危机中树立更明确的目标，但是如果我们懂得利用变通的手腕处理事情，则让我们拥有随机应变的智慧，更能够在危机中化险为夷。

《红楼梦》中有一句话"人情练达即文章"，我们要怎样做到人情练达呢？无疑最重要的是学会变通之术。变通能够给我们的人生带来转机，转机能够给人以新生。在折磨中，这样的转机对我们来说，无疑是很重要的。

越国大败之后，越王勾践曾想过横剑自刎，但他最终在臣子的劝说之下，选择屈辱地苟活，从而为自己赢得了机会。如果他像楚霸王项羽一样执着于自己的"尊严"，就不会有自己日后的复仇，更不能为自己洗刷耻辱，最终也不会成为一代霸主。在投降之后他更是行自己以往不耻的事情，以黄金美女贿赂吴国的大臣和吴王夫差。一个以往骄傲得无以复加的人居然甘为人下，把耻辱和卑下当作美酒饮下去，最终赢得了吴王的信任，放他回国。回国后，他又不断磨炼自己，把仇恨的烈火压下去，终于养足了兵力，十年之后为自己一雪当年的耻辱，获得了成功。

生命的路途中，有平坦的大道也有崎岖的小路；有春光明媚万紫千红，也有寒风凛冽万木枯萎。在生命的寒冬里我们需要执着，然而当面前就是万丈深渊之时还固执前行，那就意味着死亡。变通就是一指间的距离，却让

你获得转机，获得生命，获得成功。

变通能解决很多具体问题，在人的生命中，有很多原则是要我们坚持的，但在坚持原则的基础上，我们不妨多学一些变通的手腕，才会更利于解决问题。

汉武帝晚年很希望自己能长生不老。一天他与一个侍臣闲聊："相书上说，一个人鼻子下面的人中越长，寿命就越长；人中长一寸，能活一百岁。不知是真是假？"东方朔听了这话，知道皇上又在做长生不老之梦，脸上露出一丝讥讽的笑意。皇上见东方朔似有讥讽之意，喝道："你居然敢笑话我？"东方朔毕恭毕敬地回答："我怎么敢笑话皇上呢？我是在笑彭祖的脸太难看了。"汉武帝问："你为什么笑彭祖呢？"东方朔说："据说彭祖活了八百岁，如果真像皇上所说，人中长一寸就活一百岁，彭祖的人中就该有八寸长了，那么，他的脸岂不是太难看了吗？"汉武帝听了，不禁哈哈大笑起来。

东方朔以幽默的语言，用笑彭祖的办法来劝皇帝。整个批驳机智含蓄，风趣诙谐，令怒不可遏的皇帝转怒为喜，并且愉快地认输。如果他执着地劝告皇帝长生不老是不可能实现的，就很可能被拖出去砍头。"伴君如伴虎"，为人臣子，也是一种折磨，历史上有很多优秀的臣子正是缺少了这一点变通，而把自己陷入危险的境地有的甚至失去生命。

变通不仅是对现状的换角度思考，也是对规则的审视和怀疑。

美国的威克教授曾经做过一个有趣的实验：把蜜蜂和苍蝇同时放进一只平放的玻璃瓶里，使瓶底对着光亮处，瓶口对着暗处。结果，蜜蜂拼命地朝着光亮处挣扎，最终气力衰竭而死，而乱窜的苍蝇竟都溜出细口瓶颈逃生。这一实验告诉我们：在充满不确定性的环境中，有时我们需要的不是朝着既定方向的执着努力，而是在随机应变中寻找求生的路；不是对规则的遵循，而是对规则的突破。我们不能否认执着对人生的推动作用，但也应看到，在一个经常变化的世界里，灵活机动的行动比有序的衰亡好得多。

随机应变、灵活变通是一种智慧，这种智慧让人受益。我们要记住的是：任何事情，要是都能用积极的心态多换几个角度思考，肯定都会有通融的办法的。“见了障碍绕道走”,学会多角度灵活地看待、处理问题,生活会因此而大放光彩!

如果我们在折磨中不断审视和怀疑那些折磨我们的规则、条例,那么当我们有一天终于获得了修改规则的资格,我们就会不遗余力地去改变它,不再让这些规则再来折磨别人。平凡的人改变自己,伟大的人改变环境。平凡的人觉得道路泥泞,于是换一双好鞋,伟大的人却为世人修一条好走的路。

当我们无法改变大的环境时,我们要用变通的手腕来处世;当我们获得了改变环境的资格时,就要改变那些陈规陋习,给人们更多的方便。

如果你在一个嫉贤妒能的上司手下做事,那么就得处处小心翼翼,如履薄冰。时时刻刻隐藏起自己的锋芒,韬光养晦,会让你觉得那是一种非人的折磨。当你功成名就,取代了你的上司或者做了你上司的领导,你要用相同的态度对待你的下属吗?我们更加要变通的恐怕是这些,当规则阻止了大多数人的聪明才智时,我们要废除的正是这些陈旧的规则。

我们的手腕可以圆滑,但做事必须执着。一旦我们不需要这些圆滑的手腕,我们不妨废除它,因为两点之间毕竟直线最短。如果我们大多数人拥有了直接做事的权利,少了一些圆滑世故和那些权谋之术,相信我们做事能够更直接,更快达到目的。

韩国人说,如果他们知道了一个可以提高工作效率的办法,他们立刻就会告诉办公室的所有人。我们可能暂时没有这样的勇气,没有这样的环境,没有这样的规则,那些所谓的办公室明规则、潜规则要求我们凡事都要三缄其口。更需要更改的应该是这些,如果我们在折磨中想清楚了这些,一旦我们从逆境中走出来,就会更加清醒,更加明智,让一切更有用、更高效。

变通就是以变化自己为途径通向成功。我们改变不了过去,但可以改变现在;想要改变环境,就必须先改变自己。

变通是天地间最大的智慧,我们要在折磨中改变自己,在顺境里改变规则。

第 7 章

愈折磨愈放下，用大度接受一切事实

俗话说："心中接纳多少，就能拥有多少；心中包容多大，就能拥有多大。"泰山不拒细壤，故能成其高；江河不择细流，故能成其深。面对无力改变的困难和折磨，我们何不坦然接受？所有困难的降临都是为新生活作铺垫，我们重视快乐，不在乎困难和痛苦。我们要用自己强大的内心战胜一切外在的破坏力量。年轻人要勇敢的追求属于自己的幸福人生，不能改变的事不必去改变，学会接受，学会包容，内心就会少一分折磨，多一分收获。

把仇恨轻轻写在沙滩上,学会淡忘

仇恨、爱是人类最极端也是最强烈的两种感情,若是驾驭不好,很容易伤人伤己。尤其是对于那些怀有仇恨心理的人来说,不仅自己内心痛苦和备受折磨,也可能因为被仇恨冲昏了头脑,做出伤害别人的事。

那么到底应该怎样对待仇恨呢?一位智者曾经这样说:“原谅曾经伤害过你的人,也要做一个不轻易被伤害的人。”是的,很多时候,我们需要懂得善待别人,不要抓住对方的错误不放,要学会用自己的方式走出这不会有结果的伤害,不在人我是非中彼此摩擦。有些伤害看起来很小,但稍有不慎,便会重重地压到心上。

有这样一个故事,或许你能从中领悟到忘记仇恨的真谛。

阿拉伯名作家阿里,有一次和吉伯、马沙两位朋友一起旅行。三人行经一处山谷,马沙失足滑落,幸而吉伯拼命拉他,才将他救起。马沙于是在附近大石头上刻下:“某年某月某日,吉伯救了马沙一命。”三人继续走了几天,来到一处河边,吉伯和马沙为了一件小事吵起来,吉伯一气之下打了马沙一耳光。马沙跑到沙滩上写下:“某年某月某日,吉伯打了马沙一耳光。”

当他们旅游回来后,阿里很好奇地问马沙,为什么要把吉伯救他的事刻在石头上,将吉伯打他的事写在沙滩上?马沙回答:“我永远都感激吉伯救我,至于他打我的事,我会随着沙滩上字迹的消失而忘得一干二净。”

马沙的行为和宽广的胸怀深深地感动着每个读过这个故事的人。人生的路途是漫长的,我们的记忆中往往盛着太多的往事,这往事有喜、有忧、有欢、有悲,而面对仇恨,我们能做的最好就是忘记、原谅、宽容、淡忘。是的,记住别人对我们的恩惠,洗去我们对别人的怨恨,在人生的旅程中我们自由翱翔。我们拿花送给别人时,首先闻到花香的是我们自己;当我们抓起泥巴想抛向别人时,首先弄脏的也是我们自己的手。让我们将不值得记住的事情统统交给沙滩,让海水卷走那些不快吧。

雨果曾说："世界上最宽阔的是海洋，比海洋宽阔的是天空，比天空更宽阔的是人的胸怀。"让我们忘记仇恨，宽容地对待那些曾经伤害过我们的人和那些我们曾经受到过的伤害。人与人之间，多一份宽容，多一份谅解，生活才会美好而幸福。

相传古代有位老禅师，有一日晚在禅院里散步时，突见墙角边有一把椅子，他一看便知有人违犯寺规越墙出去溜达了。老禅师没有声张，他走到墙边，移开椅子，就地而蹲。不一会儿，果真有一小沙弥翻墙，黑暗中踩着老禅师的背脊跳进了院子。当他双脚着地时，才发觉刚才踏的不是椅子，而是自己的师傅。小沙弥顿时惊慌失措，张口结舌。但出乎小沙弥意料的是，师傅并没有厉声责备他，只是以平静的语调说："夜深天凉，快去多穿一件衣服。"

老禅师宽容了他的弟子。他知道，自己的存在和行为已经给予了小沙弥警醒，他没必要再用言语来责骂他，他相信宽容是一种无声的教育，这种教育会让小沙弥记得更深刻清晰。宽容是一种非凡的气度，能包容生活中的喜怒哀乐，可化解人世间的恩恩怨怨，是一种高贵的品质，是精神的成熟和心灵的丰盈。宽容是一种积极向上的心态，是一种比淡忘更加崇高的品格。它需要我们有博大的胸怀去感悟，去体会，宽容可使你表现良好有素养，同时也能引发别人的响应，就像小沙弥无声中领会了老禅师的用意一样。

心理学家柏格森说："脑子的作用不仅仅是帮助我们记忆，而且帮助我们淡忘。"也就是说，我们要时刻注意整理自己的大脑，把那些美好的东西留下，把仇恨和消极的情绪淡忘。淡忘那不该记忆的往事，淡忘过去朋友对你的伤害，淡忘恋人对你的背弃，淡忘生活和工作中的不如意，当你一旦淡忘了它们，你的人生观、价值观就会减少偏差，你生命中真正的精彩就会显现出来。

人要学着大气一点，豁达一点，包容一点。一位著名的心理学家说："无论是快乐的往事，还是悲伤与憎恨，它们都会使你与现实生活脱节，以致严重地威胁你的心理健康和心智的发展。"在现实生活中的人们，要淡忘不愉快的往事并非一天两天就可以做到的,只有真正从心里去宽容,去谅解,才能够化解心中的疙瘩,才能抚平内心的褶皱。

仇恨与烦恼相伴,心中若充满了仇恨,那快乐和幸福就将离你远去,烦恼将永远追随着你。把它们记在沙滩上,让海水卷走所有的不快,让新生活和快乐幸福伴随新一轮朝阳诞生,让我们每个人的心灵在阳光的照耀下温暖愉悦,轻松地走向快乐和成功!

不要总是仇恨别人而忽略了自己的生活和人生

每个人都在用自己的方式诠释生活,就像一部电影需要各种角色一样,无论是英雄还是叛徒,无论是男人还是女人,每个人都需要尽自己的全力完成自己的角色。然而不同的是,"人生"这部电影不能剪接,不能编辑,也没有剧本,这部电影最终会是一部怎样的戏,全靠每个人不同的表演来决定。因而,在我们不能决定其长度的这部电影中,应该尽力做好自己人生的主角,无限地延展生命的宽度,为自己的人生添加更多的活力和美好记忆。

人的一生,不管是悲剧还是喜剧,都掌握在自己的手中。所以,哪怕我们自己的"地位"很低,哪怕我们总是处在逆境中,我们也要挺起胸膛,堂堂正正地做人,理直气壮地做好自己生命中的主角,昂首阔步地在人生这个大舞台中表演真实的自己。

一天佛陀经过一个村庄,一些前去找他的人对他说话很不客气,甚至口出污言秽语。

佛陀站在那里仔细地、静静地听着,然后说:"谢谢你们来找我,不过我正在赶路,下一个村子的人还在等着我,我必须赶过去。不过我明天回来之后有很充裕的时间,到时候你们有什么话要告诉我,再一起过来好吗?"

那些人简直不敢相信自己的耳朵,不敢相信这些话是从刚被他们辱骂过的佛陀的嘴里说出来的。他们其中一个人问佛陀:"难道你没有听到我们说的话吗?我们把你说得一无是处,还羞辱你,你却没有任何反应!"

佛陀说：“如果你要的是我的反应的话，那么你们来得太晚了。如果你们早来十年，我是会有反应的。然而这十年来，我已经不再被别人所控制，我已经不再是个奴隶，我是自己的主人，所以我不会跟随别人的行为而反应。”

对于那些被仇恨蒙蔽了内心的人，我们看到的只有一种结局，那就是为了复仇而失去了真正属于自己的人生。当仇恨成为生活的主调，注定你也成了别人的陪衬。一个把自己的生活放到次要位置，把仇恨和伤害他人放到首位的人，是自己主动放弃了做生活主角的权利。

一滴露珠，本应在清晨的朝阳中升华自己，在植物的倒影中挥发生命，然而如果为了仇恨，它可能会忘记去滋润一颗幼苗，而用自己微弱的身躯与火光斗争，最后在大火中没有发出一丝声响就被燃尽；心灵的天空若是满布乌云，恐怕你看到的除了雷雨就是闪电了，阳光、暖风和夕阳的美你永远体会不到。

生活就像一首乐曲，由一个个或高或低、或柔缓或铿锵有力的音符组成，不要让哪一个仇恨的音符破坏掉整首乐曲的美感，更没有必要因为一次怒火而让整首乐曲中断。我们不求做一个十全十美的人，不求被周围的人众星捧月般围在中间，只要尽自己的力量，过好自己的生活，那么你也便自然而然地成为自己生活的主宰者。

很多年轻人刚刚走出学校、步入社会，还不能适应社会生活的多变和复杂。只要生活存在，生命存在，就会有旦夕祸福，就会有酸甜苦辣，就会有悲欢离合。我们不能光看到不好的一面，而要以振奋的精神去对待未来的生活。人生之路历来就是崎岖的，坎坷的，只有坚定自己的理想，勇于做自己生命主角的人，才能面对一切艰难险阻，才能实现自己心目中最美好的梦。

有些年轻人喜欢追星，喜欢出位，喜欢成为焦点人物，觉得只有这样才能成为生活的主角，否则自己连个配角都算不上。其实，每个人对生活的理解不同，追求也不同，我们不敢贸然否认任何人的价值观，然而我们要确信的是：并非只有被人关注的生活才叫生活，生活应该是多姿多彩的，每个人都可以按照自己内心的憧憬去描绘它，实现它。过分地执着某些遥不可及的东西，恰恰给了别人利用你的机会，也失去了掌控生活的主动权。所以说，在生活这幅大画卷上面，即使只有你浓墨重彩独特的一笔，也是属于你的人生，也是属于你的色彩。

有人说："生活像一面镜子。你对它哭，镜中的像就对你哭；你对它笑，镜中的像就对你笑，你对生活的态度决定生活给你的感受。"镜中的像由你去支配，镜子的美由你去装饰，生活只属于你自己，生活只接受你对它的改造，生活需要你去演示，因为你是生活的主角。

不要抱怨自己生活的艰辛，不用羡慕站在光辉下的人们，我们做不了第二个拿破仑，也可能成不了比尔·盖茨，但是我们按照自己的航向向前行驶，在自己的轨道上演示自己的生活，做自己的主角，一样可以拥有独特的魅力，一样可以做一个靠自己发光的、光芒四射的明星！

痛苦是一种折磨，也是幸福来临的转机

泰戈尔说："顺境也好，逆境也好，人生就是一场针对种种困难的无尽无休的斗争，一场以寡敌众的斗争，在这个世界上，尽如人意的事并不多，咱们既然活在其中，就只能迁就咱们所处的实际环境，凡事忍耐些。"

是的，磨难是人生乐曲中一个不可缺少的音符，一个人要想有所作为，就必须经历一番磨难。没有磨难，便没有多姿多彩的人生，没有磨难的人生，就不是一个完整的历程。然而，磨难之后，不同的人有不同的变化，有的人更坚强，更富有战斗力，而有的人则会因此消沉，甚至堕落，变得麻木不仁。正如一位哲人说过的："磨难对强者是垫脚石，对弱者却是万丈深渊。"

在日本，有一位企业老总，每天坚持写一篇"光明日记"，里面记录的全是快乐的事情。他把每个月末召开的工作例会取名为"快乐例会"，在具体检查和布置工作之前，要求各部门经理用3分钟时间向大家汇报一下本月以来最快乐的事情，引得全场上下哈哈大笑……这位老总就是日本最大的

零售集团“八佰伴”公司总裁和田一夫。

前几年，报纸上刊登了有关“八佰伴”的消息，说它在一夜之间跌入低谷，当时和田一夫已是72岁的老人了。但“八佰伴”的倒闭并没有压垮和田一夫心中的信念和快乐。他和几个年轻人合作，开办了一家网络咨询公司。面对新的行业，他充满自信，脸上始终绽放着微笑。他快乐、热情和积极的人生态度，感动了身边所有的人，没有多久，他就把生意做得红红火火，开始了人生的又一个高潮。

有人问和田一夫为什么他能在如此短的时间内反败为胜、东山再起，和田一夫快乐地答道：“因为失败了，我也能笑出来！”

“失败了也能笑出来”，这不仅是和田一夫对自己人生经验的总结，也是每个人都该拥有的面对人生的基本态度。人生没有一帆风顺的，有痛苦也在所难免，然而无论怎样致命的打击，只要能像和田一夫那样，“面对失败也能笑出来”，并且坚持笑下去，那么幸福的花儿便会在这生命的阳光中傲然绽放。

在生活中，我们总会听到初入社会的青年这样抱怨：“老天爷太不公平了，为什么别人有个成功爸爸，有个了不起的亲戚，我一无所有却还屡屡失败？我是多么痛苦啊！”的确，失败和困难很让人懊恼，也让人心痛，然而光在那里抱怨命运不公是解决不了任何问题的。很多人在面对困难时选择了逃避：许多人原本钱财万贯，一夜之间变成了穷光蛋，受不了打击，抛下妻儿，去自杀；很多人失业、失恋了就仿佛天塌了一般，寻死觅活。这样经受不住打击，承受不住痛苦的人注定会成为生活中的失败者。即使从头再来，他们也很少有机会“咸鱼翻身”。

在痛苦面前，塞万提斯可谓是一个勇士。

塞万提斯，西班牙16世纪著名作家。他的代表作《堂吉诃德》风行于世，被称为不朽之作。塞万提斯一生多灾多难，出身没落贵族，家境贫寒，从小就跟父亲外出奔波谋生。22岁参军，在与土耳其的海战中，左手残疾。后被海盗俘获，卖到阿尔及利亚为奴，历尽艰辛。被父母赎身获得自由后，曾在海军中充任军需，后又蒙冤入狱，之后生活无着，当时一家7口人过着饥寒交迫的生活。他就在这样的困境中写出了《堂吉诃德》《努曼西亚》《惩恶扬善故事集》《加拉黛亚》《巴尔那斯游记》《八个新的喜剧和八个新的幕间闹剧》等一批有影响的作品。

“天将降大任于斯人也，必先苦其心志、劳其筋骨、饿其体肤……”我们不能把一时的痛苦归咎于命运的不公，或许上天认为你是做大事的人，正在考验你。若是区区失败和痛苦你都应付不了，那还怎样走向成功，怎样走完人生之路呢？塞万提斯面临那么多的痛苦，都能够承受住并创作出举世闻名的作品，我们在生活中遇到的一点点困难比起他来说算得了什么呢？

世界上所有的一切都具有两面性，既有利也有弊，或许你在埋怨上帝待你不公时，幸福可能正在悄悄向你降临，正所谓塞翁失马，焉知非福。如果你合理利用困难，吸取教训，相信你一定会让它变为你前进的动力，帮助你达到目标。

自古圣贤多磨难。没有经历痛苦，就难成大器。像爱迪生、贝多芬、巴尔扎克等世界名人都是在经历了磨难和痛苦之后才抓住了属于自己的机会，从而走上闻名世界的道路。我们不一定能使自己伟大，却可以使自己崇高，磨难使我们跌倒一百次，如果我们在最后一次抗争中站立起来，便成功地走过了磨难的历程，成为生命的强者。

对于年轻人来说，痛苦并非全然不好。表面上看，痛苦的日子是苦涩的、可怕的，它可以使一些人意志低迷消沉，无法奋起。但只有经历过痛苦的人才能真正成熟，才会更加坚强，才会在生命的旅途中再接再厉、百折不挠，从而取得更大进步。

年轻人不要抱怨生活多痛苦，不要抱怨生命多曲折，没有痛苦的人生是不完美的，没有挫折的人生是不会有进步的。我们幼时学步也从不断地摔倒、爬起开始，最后练成百米冲刺，就让我们在失败的痛苦中品味甘甜，在生活的打击中把握幸福的降临！

不能忍一时之痛,痛苦将是长久的

人生之路漫长崎岖,有太多的意外会袭来,没有忍耐一切折磨的精神,就不能成就大的事业。是否可以成就一番事业,关键看你在这样的时候是否能忍一时的委屈,以一种良好的习惯来控制自己。萨迪曾经忠告天下人:“事业常常成于坚忍,而毁于急躁。”沙漠中匆忙的旅人往往落在从容的旅人后面;疾驰的骏马往往落在后头,而缓步的骆驼却能继续向前。一个人偶尔心血来潮,干一些一时奋进的事情,这是很容易做到的。但是,日复一日地持久奋斗,却不是一般人能够做到的。有些人在做事的开始阶段热情高涨,干劲十足,可是,过不了几天,遇到一些困难和挫折,就激情萎缩,干劲全无,最后一点音信都没有了,这是非常可悲的。

对成功人士来说,任何委屈都不足以让他心灰意冷,相反更加能鼓舞士气,激发起自己一定要做成大事的欲望。能忍耐折磨的人,才能够得到他所要的东西。

一则寓言故事讲道:从前同一座山上有两块相同的石头,三年后发生了截然不同的变化,一块石头被雕成佛像,受到很多人的敬仰和膜拜,而另一块石头却被刻成台阶,受到别人的践踏。这块被践踏的石头极不平衡地说道:“老兄呀,三年前,我们同为一座山上的石头,今天产生这么大的差距,我的心里特别痛苦。”另一块石头答道:“老兄,你还记得吗?三年前,来了一个雕刻家,你害怕刀子割在身上的痛,你告诉他只要把你简单雕刻一下就可以了,而我那时想象未来的模样,不在乎割在身上的痛,所以产生了今天的不同。”

忍受折磨是我们人生过程中任何人都要经受的最困难的一件事,等待比做事要难得多。善于忍耐,积极积蓄力量和资本的人,更容易取得飞跃式的进步。作为一个年轻人,在意志的果断性、忍耐性和顽强性上磨炼自己,是十分必要的。韧性也就是意志的忍耐力,是把痛苦的感觉或某种情绪长时间地抑制住，不使其表现出来的能力。顽强忍耐的人，跌倒了再爬起来，这样力量也在一次次的跌倒和爬起中不断增长。

忍耐的人暂时容忍，最后必然会得到公平的待遇。忍耐是一种理智，是一种涵养，更是一种美德。成功的人都是以极大的毅力和意志忍受着困苦，在艰辛中一步步地向前迈进并最终达到自己的目标。

日本矿山大王古河市兵卫小时候曾当收款员。有一天晚上，他到客户那儿催讨钱款，对方毫不理睬，一点儿都不把古河放在眼里。古河没有办法，忍饥挨饿，一直等候到天亮。早晨，古河并没有显出一点愤怒，脸上仍然堆满笑容。对方被古河的耐性所感动，立即态度大变，恭恭敬敬地把钱付给他。他的这种认真随和又富有耐性的工作精神，让老板大加欣赏，之后，他工作表现优异，几年后就被提升为经理。有人问古河成功的秘诀，他说："我认为成功的秘方在于忍耐二字。"

每个人都相信那些百折不挠、能坚持、能忍耐的人。如果你能够不管情形如何，总坚持你的意志，总能忍耐，那你已经具备了"成功"的要素了。能忍得旁人所难以忍受的东西，才能使自己不断地积蓄力量，增强忍耐力和判断力，这样才能为将来事业的成功积累资本。

职业演讲家周士渊曾说："其实人是什么苦都能吃，什么环境都能适应的，但关键是头几天，只要咬着牙挺过去，过了这一关，以后就没什么事了。许多人不明白这个道理，碰到一点儿困难就退缩了，其实再坚持一下，坦途就在眼前。正所谓，能忍一时苦，换来一世甜；难忍一时苦，终生苦中苦。"

如果因为遭遇了折磨而怨天尤人，因为遭遇了挫折而自暴自弃，因为面临逆境而放弃了追求，因为受了伤害就一蹶不振，那你就大错特错了。人生就是这样，只要你有追求，只要你去做事，就不会一帆风顺。我们的人生就像大海里的船舶，只要不停止航行，就会遭遇风险，没有风平浪静的海洋，也没有不受伤的船。

命运常常是一种折磨，要想把握自己的命运，就得学会忍耐。"忍"字头上一把刀，要掌握好忍耐的程度，总有一天，忍耐会作为一颗夺目的钻石镶

嵌到成功的金牌上，从此熠熠生辉。

忍字头上是把刀，有度量才能有前途

我们常用这两句话来形容佛祖的度量："大肚能容，容天下难容之事；开口常笑，笑世上可笑之人。"纵观古今中外，任何有能力的人，任何有抱负的人，任何伟大的人，都不会是心存仇恨的人，他们一定有着宽容、豁达的心胸，历史上也没有哪个喜欢仇视别人的人流芳千古的故事。

古人云："海纳百川有容乃大，山高万仞无欲则刚。"我们只有做到"有容""无欲"、有度量，才能像大海那样笑纳百川，像高山那样巍巍矗立。度量是一种高贵的品质、高尚的境界，是良好的道德表现，是思想修养的体现，更是一种强大的力量，可以产生凝聚力、亲和力和感召力。大凡胸怀宽广的人，总是以宽容大度升华人格，使自己在付出爱心的同时，感受到自己的价值，从而增强自豪感和自信心。

南非的民族斗士曼德拉就是这样的一个人。

南非的民族斗士曼德拉，因为领导反对种族隔离政策而入狱，白人统治者把他关在荒凉的大西洋小岛罗本岛上 27 年。当时尽管曼德拉已经高龄，但是白人统治者依然像对待一般的年轻犯人一样对他进行残酷的虐待。

罗本岛位于开普敦西北方向 7 英里。岛上布满岩石，到处都是海豹和蛇及其他动物。曼德拉被关在总集中营一个"铁皮房"，白天打石头，将从采石场采来的大石块碎成石料。有时从冰冷的海水里捞取海带，还要做采石灰的工作。他每天早晨排队到采石场，然后被解开脚镣，下到一个很大的石灰石田地，用尖镐和铁锹挖掘石灰石。因为曼德拉是要犯，专门的看守就有三人。他们对他并不友好，总是寻找各种理由虐待他。

但是，当 1991 年曼德拉出狱当选总统以后，曼德拉在他的总统就职典礼上的一个举动震惊了整个世界。

总统就职仪式开始了，曼德拉起身致辞，欢迎他的来宾。他先介绍了来自世界各国的政要，然后他说，虽然他深感荣幸能接待这么多尊贵的客人，但他最高兴的是，当初他被关在罗本岛监狱时，看守他的3名前狱方人员也能到场。他邀请他们站起身，以便他能介绍给大家。曼德拉博大的胸襟和宽容的精神，让南非那些残酷虐待了他27年的白人无地自容，也让所有到场的人肃然起敬。看着年迈的曼德拉缓缓站起身来，恭敬地向3个他的曾经的看守致敬，在场的所有来宾以至整个世界，都静下来了。

后来，曼德拉向朋友们解释说，自己年轻时性子很急，脾气暴躁，正是在狱中学会了控制情绪，才活了下来。他的牢狱岁月给他时间与激励，使他学会了如何处理自己的遭遇和痛苦。他说，感恩与宽容经常源自痛苦与磨难，必须以极大的毅力来训练。

他说："当我走出囚室、迈过通往自由的监狱大门时，我已经清楚，自己若不能把悲痛与怨恨留在身后，那么我其实仍在狱中。"

曼德拉用自己的行动表现了自己博大的胸襟和宽容的精神，他忍受了各种痛苦，并在自己有机会报复的时候选择了宽容，有这种度量和气魄的人，永远不会被生活的困苦所埋没。

俗话说"一个巴掌拍不响"，你不去怨恨，仇恨便不会存在。相反，你越是在意，仇恨便会越多，最后，它不仅会堵住你前进的道路，还可能是你送命的因由。

在社会上打拼的年轻人，要懂得"忍字头上一把刀"，忍耐是痛苦的，但是你的宽容却会为自己赢得朋友和机遇。人和人在一起就会有矛盾，一些小事上的摩擦也是难免的。如果什么事情都去计较，就会错失把握机遇的机会。

人和人起了矛盾，不是你反过来攻击了人家，事情就算解决了。往往是你越攻击人家，人家也就越跟你对着干。人遇到事情的时候，会有很多选择，我们应该选一个合适的、双方都能接受的方法。当你和别人起冲突的时候，肯定是很生气的。最好的办法就是深吸一口气，把要说的话缓一缓，让

头脑冷静下来再想究竟该说些什么。在处理矛盾的时候，也可以举一反三。先让自己的情绪平静下来，用清醒的头脑去想一想究竟该做些什么。这件事值不值得去生气，自己能在这件事里让步到什么程度，然后再想该怎样去处理这件事情。

我国有两句古话说“化干戈为玉帛”，“大事化小，小事化了”，这就是告诉我们要化解仇恨，而不能使仇恨加深。做人有了度量，就会有很多的朋友。就算成不了朋友，也能结个人缘，不至于让人家看到你就牙根发痒，和大家关系都处好了，总是一件好事。

“心中接纳多少，就能拥有多少；心中包容多大，就能拥有多大。”不择细流，才成江海；不辞土壤，才成高山；不耻下问，才成渊博；不掩过失，才成善美。做人要大度一点，能以开阔的心胸包容不同的人和事，就能成其大、成其高、成其远、成其善美，成为“有容乃大”的人。

向过去学习而不停留于过去

你见过有人曾经回到昨天吗？你绝对没有见过。即使我们能够回到过去，其景象也是面目全非。故去的人永远也无法重聚到一起，古老的经验也无法重新回来。时间是一座脆弱的桥梁，我们每迈过一步之后，它就已经变成过去，变成永恒。过去的已经过去，不再属于我们，不要因为过去的回忆折磨如今的你。

当你偶尔记起往事的时候，心中是否会泛起异样的涟漪？在你回忆、叹息时，不如选择忘记过去，去展望那神秘的充满诱惑的未来。人活着不是为了别人，而是为了自己的目标和信念，把自己的未来掌握在自己手中的人，他的心愿才可能一一达成。不要为了曾经的放弃、曾经的退让、曾经的不自信而后悔。当未来变成现在时，那它就不是未来，因为它成了现在，而后悔是无法改变现在的，到那时你便失去了另一个未来，失去了自己的追求，失去了目标，失去了你心中的那一个信念。未来在自己手中，因为你始终是你自己生命的主宰。

今天的存在和处境在于昨天的努力，站在今天的位置，我们不能忘记过去，这是常情。但是人总是在向前走，每走一步，所遇到的情形都与过去有很大的差别，所以我们需要认真思考未来的方向。虽然过去的成功可以给我们增强自信心，但是很多时候我们却只是在困苦面前怀念着过去的成功，这往往容易导致自高、自大、自满，这样就很难有一个好的心态去解决当前的问题。所以我们在忘记过去的坎坷的同时，还要善于忘记过去的成功。

有这样一个故事：一个小伙子大学期间表现非常优异，做过学生会主席，年年拿奖学金，是校园里的“风云人物”。大学毕业后，他去了深圳一家著名的公司工作。在公司里，他的目标很简单，他要努力做到和大学一样出色。他从最简单最普通的事情做起，每天第一个到办公室，包揽了所有的公共事务，加班加点，毫无怨言。第一年年终，老板给他加薪。

不过，不久之后，他发现自己并不开心。因为老板给自己加的薪水并不是所有年轻员工中最高的。第二年年终升职时，虽然他也名列其中，但却只是被提升为副主管。他很不满意，因为和他同来公司的另外一个人已经是部门经理了。他觉得在公司的这两年退步了，因为自己不是公司里最优秀最出色的年轻人。于是，他把烦恼告诉了父亲。

做了一辈子记者的父亲给他回了一封信，信中说：“我曾经采访过一个马拉松冠军，我问他在到达终点前心里通常是怎么想的，他回答我说，在临近终点前，他什么都不敢想，只是拼命忘记自己曾经跑过的路，一步一步继续朝前跑。亲爱的孩子，你之所以不开心，原因是曾经获得的荣誉太多了，它们让你产生了无形的压力，你始终在和自己的从前赛跑。其实你已经很优秀了！孩子，一个人如果真想获得更大的成功，就必须明白人生就和长跑一样，只有忘记从前跑过的路，前进的脚步才能够迈得更矫健！”

人总是容易回忆起过去，并被那些经历所羁绊，对心理产生各种各样的影响。不能忘记过去的成功和荣耀的人，就无法真正虚心地看待此时的自己。生活中的我们必须倾听过去、学习过去，但不要停留于过去，在过去上

面睡大觉。忽视过去与无法忘掉过去的人都是愚蠢的。生命不在于长短,而在于质量;当你还沉浸在过去的回忆之中时,说明今天的你乏善可陈。

如果你房间里的东西太多,太乱,就会给人一种压抑和不舒服的感觉。同样,在你的心里,杂七杂八的东西多了,也要及时清理,该整理的整理,该搬的搬,该扔的扔。清理心房的“搬”和“扔”,就叫作“忘记”。一位著名的心理学家说过:善忘,是人生的一种佳境。是的,当我们大踏步走入这种人生佳境时,你肯定会惊喜于自己的轻松、潇洒和惬意。

处于同一个世界里的人,每个人都是生活中的赛手,之所以赛出千差万别的结果,其根源往往就是因为精力分配不同。人的精力是有限的,有所不为才能有所为,不会忘记也就不会记住。生活需要记忆,记住经验、记住关怀、记住友谊、记住爱情……但生活也需要忘记。不会忘记,就等于背上了沉重的包袱,就不可能保持前进的激情。

人生如同时间一样,一去不再回头,说过的话无法收回,做过的事无法重做。但是,我们还有未来,我们可以创造未来。当未来写成历史时候,我们可以赋予其更深刻的意义,就好像一出戏的开头和结尾互相呼应一样。回忆过去不如展望未来,我们可以阔步向前,创造成就。

放下争执的烦恼,广修善缘

有这样一个词叫作“无明业火”,意思是说一个人好端端地、没来由地就大发脾气、怒火冲天。当然任何事都不可能真的没有原因,发这么大的脾气可能是因为倒霉,或者因为不如意的事情太多,内心长时间感受着压力的折磨,积攒下来,某天的一件小事就触发了机关,使火气爆发出来。

有的时候,两个好朋友一起去逛街,本来谈天说地挺开心的,但是偶然一句话可能伤到了对方,就引发一场激烈的口水战,不仅好情绪一扫而光,你们也都终日为这件事耿耿于怀。

朋友间如此,陌生人之间也是一样。争吵和纠缠只会打扰人的好心情,何不放下争执，为自己积攒一份善缘呢？

一天，一位德高望重的法师吃完午饭，正要开门出来，不料，迎面撞进一位身材肥胖的妇女，说时迟，那时快，只听得“碰”的一声，妇女刚巧撞在法师的眼镜上，眼镜戳青了他的眼皮，然后跌碎在地上，镜片摔得粉碎。

此时那位胖墩墩的妇女毫无愧疚之色，反而理直气壮地说：

“你出门怎么不注意点，还戴眼镜！”

法师此时心想：世间法度由因缘合和而生，有善缘，亦有恶缘，解决恶缘之道，唯以慈悲待之，因此便以豁达的心胸来接受这项事实。

肥胖的妇女见法师以微笑的慈容回报她的无理，颇觉惊讶地问：

“喂！和尚，为什么不生气？”

法师借机开示说：“为什么一定要生气呢？生气既不能使破碎的眼镜重新复原，又不能使脸上的淤青立刻消失，苦痛解除。再说，生气只会扩大事态，如果我生气，对您破口大骂，或是打斗动粗，必定造下更多的恶缘，甚至伤害了身体，仍不能把事情化解。”

“以世间因缘果报来看这件事情，我早一分钟，或迟一分钟开门，都可以避免相撞，而我们却撞在一起，或许这么一撞化解了我们过去的一段恶缘，因此，我不但不生气，反而还要感谢您助我消除业障哩！”

妇女听后十分感动，她问了许多佛法的内容，然后若有所悟地离去。

这位法师道行深厚，在被人欺负的情况下仍然心平气和，面对别人的咆哮依然不动生气，平凡人恐怕没有几个人能够做到。这就是能够放下折磨的真谛：法师能够放得开，就可以避免争执，因为他的大度，反而使对方感到自责和羞愧。

人与人的相遇都是缘分，前世的五百次回眸才换得今生的擦肩而过，能够成为朋友是非常难得的缘分。不管发生什么样的事情，你都不应该破坏这份感情，而应放下争执和争吵，一切不愉快都不会发生。就像心理学家说的，面对别人对你的指责、咆哮、叫嚣，如果你无法做情绪的主人，在某些时候，你最好学会做个聋子。

美国芝加哥的一家女子百货公司在前台设立了咨询处,其中一项主要任务就是受理顾客提出的问题和抱怨。每天,都有许多女士排着长长的队伍,争着向柜台后的那位年轻小姐诉说她们所遭遇的困难,以及这家公司不对的地方。

在这些投诉的妇女中,有的十分愤怒且蛮不讲理,有的甚至讲出很难听的话,柜台后的这位年轻小姐,接待了这些愤怒的妇女,丝毫未表现出任何难堪。她脸上带着微笑,指导这些妇女们前往相应的部门,她的态度优雅而镇静。

站在她身后的是另一位年轻女郎,她在一些纸条上写下一些字,然后把纸条交给站在她前面的那位年轻小姐。这些纸条很简要地记下妇女们抱怨的内容,但省略了这些妇女原有的尖酸刻薄的话语。

原来,站在柜台后面带微笑聆听顾客抱怨的这位年轻小姐是位耳聋的残疾人,她的助手通过纸条把所有必要的事实告诉她。

这家百货公司的经理之所以挑选一名耳聋的女郎担任公司中最艰难而又最重要的一项工作,主要是因为他一直找不到其他能够面对别人的抱怨甚至是咆哮仍能真谛自若,面带微笑的人。

柜台后面那位年轻小姐脸上亲切的微笑,对这些愤怒的妇女们产生了良好的影响。她们来到她面前时,个个像是咆哮怒吼的野狼,但当她们离开时,个个却又像是温顺的绵羊。

事实上,她们之中的某些人离开时,脸上甚至露出了羞怯的神情,因为这位年轻小姐的好脾气已使她们对自己的作为感到惭愧。

面对不满和埋怨,不去争执,不去申辩,这是一种让人钦佩的品格。一个人如果听不到别人的批评、辱骂和指责,就不会有坏的心情,一个人若是不去争执,一切批评、辱骂和指责也只是空气中的几个气泡而已。放下争执,不仅仅是放下一个动作,而是要放下那颗虚妄的心,只有真正从心中放下,才是真正的放下,也才能得到真正的实惠。

放下争执,在别人的咆哮面前做一个聋子,给自己一个心情的罗盘,控制住心情的航道。人的品格和德行有关，而好德行要靠长期的修养和积累才能养成。

佛家说“救人一命胜造七级浮屠”，在我们的生活中，没有那么多人命需要去救，但是广结善缘却是一种必要。结善缘、种善根就是要做好事，要常怀感恩之心，放下一切可能引起冲突的感情。只有放下才能得到，放下争执得到善缘，这是我们为人、做人应该遵循的原则！

放开忧虑，与不安说再见

有一位刚刚踏入歌坛的歌手，当他将自己精心制作的录音带寄给一位有名的制作人之后，便开始每天守候在电话机旁边等待回音。第一天，这位歌手满怀希望，在等待的过程中，始终保持着极佳的情绪，并且与人大谈他未来的音乐抱负；到了第17天时，因为情况不明，他的情绪开始起伏波动；接着，在第37天，他因为对前程感到了忧心，情绪便显得十分低落；直到第57天，他的情绪已经糟糕透顶，他认为自己的希望落空了。没有料到，此时电话铃声突然响起，他立刻拿起电话，想也没想就对电话那头的人破口大骂，最后对方告诉他：“我是收到你录音带的制作人，不过你似乎并不乐意接到我的回电，那么我很遗憾地告诉你，我们双方应该不会再有合作的机会了。”

忧虑人人有，只是每个人受影响的程度和表现形式不一样而已。为一些你左右不了的事情忧虑，只是自寻折磨而已，与其如此，不如放下忧虑去做一些对自己有帮助的事情。越是担心，越会不安，一个始终处于这种状态的人是不可能赢得好运的青睐的。

像这位歌手，在情况不明时便开始忧虑，担心这又担心那，使自己的心情变得非常糟糕，待人接物也统统带上坏情绪，最后因为自己的口不择言丧失了等待已久的机会，很是可惜。但是回过头去想一想，这种结果也是必然，一个不懂得放下，让忧虑贯穿生活始终的人，是不可能成功的。

大家都很喜欢回忆童年，总是觉得童年的时光是那样美好，那样无忧无虑。是的，小孩子是最单纯的，他们不会去担心，也不会有那么多困扰。只是随着年龄的增加，学业、事业、家庭、金钱、健康、成就……都会逐渐成为最容易让人感到忧心的事情。忧虑或者操心都是我们在日常生活中不可避免的。虽然不可避免，但我们还是可以通过自己的调节，把没必要的担忧放下。过度的担忧不但不能为我们带来任何益处，甚至还会使我们自我折磨，进而影响到自己的情绪，也影响我们的生活。

忧虑是一种很可怕的情绪，它对人们的身体以及心灵的健康都是很有害处的；它可以使你迷失人生的方向；可以使你对正确的事物辨别不清楚。你的情绪一旦被忧虑牢牢地控制住，那么你的生活就会过得杂乱无章，可能一件小事情就能够在你的生活中掀起大风大浪，本来是一件非常简单的事情，在你的眼里就像是世界末日来临。这样长年累月积累下来，你的生活就会被各种担忧和恐惧所笼罩。生活对于你没有任何的快乐，没有任何的激情，更有甚者还会把自己逼上绝路。面对忧虑，如果没有更好的办法解决它，那就不如放下，有时候放下才是最好的解决方式。

当你感到忧虑的时候，一味沮丧、恐惧或逃避对事情本身不会有任何帮助，放下忧虑，正确对待你的忧虑，你才能告别不安，才能踏实地生活。

犹太人有一句谚语："只有一种忧虑是绝对正确的，那就是为忧虑而忧虑！"

仔细认真地想一想，在很多时候，我们所忧虑的事情，并不是真的会全部发生，即使有一些事情成真了，先前的担忧也未必能够改变它的结果。既然无力改变，不如就此放下，与其让自己生活在忧虑之中，不如抛开忧虑，坦然生活。

美国的激励大师诺曼·文生·皮尔博士曾经说过这样一个真实的故事：有一个男人由于患上了一种肌肉不受大脑控制的疾病，全身的肌肉日渐僵硬、萎缩。不幸的是，他看遍所有的名医，也没有人能够提出有效的治疗方式。正当所有的人对他这种无药可救的怪病忧虑时，他决定与其躺在病床上怨天尤人,倒不如积极地想办法进行自我治疗。

于是,这个男人开始要求亲友们将有关笑话的录音带、影集、书籍等物品送至病房,好让他躺在病床上时,依然可以不断地开怀大笑。虽然大家都知道他的脸部肌肉早就僵硬到连微笑都很困难了,但是仍然满足了他的要求。此后,男人就在日复一日的痛苦中,不停地看着这些令人发笑的东西。一天,正当男人又被书中的笑话逗得乐不可支时,他意外地发现自己的脸部肌肉开始活动了,渐渐地,他就在每天持续不断的笑声中,恢复了健康,而当时的医学界,也将他的康复当成医学界的奇迹!

如果说有趣的故事能够带给一位病人重生的机会,那么我们每个人就一定能够找到类似的模式,摆脱自己生活中的忧虑、痛苦、不安与挫折。

每个人的一生中,都会有苦恼的时刻,尤其在今天,在这个瞬息万变、令人眼花缭乱的社会,新兴事物犹如雨后春笋,纷纷破土而出,令人目不暇接。当我们面对这些陌生的新事物时,就不可避免地会有这样或者那样的烦恼与不安。如果你经常觉得自己的生命是孤苦的,没有人爱你,那么,你的世界就很可能会真的变成如此。因为我们如果将自己锁在阴暗的地方,太阳光一定照不到、也温暖不到我们。所以说,人要先自救,才能得到天助。

当你忧虑时,请不要钻牛角尖、自怨自艾。如果你发现自己的身心产生严重不适感,或者对外界产生难以交流的情况,你就要注意自己是否因为过度忧虑而让自己生病了,此时你不妨寻找一位专业人士协助,千万不要害怕或者逃避现实。

有人说:40%的忧虑是关于未来的事情,30%的忧虑是关于过去的事情,22%的忧虑来自微不足道的小事,4%的忧虑来自我们改变不了的事实,剩下4%的忧虑来自那些我们正在做着的事情。快乐是自找的,烦恼也是自找的。快乐是一天,烦恼也是一天,那么,放下烦恼,快乐地生活吧;放下烦恼,保持心情愉悦;放下烦恼,让我们保有清新、健康的笑容;放下烦恼犹如夏天的一阵大雨,荡涤了人们心灵上的灰尘及所有的污垢,使人生活自在并显露出善良与光明。

放下忧虑，走出忧郁吧，让自己重新开始，从放下所有消极意念开始，迈出人生快乐的第一步。生命中处处有爱，相信人的一生中，忧虑也是丰富人生的一种色彩。只要我们学会放下，不让它永远停留，那么生命依然是美好而幸福的！

放下紧张，保持轻松

精神紧张对很多人来说是一种折磨。心理学家说，人们需要适度的精神紧张，因为这是人们解决问题的必要条件。但是，过度的精神紧张，却不利于问题的解决。从生理心理学的角度来看，人若长期、反复地处于超生理强度的紧张状态中，就容易急躁、激动、恼怒，严重者会导致大脑神经功能紊乱，有损于身体健康。因此，我们要克服紧张的折磨，设法把自己从紧张的情绪中解脱出来。

在生活中，你肯定也出现过烦恼的紧张状态。譬如说，在午餐时间，你在一家餐厅前面排队。队伍如蜗牛般缓缓前进，收款机前的柜员动作又超乎寻常地慢。你跺着脚，看着手表，想着桌上堆积如山的工作，想着时间正一分一秒地被浪费掉，你的脉搏加速，你的呼吸急促。

而在路上，因为交通拥堵的情况非常严重，不管是坐公交车，还是自己开车的人，神经都保持在高度紧张的状态中。一个是紧张着看时间，生怕自己上班迟到；一个是紧张着看空隙，只要有一点空隙，就得赶紧往前挤。但是，紧张归紧张，我们对这种状况却无能为力。其实，与其把时间浪费在紧张和沮丧上面，不如放开一些，让自己愉快一些，看一本书或听一段古典音乐。如果路上的车塞到无法前进，你可以趁机欣赏周围的景致，找些有趣的事做，总之，放下紧张，你会轻松很多。

其实，生活中虽然有许多事不能尽如人意，可是如果总是为了这些事情生气，那根本就是跟自己过不去。有时，当你发现自己的情绪快要爆发的时候，不妨换个角度或观念想一想，并且重新来看待这些造成你生活困扰的人、事、物，也许，你能因此让生活少了许多不开心，多了更多的欢喜。

处理紧张状态的最佳方法，是保持轻松愉快的情绪。平时经常做做深呼吸，并且经常伸展身体。那么，当你遭遇到紧张的状况时，就不会把自己也弄得很紧张。

不要再把心思只专注于日常琐事上，你应该把更多的心思花在生活中真正重要的事情上，如与心爱的家人多沟通，让彼此的感情联系更加紧密。把精神放在更有意义的事情上，不要去过多地在意芝麻小事，这样，你就能够开始体会到生命的美好。

在一家医院里，有一位病人长期卧病在床，他的亲人问他："你每天躺在病床上，一定会觉得很无聊吧？"

病人回答说："不，我虽然躺在小小的病床上，但是却能看见常人看不到的万千风情。"

很多时候，生活中的快乐并非全部构筑在成功和财富之上。一个医院中的病人，不为自己的病情紧张，却能够看到人世间的冷暖，这不是碌碌无为，不是平庸，而是一种轻松的生活态度。只要能够放下，除了快乐一切都将不复存在。只要我们能够用心感受身边的美好，我们就能够感觉自己的内心充满了喜悦，如同一片叶子的飘落，我们能够看见其中的哀愁，但是也能够看见其中的美丽。因此，当我们能够用包容、豁达的心情看待世事，即使我们身处于生命中的低谷，也可以感受到人生的美好。

有很多人都认为快乐、美好的人生，应该是拥有可观的财富、傲人的社会地位以及受人景仰的名声，所以，大多数的人们始终都在为事业打拼，可是，直到他们走到人生的尽头，再回头看时，他们会感慨到底是失掉的东西多呢？还是收获的东西多呢？

有一位被很多人认为相当成功的企业家，在临终之前曾经说了一句令人吃惊的话："我这辈子最大的遗憾，就是拥有这么成功的事业。"

由于这位企业家在平日里总是忙于经营事业，使得他与家人相处的时间非常少，也使得他无法去细细品味人生。试问，这样一种只为外在物质生

活条件而活着的人生，真的有意义吗？真的能够让人了无遗憾吗？

大多数人都很在意别人对自己的看法，总是希望他人能够认同自己的工作能力和聪明才智，可是，这样的期望有实质性意义吗？有的人只是为了让面子好看、心里舒服，才会十分在意外界给予自己的评价！其实工作的真正目的，一方面是为了让自己立足于社会，另一方面也是为了贡献自己的力量来回馈社会，所以，我们未必要将“表现自己”高高地摆在第一位。

生活的美好要靠我们时时刻刻地感受与累积，每个人都希望赚取更多财富来改善自己的生活，但是，若我们不眠不休地拼命工作，让身体因为过度劳累而产生疾病，那么我们还会有赚钱的资本吗？同样，我们如果真的成了一位“工作狂”，势必也将因此而失去许多工作以外的人生乐趣。工作毕竟只是人生的一部分，而非生命的全部。

一个有理想、有抱负的年轻人，在平日十分努力工作的同时，也在积极地规划自己的休闲生活，乍看之下，他的生活似乎很充实，并且充满乐趣，可是太过紧凑的安排却使得他疲于奔命，根本一点都无法感受到休闲时的轻松、愉快。如果想要在工作之外的时间，为自己规划其他的休闲娱乐，也一定要记得保持弹性化的时间安排。

由此可知，就算工作与忙碌会占据我们的绝大部分时间，但是，只要我们在工作时聚精会神、全力以赴，在工作之余适度放松，忘记紧张繁忙的一切，我们便能让身心在获得休息的同时，也能够获得一种更好的生活方式，成为自己生活的主人！

我们不能把生命全部消耗在紧张与焦虑上面，更不能在讲求速度和打拼的社会中迷失自己，永远为了身外之物苦苦追求，让自己没有一分钟喘息的机会。果真如此，我们努力躲避的挫折、考验和失败就随时可能找上门来，而不安全、内疚和恐慌的感觉就成了家常便饭。这一切，全是因为我们没有放下紧张，所以说，放下紧张才是消除紧张、让生活变轻松的最好方法。就让我们在工作之余，学会适度的放松，把紧张和忙碌放下，在让身心休息的同时，也换一种舒服的生活方式！

气度决定人生高度

气度就像是一种高营养成分，一旦拥有了它，你将能在不乐观的境遇中占据主动。上天总赋予胜者以非凡气度，而赐予气度非凡者以胜利。事业的高度就取决于一个人的气度。

苏轼说："古之所谓豪杰之士者，必有过人之节，人情有所不能忍者。"可见气度是一种从容，一种心境，一种内心的胜利。

古往今来，有太多的例子可以证明，一个人的成功必定离不开此人的气度，这些气度不凡之士，凭借自身才华建立了丰功伟绩，名垂青史。

战国时期，赵国的蔺相如因为出使秦国，临危不惧，战胜了骄横的秦王，为赵国立下大功，因而赵王封他为上卿。

廉颇，是赵国的一员名将。武灵王在位时，他南征北战，为赵国立下汗马功劳；惠文王当政后，他东挡西杀，更是为赵国屡建新功。他是赵国谁都比不了的举足轻重的功臣。他若拥护谁，谁便如顺风乘船；他若反对谁，谁就似逆水行舟。

蔺相如为上相后，廉颇不满地逢人便说："我有攻城野战之功，他蔺相如算什么？只不过是有口舌之劳。而且，他是宦者舍人，出身卑贱。然而，他的官位竟居我之上，我怎能甘心？哼哼，待我见到他，非羞辱他一番不可！"

一日，蔺相如乘车外出，在一条窄窄的街上，与同样乘着车子的廉颇走了个对面。为避免发生冲突，蔺相如赶忙命他的车夫将车子避匿在街旁的一个小巷子里，待廉颇的车过去后，他的车才走出巷子重新来到街上。可是，刚走了几步，没想到廉颇命他的车夫调转车头，又追了过来。蔺相如只好命他的车夫再次将车子避匿在街旁的巷子里，等廉颇的车子过后再走……

蔺相如总是避开，不与廉颇发生冲突。每逢上朝的时候，常常称病不去；有时，蔺相如出门远远望见廉颇，便绕道而行。

蔺相如的门客和侍人对此很是不平，他们觉得主人太胆小怕事了，便向

蔺相如说："我们之所以离开亲人来侍候你，只是羡慕你的高义。如今，你与廉颇地位相同，他口出恶言，而你却怕他、躲他、避他，害怕他也害怕得太过分了。你这种做法就连普通人也感到羞愧，更何况你呢。我们无能，让我们走吧。"

蔺相如阻止他们，说："诸位认为廉将军和秦王比起来如何？"

门客们说："廉将军不如秦王。"

蔺相如说："秦王威震列国，诸侯都怕他，而我却敢在朝堂上公然斥责他，难道还会惧怕廉颇将军吗？现在强秦虎视眈眈，秦王之所以不敢侵赵，就是因为我和廉颇将军在。如果我们将相失和，岂非帮了秦王的忙？我绝不能为了私事而把国家利益放在脑后。"

廉颇后来听到了蔺相如的话，深感自己的做法太过分，便带着惭愧的心情，向蔺相如负荆请罪："我是个粗鲁人，不知道将军宽宏大量如此，请相国恕罪。"廉颇和蔺相如和好，结成了生死交。他们在世时，赵国仍雄立，强秦不敢小觑赵国。

气度决定了一个人的高度，一个有气度的人才有成功的资本。俗话说"有容乃大"，有了宽容之心，不仅能使自己强大，也可以使国家强大起来。为了大义而放弃自我小名小利的人，在自己的心中有一杆秤，秤砣该放哪里自己最清楚。

气度是一种大智大勇的完美结合，有勇有谋才能成就一番事业。我们既要有敢为天下先的勇气和胆略，又要有开拓进取，不断创新，顺应时代潮流而动的智谋。有气度方能使自身精力总是得以集中，总能使自身精力集中，成就事业。如若不然，总是为一些不大不小的琐事争来斗去，为一些不咸不淡的流言费心劳神，干正事的精力就少多了，也就难以干成正事了。气度是一种力量，这个力量常用后发制人的方式表现出来。

气度是一个人成功的必备条件，它能激励自己，包容他人，让自己摆脱困境走向成功；而反观一些人，或许他有雄心壮志、家财万贯，但是没有一个好的气度，就会在人生一些关键的战役中败下阵来。历史证明了气度的重要性，在现今的社会中也同样适用，一个人事业的成败往往取决于他是否有气度。

我们要有从容不迫的气度，我们要有大智大勇的气度，才能让自己的人生提升到另一个高度。人的胸怀有多宽广，他的人生也会有相应高度的成功。有什么样的胸怀就做什么样的事，有什么样的视野就能达到什么样的高度。在谨记“知识就是力量”的同时，也不妨提醒自己——“气度决定高度”。这是一个知识爆炸的时代，在我们追求知识、升学、才艺的同时，千万不要忽略了：所谓的“内在”，除了充实知识、才艺外，还包括了充实修养、品格。

偶遇尴尬事，自嘲一下又何妨

一位哲人说：“当你学会自嘲而不是嘲笑别人的时候，你便成熟了。”

在人生的旅途上，在日常生活中，每个人都会遇到一些难堪的场面，这时如果你怨天尤人，不仅不能化解愁绪，减轻苦恼，反而适得其反，让自己更受折磨。而如果你能沉着应对，学会自嘲，就会变被动为主动，变严肃为诙谐。在幽默的氛围中，你可以以一种平和恬静的心态去品味生活中的苦辣酸甜，以幽默和莞尔一笑给自己和大家一个好心情。

尤其是年轻人，社会阅历尚浅，在待人接物上面难免会有不妥当和尴尬之处，这就更要求你要掌握自嘲的方法，一来可以缓解尴尬气氛；二来自谦自嘲给人以虚心大方的印象，不知不觉中便提升了自己的形象。

传说古代有个姓石的学士，一次骑驴不慎摔在地上，一般人一定会不知所措，可这位石学士不慌不忙地站起来说：“亏我是石学士，要是瓦的，还不被摔成碎片？”一句妙语，说得在场的人哈哈大笑，这石学士自然也在笑声中免去了难堪。

由此可见，适时、适度地自嘲，不失为一种良好修养，一种充满魅力的交际技巧。自嘲能制造宽松和谐的交谈气氛，能使自己活得轻松洒脱，使人感

到你的可爱和人情味,有时还能更有效地维护面子,建立起新的心理平衡。

依样画葫芦,对于年轻人来说,无论是与亲人、朋友相处,还是与同事、上级交往,都可以用这种方法来解决某些尴尬的难题。如在同事面前摔倒了,看到大家想笑又怕伤害你自尊而忍耐的样子,你可以说:“咱就是年轻,经摔啊!”大家看到你自己很放得开,自然也不会再拘谨,你们直接的距离也在无形之中拉近了。

在社交中,当你陷入尴尬的境地时,借助自嘲往往能使你从中体面地脱身。

在某俱乐部举行的一次招待会上,服务员倒酒时,不慎将啤酒洒到一位宾客那光亮的秃头上。服务员吓得手足无措,全场人目瞪口呆。这位宾客却微笑着说:“老弟,你以为这种治疗方法会有效吗?”在场的人闻声大笑,尴尬局面即刻被打破了。

主动开自己的玩笑,是需要很大的度量和勇气的,这位宾客借助自嘲,既展示了自己的大度胸怀,又维护了自我尊严,消除了耻辱感,这也是世人公认的最幽默的方式。自嘲时对着自己的某个缺点“猛烈开火”,单就凭这份气度和勇气,别人也不会让你孤独自“笑”,而一般会心领神会,陪你笑上几声的。

自嘲不是自轻自贱,更不是自取其辱。自嘲是一种谦虚,是自我曝光缺点,是自我的一种调节。鲁迅说过:“我的确时时解剖别人,然而更多的时候是更无情地解剖自己。”解剖自己需要勇气,自嘲同样需要勇气,一个会自嘲的人,往往是一个富有智慧和情趣的人,也是一个勇敢而坦诚的人,更是一个将自己上上下下、里里外外看得很明白的人。

2009年9月6日,在《主持人舞林大会》上,当东方购物频道的美丽女主播寇婷婷被要求现场兜售主持人赵忠祥的领结时,她立即邀请赵忠祥做其模特,并提出对“男模”的要求——表现出男性的阳刚。寇婷婷对这款领带极力吹捧,赵忠祥也配合地摆出不同姿势,现场的气氛立即火了起来。在寇婷婷的影响下,身为我国台湾首席名模兼主持人的陈思璇也兴趣所至,推销起了长筒丝袜,她也找上了赵忠祥老师当模特,围着赵老师又跳又舞,火热地表演了起来。面对青春靓丽的美女如此近距离的“攻势”,67岁的赵忠祥不仅眼睛不敢斜视,而且身体还如电线杆一般僵直,一时显得十分尴尬难受,但赵忠祥随后对自己的表现十分机智地自我解嘲道:“我像柳下惠一样坐怀不乱!其实我是怕伤到这两条投过巨额保险的美腿啊,我赔不起啊!”

赵忠祥引用典故,善于自嘲的风趣话语不仅展现了自己的幽默本色,一下子为自己摆脱了方才的窘相,而且引得现场一片笑声和掌声,很好地活跃了气氛。这种自我解嘲的方式,其实是变相地向大家解释自己,不仅幽默,而且能拉近双方的距离,使自己和别人很快打成一片。这与把自己的快乐建筑在别人的痛苦之上是完全相反的。

在人前蒙羞,处境尴尬时,用自嘲来对付窘境,不仅能很容易找到台阶,而且多会产生幽默的效果。所以,自我解嘲,自己先笑起来,是很高明的一种脱身手段。“提得起,放得下,想得开”,自我解嘲,抚慰心灵,使自己不满的情绪得到缓解,为心灵增加一层保护膜,还能使别人对你有个新的认识。学会自嘲,不为名利所累,不为世俗所扰,不以物喜,不以己悲,心怀坦荡,以豁达的心态对待人生,会使你生活幸福,身体健康。

这就是自嘲的魅力,它是一种高雅的艺术,只有在聪明人手中才能发挥出愉悦的效果。自嘲,不是简单地逗别人笑,而是在危急关头救自己于水火之中的法宝;自嘲的好处数不胜数。年轻人要学会运用自嘲,擅长使用自嘲的年轻人必然是有内涵、高雅、有智慧的,学会适当地运用自嘲,也必将帮助你在人生的道路上走得更轻松、更顺畅!

第8章

愈折磨愈舍得，放长线才能钓大鱼

当身处折磨、命悬一线的人们遇到救命稻草的时候，会极力借其力量找到生还的机会，但救命稻草也可能是致命的索命绳；当历经磨难、屡战屡败的人们经过苦苦等待和守候而得来翻身的机会时，会奋不顾身地为自己的人生再努力一次，但这也许都不过是上帝给予的诱惑，真正的机会却在其后悄然而至。有舍有得，折磨中，要学会舍得，才能够看得远；把握长远利益，才能放长线钓大鱼，找到成功和翻身的法宝！

小利面前要淡然，大利面前要淡定

一个人要想成功，就要经受得住考验，要受得了折磨。在种种考验中，遇事一定要沉住气，不能急功近利，要懂得“放长线，钓大鱼”的道理。贪婪是人的本性，当利益百般诱惑时，无疑是对内心的一种折磨。在面对利益的诱惑时，谁都想多得到一些利益，多得到一些好处，这是可以理解的。但是如果过分在乎利益得失的多少，就会失去一颗舍得小利的平常心，甚至走火入魔。所以，在面对得失的时候，无论是大利还是小利，多得还是少得，我们都不能失去一颗平常心，要沉下心来，时刻提醒自己做到小利面前要淡然，大利面前要淡定。

俗话说：“做大事者不拘小节。”要想成就大事，取得大的成功，就一定要处理好各种“小节”，这个“小节”就包括我们所说的这种小的利益，如果要想日后获得更大的收获，就不能只着眼于眼前的“九牛一毛”。贪图小利几乎是所有人的通病，明白了这一点，我们要及时改正，否则更进一步的后果是贪小便宜吃大亏。看看下面这个例子：

小李原来是一名下岗职工，闲在家里没事干，后来在县城开一家小超市，是一名普通的卷烟零售户。刚开始做烟草生意时，他对烟草营销人员宣传相关法规和诚信经营的有关知识不太重视，守法意识比较淡薄，总想着多赚点钱。

有一天，小李的一个处得不错的朋友来到小李家，从包里拿出两条软中华烟，他讲是别人送的，舍不得抽，让小李帮着处理掉，给八百块钱就可以了，当时小李认为代卖价格要比烟草公司进价低一些，自己赚了个大便宜，付清八百元后，马上就放进了柜台。第二天，有位客人要买两包中华烟，小李拆了一条软中华，递给他两包，他打开就点燃了一支，当即眉头一皱，说是假烟，小李坚持说不可能，结果吵了起来，引来不少的围观群众，为了确定真假，客人打通了烟草局的举报电话，结果经过专卖稽查队初步认定是假烟，

两条中华烟也被暂扣了。这样不仅影响了小李诚信经营的声誉，使大家怀疑小李店里有假烟，销量也减少了；同时因为在其店中发现假烟，属于乱渠道进货，小李受到烟草局的处罚，由原来的二星户被降到一般户，供货量也跟着减少了。

面对这种蝇头小利，小李没能沉住气静下心来冷静分析利弊，失去了淡然的平常心，答应帮人家卖烟，这样不仅会有进假货的可能，还失去了诚信经营的金字招牌，赚不了钱反而失去了消费者，结果吃了大亏，得不偿失。

所以，贪小便宜吃大亏的事情，我们应当尽量避免，甚至杜绝。面对别人摆在我们面前的小利，我们应该时刻警惕，提醒自己世界上没有免费的午餐。你接受了人家的小利，就要给人以回报，但是这种回报很有可能违背道义，甚至触犯法律，进而葬送自己美好的前程和光明的人生。孰轻孰重，所有人都应该明白。

面对大的利益，谁都免不了会有些动心。与蝇头小利相比，在大利面前，能否沉住气就更加弥足珍贵——淡定的心，遇事不慌乱，泰然处之，可以避免很多不必要的麻烦，否则很可能是乐极生悲，惨淡收场。本来是一次成功的机会，也被自己的浮躁和冒失给浪费了。

大家应该记得，在2003年春节晚会上，赵本山、高秀敏和范伟一起表演的那个小品《心病》，就说明了这么一个道理。小品的梗概是范伟买彩票中了3000元钱，但是清贫的他因为以前从来没见过这么大的钱财，一时承受不了这么大的兴奋，竟然昏过去了。后来他又买彩票，这次更是惊人地中了大奖——300万元。他媳妇高秀敏不知道怎么样才能告诉他，就带他到赵本山开的心理诊所治疗，经过一番谈心以后，范伟终于看开了，把300万元分成三份一份捐给社会，一份给了赵本山，一份留给自己，结果赵本山也没见过这么大的利益，也昏过去了。当然，小品是一种夸张的表现形式，有些不现实，但是，艺术来源于生活，又高于生活，整个小品以轻松、诙谐和搞笑的方式讲述了我们做人的一条重要的道理，那就是人在面对大利时要淡定，要泰然自若，不要把利益看得太重，无论这个利益多么诱人，毕竟再多的金钱买不来愉悦的心情,也买不来幸福的家庭,更买不来健康的身体。

总而言之,在生活中,利益这个东西无时不在,无处不在,它就像是设在我们人生路上的陷阱——蝇头小利是小陷阱,而梦想着一夜致富更是大陷阱。大家都想安全地绕过陷阱,所以,在面对各种利益的诱惑时,我们一定不能被利益冲昏了头脑,只要时刻提醒自己保持一颗平常心,小利面前要淡然,大利面前要淡定,再大的陷阱我们也是不会上当受骗的。

失时不患得,得时不患失

央视著名节目主持人朱军曾经说过:“得意时淡然,失意时坦然。”讲的就是得失之间的一种解脱内心折磨的良好心态。生活中,我们所做的任何事情,都要讲究一个结果,这个结果就是成功或者是失败,成功可以看作是得,失败可以看作是失。得与失虽然只是简单的两个字,但是我们在实际中对待得与失的时候,却有很深的学问,这也是我们必须要学会的为人处世的道理,更是通向成功的必备条件。

我们所有人生活在这个社会中,都想多得少失,因此也容易变得患得患失。所谓患得患失,就是把得失看得太重,失去的时候不甘心,想得到;得到的时候又不踏实,害怕随时会失去。这种在得失之间的踌躇彷徨,往往会导致我们面对问题时难以冷静思考,沉不住气。试想一个人总是身处在这样的状态中,又怎么能够获得成功呢?

有人说人生就是不断地奔波,不断地挑战,但是无论我们多么努力,结果终究还是失多得少。还有人说,今天暂时的失去是为了明天永恒的拥有。这是很容易理解的,因为要是人人都只得不失,那这个世界的资源早就枯竭了。这就要求我们摆正心态,在辛辛苦苦努力争取以后,如果还是不能得到你想要的,那就要考虑放弃,去尝试一个新的目标。最关键的一点还是沉住气,不要贪图小利。看看下面这个例子:

小许是上海某知名大学的本科生。几年来,小许不但学习成绩优秀,还

是学校里的学生会主席，工作也十分出色，老师欣赏，同学敬重。无形中，小许自信心也膨胀起来，觉得无论如何，自己获得成功都是顺理成章的事情。

转眼到了大四，在大家都在犹豫是要直接找个工作还是继续考研读书的时候，小许毅然决定了继续深造，考国内更加著名的大学的研究生，经过了半年的辛苦复习，小许满怀信心地考完了试，以为肯定会金榜题名，便回家等消息。因为平时小许太优秀了，家里人也对他报以很大希望，觉得肯定会成功。结果成绩出来以后，小许因为数学没考好，没有被录取。这一下小许心理落差很大，自信心备受打击，觉得平时自己那么优秀，没有得到研究生录取机会，很丢人，整个人怅然若失，一蹶不振。这样一直过了半年多，不但小许自己没有恢复过来，家里人也被他拖累，心情很不好。

小许社会实践出色，成绩又好，确确实实是很优秀的。但是就是因为他从没有体会过失去他想要的东西会是一种什么样的感觉，结果真正到了失去的时候不能及时调整心态，振作精神，最后家里人也被他拖累了。

还有很多人，明明已经得到了想要的，或者获得了成功，可是也过得不踏实，总想着万一自己攥在手里的东西让人偷了、抢了，有一天失去了该怎么办。这种人比起那些失去时想要得到的人而言，活得更累、更傻，正所谓“是你的，别人抢也抢不去，不是你的，你抢也抢不来。”

在山西，曾经有一个人，最初是种地的庄稼汉，他看见那些煤矿的大老板们穿金戴银，非常羡慕。于是，他决定不再种地了，也做上了煤矿生意。折腾了几年以后，这个人也有了钱，成了拥有上百万家产的小富翁。顺理成章地，他也买了豪宅和名车，而且这辆名车还是大名鼎鼎的保时捷跑车。但是让人哭笑不得的是，这个人太看重这辆跑车了，以至于害怕开出去让人家偷走了，或者是出现事故把车撞坏了，于是他每天都把车仔仔细细地擦一遍，就是偶尔把车开出去办事，也是放不下心，隔几分钟就出来看看，结果还影响了办正经事。日子久了，邻居们都知道了，反而还笑话他。

这个“土财主”就是典型的得到了太害怕失去。即使他现在有钱了，不用去干农活了，可是他并没有过得开心，甚至提心吊胆、夜不能眠，害怕自己辛辛苦苦挣来的家业有一天会离他而去。对于这样的人来说，纵然有万贯家产，也没有一刻是放松的，我们难道能说他是幸福的吗？那些没有得到过的人，努力拼搏，这至少是一种积极的态度，一种向上进取的精神，可是这种得到了以后，却害怕会失去的人，把得失看得如此重，以至于每天疑神疑鬼，是多么可笑啊！

人活一辈子，应该知道怎么样过日子才能对得起自己。当我们从娘胎中呱呱坠地时，我们一穷二白，光着身子来到了这个世界。同样的道理，有一天当我们离开这个世界时，也是分文带不走，一样也带不走。既然如此，我们何必把得失看得这么重呢？通过努力而有所得，这是我们辛辛苦苦挣来的，我们拿得理直气壮，根本不用害怕有一天会失去，一旦有一天失去了，也应该淡然处之，因为我们曾经拥有过了，没有遗憾。真正努力了，即使没有得到，我们也该无怨无悔，拿得起放得下，及时调整心态，寻找更适合自己能力的新目标。

“得时不患失，失时不患得”，这简单的十个字，就是我们为人处世的大道理，更是通往成功的重要精神阶梯。

看清舍与得，能舍才能得

少年时取其丰，壮年时取其实，老年时取其精。少年时舍其不能有，壮年时舍其不当有，老年时舍其不必有。这得舍之间的处世之道，是取得成功的必要一课。在舍与得之间作出选择，就好比是一个人在面对一桌的山珍海味，又想吃熊掌，又想吃鲍鱼，但是肚子只剩下吃一样东西的空间了。这种绞尽脑汁、进退两难的折磨，就是考验在舍与得之间作选择的能力的时刻，看似简单，却蕴含着深刻的人生哲学。掌握了这种取舍之道，离成功会更进一步。

曾经有一次，圣人孔子在观水时，说到水的一个显著特点：“其流卑下，句倨皆循其理，似义。”这句话的意思是说，水流是向下的，而且随圆就方，好

像是在遵循准则和法度。水的这种特性，与孔子所说的“见得思义”之理不谋而合。那么，对我们来说，“得”是什么？无论是金钱财富、还是名誉地位都要归于我，叫“得”。但是面对“得”，我们应该想一想“得”的是否合情合理；若合则受，不合则不受，即要“舍”。

舍与得的关系，就像是一场博弈，很难驾驭完美。如在商场中，获取利润是所有商家的最终目的，“得”是他们必须要获得的一个结果。但是，更为重要的是这个“得”是否合乎一个“义”字，所谓君子爱财，取之有道，说的就是这么一个道理。

春秋时期，鲁国有一个规定，凡是有人赎回了在国外做奴仆的鲁国人，国家最终要支付那笔赎金。孔子的学生子贡一直做生意，很有钱，他解救了不少做奴仆的鲁国人，国家要把他花费的赎金补给他。因为子贡很有钱，所以他没有要政府的钱。当时，不少人称赞子贡，说他仗义疏财。但是孔子却对子贡提出批评。孔夫子说，鲁国人本来就不是很富有，国家出台政策就是为了鼓励人们不需要额外花费就可以解救鲁国人。子贡这么做，自己是做了好事，但负面影响却不得了。有一些人本来要解救人，但子贡救人都不要政府给钱，自己救人如果要政府的钱，那么跟子贡相比，境界要显得低很多。这样本来要救人的人，因为经济能力所迫，会因为子贡的行为而放弃救人。

孔子另一位学生子路，有一次将快要淹死的乡人从水中救起。那位老乡很是感激，就送给子路一头牛，子路欣然接受。当时，有不少人批评子路的道德境界不高。但是孔子却不以为然。他说，子路救人，并接受人家的谢礼，这对鲁国人有很好的昭示作用。因为子路接受了一头牛，大家感到做好事会有好的回报，鲁国人会因此争相去做诸如救人等善事。

通过这个例子，我们可以清晰地看到，得和舍的取舍要看实际情况而定，有些时候你觉得明明这个可以得了，但是事后就会发现还是该舍；有些时候你一狠心舍了，结果又发现当初的“魄力”没有起到应有的效果。像子贡本来是一片好心，给政府省钱，结果经过孔圣人这么一说，反而是该得；而子路觉得与人有恩，得得心安理得，事实上也确实起到了正面的作用。

再回到现代,假如有一个合理合法让你白赚1500万元的机会,你会“舍”吗?估计所有人都肯定不会的。

舍与得是一种博弈,是博弈就有辩证关系。有时候“得”合乎义理,而“舍”看似高风亮节,却不合义理;而有时候,“舍”正合乎义理,“得”看似合情合理,却不合义理。所以,看待舍与得的问题,不在一朝一夕的直接效果,而在于其长久的、深层次的影响。利他就是利己,帮人就是帮自己,这就是舍与得之间的辩证法。

遇事沉住气,别贪图小利

孟子曾说:“养心莫善于寡欲:其为人也寡欲,虽有不存焉寡矣;其为人也多欲,虽有存焉寡矣。”贪欲是一个人身心折磨的根源。正所谓“食色,性也”,人在饿的时候想着温饱,饱暖而思淫欲,这是人性中贪欲最直接的反映。几乎每个人都是财不厌多,色不厌美,食不厌精,衣不厌丽。但是,如果对我们的贪欲不加克制,只想满足,遇事不能沉住气,冷静分析利弊,必然会因为着眼于一时的小便宜而吃大亏。

《大智度论》中说道:“哀哉众生,常为五欲所恼,而求之不已。此五欲者,得之转剧,如火炙疥。五欲无益,如狗咬炬。五欲增争,如鸟竞肉。五欲烧人,如逆风执炬。五欲害人,如践恶蛇。五欲无实,如梦所得。五欲不久,如假借须臾。世人愚惑,贪着五欲,至死不舍,为之后世受无量苦。”人是有感情的动物,不管是谁,只要生活在现实社会中,与各种物质利益扯上关系,都会在心里产生种种欲望。有人贪钱、贪权,也有人贪杯、贪色,只要有利益可以贪,就会忘乎所以,丢掉理性,毁在“贪”字之上。所以我们在面对贪婪的“深渊”时,一定要提醒自己沉住气,保持冷静,懂得知足,否则,一味地争名夺利,唯利是图,必将大难临头,轻则倾家荡产,严重的甚至连性命都不保。

古时候,有个放羊的男孩,在一个偶然的机会下,他发现一个深不可测

的山洞，这个地方很隐蔽，他从未涉足过。好奇心促使他一步步地往山洞深处走去。突然，就在洞的深处，他发现了一座金光闪闪的宝库。天哪，这是不是人们常说的天下第一宝藏呢？放羊的男孩很是好奇，他从来没见过这么多的金子，很是高兴。他小心地从几万吨的金山拿了小小一条，自言自语道："要是财主不再让我帮他放羊的话，这几十两银子也够我生活几年了。"他边说边从金洞回到放羊的山上。"够用了，够用了。"然后不急不忙地将羊赶回了财主家，又如实地把一天的经历告诉了财主。还把自己捡到的那块金子拿出来给财主看，让他辨别其真假。财主一看、二摸、三咬后，一把将放羊的男孩拉到身边，问藏金子的山洞在哪里。男孩把山洞的大体位置告诉了他，老财主马上命令管家与手下的打手们直奔山洞，还担心找不准位置，就让男孩为他们带路。

财主很快就到了山洞，见到了金光闪闪的金山。他顾不得其他事情了，赶忙把金子往自己的衣袋里装，想带走所有的金子。洞里的神仙发话了："人啊，别让欲望负重太多，天一黑下来，山门就要关了。到时候，你不仅得不到半两金子，连老命也会在这里丢掉，别太贪婪了。"财主面对金山，如何还听得进劝告，他想，就是天大的石头掉下来，也砸不到自己的头上，何况这里有这么多金子！拥有这些金子，出去以后我就是大富翁了，还怕负重吗？于是财主不停地搬运，非要把金山搬完才能满足。忽然，一阵轰隆隆的雷声响过后，山洞被地下冒出来的岩浆填满了，财主别说当富翁，连自己的命也丢在了火山的岩浆之中。

现实社会中，像这个财主这样沉不住气、贪得无厌的官员，如全国各地的官员，虽然国家三令五申，可是他们还是我行我素，使自己走上犯罪之路，直到东窗事发以后才知道悔改，可惜世界上没有卖后悔药的。

英国作家史密斯曾经写过这样一句话："人生追求的目的有：一是得到想要的，二是享受拥有的。可惜往往只有最聪明的人才能达到第二个目的。"正是因为人们的贪欲无限，所以即便是拥有了很多，在面对利益的诱惑时还是沉不住气，觉得只要我做得隐秘，别人发现不了，抱着类似的侥幸心理，所有的利益都要据为己有，总有一天要被利益“撑”死。更为悲惨的是，有些人到死也不能摆正心态。人只要有一念之贪，便削刚为柔，塞智为昏，染洁为污，坏了一生清白。所以说，一个人的物质追求一定要有一个度，没有的时候以正当的手段去努力争取，这无可厚非，应当提倡；可是如果已经拥有很多了，还是不能沉住气看淡名利，那么这个人本来拥有的也会逐渐失去，他的刚直性格就会变得懦弱，聪明就会变得昏庸，慈悲就会变得残酷。

懂进退者才能成大事

一场战争中，有攻有守，攻守有度，进退有节，才能够胜利。同样，在人生的战争中，我们只有顺势而行，才能够成功，如果目前的形式不利于我们强出头，我们就应该退一步作打算，让自己蛰伏起来，而不能硬碰硬，明知面前是石头，也要不顾一切地撞过去，那不过是莽夫所为，只会让自己备受折磨。一个智者，应知道何时是进攻的时机，抓住时机，猛烈进攻，更应知道在遭遇逆境时，要适度撤退，休养生息，以待时机。

《三国演义》中诸葛亮六出岐山，甚至在粮草不足的情况下，仍然仗着自己的计谋要进攻魏国，从不知退一步休养生息。结果导致蜀地国力日渐空虚，民不聊生，始终不能成功。并在屡攻不下、屡战屡败中使将士产生了焦虑、厌战情绪，最终导致蜀国国力空虚，为曹魏所吞并，不能不说是诸葛亮一生的一大败笔。难道是他不知道战胜最终靠的是实力，而不是计谋吗？聪慧的诸葛先生肯定是知道的，误了他的恐怕是刘备的临终托孤，刘备把整个蜀国和自己的亲儿子都托付给了他一个人，使他只能进，不能退，否则就是辜负了先王的遗嘱。而正是这样“不能退”的思想害苦了他。相反，在魏国，司马懿主持大政，只是防守，并不主动向任何一国进攻，休养生息多年，终于一举灭除另外两国，获得了最后的胜利。可见，时机不至，我们的贸然前进，只能导致失败。所以，我们要感谢生活中的那些困境折磨，因为这提醒我们

要更加沉着，懂得进退，等待时机。

人生中有一帆风顺的时候，外部条件大好，又有知遇之人，自己也准备充分。这时候做事得心应手，如有天助，无论为人还是做事都很成功。也有陷入逆境，万事不如意的时候，外部条件既不具备，自己又没有准备好。这时候做事，就如逆水行舟，万分艰难。这就要求我们有进有退，进退有节，顺势而动。

一个人只有深谙进退之道，审时度势，能洞悉对方意图，能审视自己处境，从而知进识退，进退有节，挥洒自如，才能在竞争中立于不败之地，在人际交往中游刃有余，左右逢源。

当我们遭遇折磨，当我们遇到度量小而又善妒的上司，当我们遭遇实力强大的对手，当我们生活事业不随顺之时，我们要怎样做，才能够让自己既不至于丧失信心，也不因冒进而让自己陷入绝境呢？我们要做的就是韬光养晦，以待时机。

首先，我们要树立必胜的信心，要知道自己的撤退不过是为将来的进攻作准备，而不是真正的失败与认输。如果越王勾践不是持着终有一日要回到越国，要打败吴王夫差的信念。那么，他的牵马坠镫就可能只成为一种奴隶之举，他的卑颜屈膝就没有任何意义。如果他最终不能打败吴国复仇，那他就不如在失败之日举剑自刎。只有明确撤退的目的，才能够更好地进攻。对于人生来说也一样，只有明确的目标才能吸引我们前行，只有坚定必胜的信念在心，我们才能忍受眼前的一时苦闷与折磨，挨得住折磨，我们才能够更加沉着，更加稳定，更加强大，最终取得成功。

其次，我们要不断努力，以退为进。

我们在蛰伏时依然要记住，自己不过是一时沉潜，迟早还要“一鸣惊人”，那就要不断地磨炼自己，增强自己的实力，不断地充实自己、壮大自己，不断超越自我，令自己更强大，以便在时机成熟之际以更强大的实力来战胜对手，获得成功。而不只是在潜伏中渐渐消磨掉原来的志气，使自己变得更加孱弱，当时机到来之时，自己也只能扼腕叹息。秦朝大将王翦，曾被秦王误认为勇猛之气全无，王翦知道只有自己统帅全部兵马才能获胜，于是称病在家，但他并没有在家赋闲，而是日日读兵书，思索战局，才能够在秦王亲自请他出山之时，一举打败敌军。如果他像公园中的老虎一样，开始时百般勇猛，绝不妥协，后来渐渐磨平了兽王的威风，习惯了园内的管制，恐怕就是笼门打开，它也再不能成为百兽之王，只能变成一个唬唬对手的空架子。为了避免这种情况，我们要不断磨炼自己，不断抗争。身处逆境之时，我们也不妨写下鼓励自己不断进取的话，壮大自己的实力，以待时机。

再次，当时机到来时，我们切不可因为韬光养晦了太长时间而麻木，忘记了及时进攻。我们忍受折磨的目的，就是为了更好地前进，人生要知进退，我们切不可因为退而退，要学会以退为进，我们的退让是为了麻痹对手，是壮大自己的一种手段，如果我们忘记了退让的目的，就不是以退为进了。我们也要抓住好的时机，让自己的能力呈现在大家面前，让大家认可我们，承认我们。及时而胜利的进攻才是我们的目的。

人生世事无常，进退结合才是做人的真谛，一个人的成功在于他做人、做事的方式。谁都想事业发达、家庭美满，谁都想做事顺利，受人尊重，但是只有那些既会做人又善于做事的人才能实现自己的愿望。而他们的共同经验就是懂得并且善于利用进退规则。在我们的生活中有很多这样的规则，有大规则，有小规则，有明规则，也有潜规则，这些规则影响甚至支配着我们的生活。只要用心领悟规则的内涵，善于把握进退的火候与选择进退的时机，就可以改善做人做事的方式，把自己提高到一个更高的层次。

只有把握时机，顺势而行，进退有度，才能够让我们在生活中更加顺利。在折磨中保持力量，能让我们的人生更有生气，更加成功。

非常时刻“舍财”以“保命”

2009年春节晚会的小品《不差钱》中，小沈阳说“人生最大的不幸是人死了钱没花完”，而赵本山却认为人生最大的不幸是“人活着呢，钱没了”。

这样看似幽默的两句笑谈，讨论了“舍财”还是“舍命”的哲理，即到底是钱财重要，还是生命重要。绝大部分人都知道，人生在世一辈子，大部分时间都在不辞劳苦地奔波，奔波的目的是什么呢——多挣钱，但是这只是表象，真正的目的是为了能够过上幸福生活，所谓幸福生活，最简单的就是每天能有个好心情，开开心心，快快乐乐。可是有人想法却很消极，他们认为人生苦短，应当及时行乐，只要能够挣到大钱，哪怕赔上性命也在所不惜。这种想法显然是“舍命不舍财”的谬论。

有人认为人活在这个世上不停地争取，是为了满足自己的欲望，只要能够把握住这个度，还是有其积极意义的。然而，最让人跌破眼镜的是那些生前贪得无厌，贪欲难填，临死也不能看淡一切，清心上路的人，他们太过注重物质追求，以至于到了走火入魔的程度。对于这样“舍命不舍财”的人，我们只能表示遗憾了。

慈禧太后可谓享尽了荣华富贵，平日用餐有一百多道菜肴，过着穷奢极欲的生活，权力、威严、物质，她都不缺，但她仍然烦恼不已。为保住权力、尊严和地位，可谓用尽了心机。

慈禧死后，军阀孙殿英炸开东陵，劫盗慈禧的陪葬珠宝。东陵被盗后，地宫内到处是残棺烂木、碎衣破衫，珍宝被洗劫一空，慈禧的尸身被扔到地宫西北角，伏在破棺椁盖上，脸朝下，双手反扭，搭在背上，长发披散，通体霉变长满白毛，因口含了夜明珠，而被盗宝者硬挖狠扯，尸体的口角已被撕烂，惨不忍睹。这位统治了中国长达半个世纪之久的女独裁者，生前只要跺一跺脚，都会地动山摇，无论如何也没有想到自己死后会被糟践到如此地步。不过这场劫难完全是慈禧自己贪欲难填而造成的后果。据她的贴身太监李莲英记录，慈禧尸身入棺前，棺底、棺头、棺尾以及慈禧身上佩戴的珠宝不计其数，仅用于填补尸身与棺的空隙而倒入的珍珠就有四升，红蓝宝石两千两百多块。

据盗墓贼孙殿英说，棺盖一打开，满棺珍珠宝石大放异彩，夺去了手电筒的亮光。慈禧口中含有一颗硕大的夜明珠，这颗珠子分开是两块，合拢则是一个圆球，分开时透明无光，合拢时则透出一道绿色的寒光，夜里在百步之内可以照见头发。

慈禧太后是何等富有，一辈子享尽了荣华富贵，各种各样的山珍海味和奇珍异果，恐怕天下有的她都享受过了。即便这样，她到死也还是不能舍财，以至于入土以后又被盗墓者破坏，最后连全尸都不能保全，这是多么悲哀啊！

有句俗话说得好："人为财死，鸟为食亡。"意思就是奉劝我们不要像贪食的鸟那样，中了猎人设下的圈套，丢了性命。人应该理性地对待各种"身外之物"。老子一生强调"师法自然"，认为"祸兮，福之所倚；福兮，祸之所伏"，"物或损之而益，或益之而损"。本来富贵是一件令人羡慕的事情，但是如果太过看重物质而忽略了人活在世上的根本，那必然会招来横祸。

人世间生灵百态、万事万物，本来就是生命的体现，是前人付出生命的代价，一代一代积累起来的。凡事都应该有个度，为了贪图享乐而舍性命，就是反其道而行了。一些人过多地享受车子，出门就开车，几乎每天脚不着地，这些车便会成为他们腿脚先行老化的祸首；一些人因为贪求享受山珍海味和美酒佳肴，每天暴饮暴食，那么这些酒和肉便成了引发他们各种"富贵病"的致命毒药。

所以，不论何时何地，我们都应该明白，生命是所有一切的根本，只要还有一口气在，金山银山丢了，我们都可以再从头来过，千万别为了各种生不带来、死不带走的身外之物而舍弃了生命。

有大气度更要有大智慧

伯克曾经说："如果我们能支配我们的财富，我们就会富裕而自由；如果让财富支配我们，我们就会真正贫穷。"在面对各种利益的诱惑时，很多人都很容易被"支配"，这种面对利益不能沉住气的状态，就是伯克所说的"真正的贫穷"。但是有些人又会说，在现在这个社会，有利不得往往反而被认为

是假装高风亮节，虚伪做作。那么，在这种大环境里，我们到底应该怎么做才是合理、准确的呢？这就要求我们拥有大气度与大智慧，在对待金钱的问题上沉住气，沉着冷静，分析利弊，不要乱了分寸。

金钱是当今社会几乎无时无刻不在的一种“通行证”。一个人对于金钱的看法，往往体现了其人生观、世界观和价值观。若把金钱看得比生命还重要，人就会成为金钱的奴隶甚至傀儡，整天为钱而疲于奔命却难以得到幸福；相反，如果一个人爱财却不贪财，挣得金钱的方式也合理合法，那这个人在对待金钱这个问题上就是有大气度，是君子，正所谓“君子爱财，取之有道”。

现在是市场经济和商品社会，没有钱一切都免谈，没有钱是绝对行不通的，甚至一个人的地位和人生的价值也可以用金钱的多少来衡量。但是，金钱却不是万能的，金钱不能买来人品和口碑。对待金钱一味贪婪的人，就是有了金山银山，富可敌国，也永远没有与财富相媲美的大家风范，没有相应的大气度。

仅仅有钱、有气度也还是不够的，是非不分，缺乏明辨是非的大智慧，也是不可取的，到头来还是被人唾弃。可是，历史上也有这样一些人，在动荡的社会被迫上山，名为土匪，实际上专截那些地主恶霸，劫富济贫，这样的土匪也被人们称作“侠士”，因为他们有钱、有气节，更有智慧，而且是大智慧。

人活在这个世界上，确实是离不开金钱的，过日子要柴米油盐酱醋茶，样样离不开钱，我们要本着现实的态度来面对金钱。有人说“男人有钱就变坏，女人变坏就有钱”，这种说法虽然是一种调侃，但却反映了社会上一种不良风气，人们把金钱看作是“万恶之源”，不管是男女老少，好像有钱就不应该。这种想法只适用于那些有钱但是没有大智慧处理金钱的人。如果要寻根求源，那还是要从持有金钱的人的本性上去找原因，就像上文中所说的，土匪里面也分有智慧的侠士和没智慧的强盗，有钱的人也分会花钱的慈善家和乱花钱的土财主。像李嘉诚、邵逸夫、比尔·盖茨这些人，不管自己挣了多少钱，慈善事业永远放在第一位，每当有人需要帮助，他们从来不吝啬，甚至把几年的效益都用来做捐款;反过来看,我们政府每年都在反腐倡廉,打击腐败分子,可还是有一些人以身试法,心存侥幸。同样是人,这对钱的看法上体现了差距,这个差距,就是我们所提倡的"大智慧"。

不要急功近利,心急吃不了热豆腐

俗语说:"好事多磨。"意思就是告诉我们对一时的得失不要看得太重,现实生活中,很多人在对待利益得失的问题上,太过心浮气躁,急功近利,往往是刚刚有些许付出,就急着要看到回报,要是没有利益上的收获,就心急如焚,甚至暴跳如雷。这种心理是很不健康的,如果不能平心静气,沉下心来,到手的鸭子也会飞掉,正所谓"心急吃不了热豆腐"。

《孟子》中说道:"天将降大任于斯人也,必先苦其心志,劳其筋骨,饿其体肤。"任何事情,如果没有付出足够的努力,是不会有成果的。在对待利益这个问题上也是一样,要想多得利益,就要沉住气,放长线好钓大鱼,否则,上钩的小鱼也跑了。

小郭是一所高校的研究生,直到正常毕业日期16个月以后,小郭才交上研究生毕业论文。校长宣布小郭的论文通过审核,批准毕业的那一刻,小郭热泪盈眶,心里感慨万千。

说起自己不能正常毕业的原因,小郭一脸懊悔。刚上研一时,小郭跟了他所学专业的最好的导师,这个导师不提倡学生过早进入社会实习或者兼职,而是希望他们利用仅有的还在学校的时间多看书,多做项目。可是小郭看见同学们都在外面兼职挣钱,自己却一分钱也得不到,甚至还得跟家里要钱,心里很是焦虑,再加上就业形势不乐观,小郭更是心浮气躁,恨不得马上工作挣钱。抱着这样的想法,小郭偷偷地在外面找了好几份兼职,别人在做毕业论文的时候,他依旧在外面挣钱。结果虽然眼前的小钱是赚到了,可是到了交论文的时候,小郭拿不出来,后悔不已,找导师帮忙时,导师也很无奈。

有人说现在是一个急功近利的时代,这反映了社会的现实,像小郭这样沉不住气,急功近利的人太多了,这些人太过急于求成,贪图眼前的利益,其特点表现为只顾眼前、不管将来的短浅眼光和浮躁、虚夸的心态。这种心态,已经成为目前社会的一大“顽症”,并已渗透到许多领域。一夜暴富、一朝成名的念头经常萦绕在人们心中,在这种心理的影响下,人们往往被一些蝇头小利蒙住了双眼,却根本看不到在自己前面还有更大、更丰厚的利益。

有个年轻人,大学毕业后进入一家大型公司工作。没几年,就荣升市场部经理一职,薪水丰厚,前途光明,可以说是春风得意,少年得志。但后来公司高层出于战略调整的考虑,把市场部撤销了,这名经理也在一夜之间降为一个普通的业务员,跟大家一样,拿的都是底薪加提成,如此一来,他对工作也没了以往的热情。

一天傍晚,他下班正想离开时,被总经理叫住了。总经理开车把他带到郊外的山脚下,两人开始爬山,等爬上山顶时,太阳已经看不见了,只留下一抹余晖。他正在心里琢磨总经理今天怎么会这么有兴致时,总经理突然指着远处的一座高山问道:“你看那座山跟这座山哪个更高大些?”他不假思索地回答:“当然是那座山了,全市第一高峰嘛!”总经理缓缓地点了点头:“那么如何才能到达那座山的山顶上呢?”他怔了一怔,过了半晌才说:“先下这座山,再上那座山。”总经理回过头来笑道:“看来你很明白这个道理的嘛!有时候人往低处走也不完全是坏事。”停了一停,总经理又道:“你一定很希望我把你直接放在销售部经理的职位上吧?销售和市场其实也是两座山,除非你是天才,能直接跳过去;如果不是,那还是一步一步走过去比较实际。并且,我希望你不要把眼光仅仅局限在这两座山上。记住,远处还有许多更高的山在等着你去征服。”

年轻人的内心被震撼了,扪心自问,他觉得自己在做销售方面,确实还欠缺许多东西,经验和知识都有待积累。他暗暗打定主意,从第二天开始要重新找回自我。

一年后，由于业绩突出，他又回到了经理的职位，只不过这次是销售部经理。三年后，他又成为总经理助理的不二人选。

我们都想做一个成功、富有并且优秀的人，但是很多人在利益引诱下没能够沉住气，失去了忍耐的性子。其实，成功是需要提前准备的，我们的后备资源越丰富，成功的机会就越大。就像在起点上充满信心、跃跃欲试的年轻人，都对这路的尽头有无限的憧憬。背包里的馒头固然可以令他们在刚起程时跑得飞快，不过若太早吃光所有馒头，恐怕就没法指望下一顿了，真正到达成功终点的都是沉得住气、静得下心的“高手”。

所以说，沉住气，不要心急，放弃急功近利，把眼光放长远是一种通向成功的境界，更是我们为人处世的重要技能。

懂得放长线才能钓大鱼

一位民营企业家曾经说过这样的话：“成功的人就像是在湖中钓鱼的人，小的成功者，是在岸边钓小鱼和虾米的保守者，而真正获得大的成就的人，是将鱼线放长，将鱼饵换大的更加耐心的人。”就像这句话所说的一样，任何人要想获得成功，都不能急功近利。做大事的人，一定要沉得住气，在内心的折磨中，学会放长线钓大鱼。

在钓鱼的时候，年轻的钓鱼者最初跟着老人学钓鱼，一点耐心也没有，把渔线甩到水里，就想马上能钓到鱼，一会儿起一次竿，鱼饵赔上不少，鱼却没有钓上来。其实，心急吃不了热豆腐，钓鱼也是一样。有经验的钓鱼者一旦发现大鱼上钩，都是沉着冷静地直着腰，用手挺着渔竿，手中的钓线收放自如，有时随水中的鱼放线，有时收线，这样一来二去，直到鱼被拖得筋疲力尽，不再反抗，自然而然就“束手就擒”了。如果缺乏耐心和韧劲，沉不住气，光想用蛮力把鱼拉上岸来，最后多半只能是弄个竹篮打水一场空。

生活其实就是一个钓鱼的过程，有的人只会着眼于眼前的得失，结果这样的人即使钓到鱼，也都是一些小鱼，很难收获大鱼，有的人则很有耐心，最

终收获了巨大的成功,看看下面这个例子:

周大福珠宝、香港会议展览中心、香港君悦酒店、北京新世界中心,这些看似毫无联系的名词都与一个人有关,那就是郑裕彤。

从20世纪50年代开始,郑裕彤就小试牛刀,陆续投资跑马地的蓝塘别墅和在铜锣湾三角地兴建香港大厦,打下了大规模发展的基础。到了20世纪70年代,郑裕彤开始在地产业放手拼搏。首先他在尖沙咀兴建香港新世界中心,1982年竣工的这座恢宏的大厦至今仍然是尖沙咀的招牌建筑。1986年,他又投资兴建香港会展中心。1997年,香港回归庆典在这座会展中心举行,令新落成的会展中心新翼成为全球焦点。如今,这座建筑名列亚洲同类建筑之最,并于1998年获选"全球十大最佳"国际会议展览中心。看到新世界旗下的酒店和国际会议展览中心为郑裕彤带来的巨额财富,许多人说,郑裕彤的成功就是胆大、冒险、快速赚钱,但郑裕彤却不这样认为。

"我不喜欢立刻就能赚钱的项目,钱赚得越快,风险越大,这是一定的。我做每一件事都是看透了才去做的,不是急功近利的。以会展中心为例,我做这件事的时候,别人说我大胆,其实我已经看透了,香港最终要回到祖国的怀抱。"

郑裕彤先生之所以获得如此大的成就,与他沉着冷静的气度和不急功近利的做事风格是分不开的。事实也证明,越能够沉住气、舍得小利的人,就越能够获得巨大的成就。而那些急功近利,刚刚看到一点成果就心浮气躁的人,往往一事无成。

古时候宋国有个人,嫌禾苗长得太慢,就一棵棵地往上拔起一点,回家还夸口说:"今天我帮助苗长了!"他儿子听说后,到地里一看,苗都死了。拔苗助长,非但没有好处,反而危害了它。我们做事情也是一样,不能只追求速度,正所谓欲速则不达。只有稳住阵脚,平心静气,才能真正获得成功。

诸葛亮是三国时期蜀国杰出的政治家、思想家、军事家。诸葛亮到周瑜阵下助援时,周瑜看他有才能,比自己强,十分不服气,想找一机会置他于死地。有一次,他以要与曹军水上交战的理由来陷害诸葛亮,命诸葛亮三天之内造十万支箭，诸葛亮答应了。周瑜以为诸葛亮上了他的套，实际上，诸葛亮早就料到周瑜的做法，暗地里已计划出一套借箭的方案，只等那一天取箭了。经鲁肃的大力帮助，在第三天早晨，诸葛亮便开始了取箭计划。他让二十只草船横摆开面对曹营，让将士们擂鼓挑战，由于有大雾，曹营只好射箭御敌。这样，箭就“借”到了。鲁肃看到得了箭，觉得应该见好就收。这时候，诸葛亮不慌不忙地让士兵把船180度转一圈，这样原本背对着曹营的那面也插满了箭。回到吴营后，所有人都被诸葛亮的聪明才智和沉着冷静惊呆了。

在这样一个浮躁的时代，想要一夜暴富、一朝成功的人太多了。可是，能够真正取得成功的都是那些能够沉住气的、有深谋远虑的人，他们不管做任何事，都把自己的心态放低，不为一丁点儿的蝇头小利给自己套上枷锁，他们眼光长远，目标远大，并且在通往成功的路上一步一个脚印，踏踏实实，最终获得傲人的成就。

第9章

愈折磨愈成熟，成长比收获更重要

每个人都希望生命的旅途一帆风顺，然而任何事物的成长都需要经历折磨的考验。只有经历磨难，你才能读懂人生的曲折；只有经历磨难，你才能认识真正的人生。磨难培养你进取向上的性格，让你学会坦然面对一切，让你在历尽艰难之后得到累累硕果。我们要感谢折磨，因为没有折磨的人生是空白的人生。我们要感谢折磨，让我们以淡泊的心境看重成长，看淡收获……

宽容自己不可能宽容的人

自古以来，中华民族就是一个讲究涵养和宽容的民族。今天，面对人生中诸多折磨之事，宽容大度显得更为重要。所谓宽容，就是能宽恕和原谅他人的一些过失、过错，不要去计较一些发生在自己身上的恩恩怨怨，善待他人，并多给他人予谅解和包容。

屠格涅夫说："不会宽容别人的人，是不配得到别人宽容的。"纪伯伦说："一个伟大的人有两颗心：一颗心流血，一颗心宽容。"《论语》里亦有关于宽容的著述："君子之道，忠恕而已矣。己所不欲，勿施于人。我不欲人之加诸我也，吾亦欲无加诸人。"这些论点的寓意是，宽容他人其实就是宽容我们自己，宽容要具有忍耐精神，宽容是架起沟通的一座桥梁，人人都要学会宽容他人。

从前，有一个脾气很坏的男孩。他的爸爸给了他一袋钉子，告诉他，每次发脾气或者跟人吵架的时候，就在院子的篱笆上钉一根。第一天，男孩钉了37根钉子。后面的几天他开始学着控制自己的脾气，每天钉的钉子也逐渐减少了。他发现，控制自己的脾气，实际上比钉钉子要容易得多。终于有一天，他一颗钉子都没有钉，他高兴地把这件事告诉了爸爸。

爸爸说："从今以后，如果你一天都没有发脾气，就可以在这天即将结束时拔掉一颗钉子。"日子一天一天过去，最后，钉子全被拔光了。爸爸带他来到篱笆边上，对他说："儿子，你做得很好，可是看看篱笆上的钉子洞，这些洞永远也不可能恢复了。就像你和一个人吵架，说了些难听的话，你就在他心里留下了一个伤口，像这个钉子洞一样。插一把刀子在一个人的心里，再拔出来，伤口就难以愈合了。无论你怎么道歉，伤口总是在那儿。"

世界上最宽阔的是海洋，比海洋更宽阔的是天空，比天空更宽阔的是人的胸怀。宽容是博大，宽容是一种境界，它能使我们潇洒地走完人生之路。

宽容是一种胸怀，一种睿智，一种乐观面对人生的勇气，也是利人利己

的法宝。宽容的受益者不仅仅是被宽容的人，宽容别人就是解放自己，还自己心灵一份纯净快乐。不宽容是用别人的错误惩罚自己。当我们抓起泥巴准备抛向别人时，首先弄脏的是我们自己的手；当我们拿鲜花送给别人时，首先闻到花香的是我们自己。宽容别人一次，自己的精神就得到一次升华；被别人宽容一次，自己的灵魂就得到一次洗涤。生存需要竞争，生活需要宽容。互相宽容的朋友一定百年同舟；互相宽容的夫妻一定百年共枕。会宽容的人，心灵必然纯净，生活必然快乐。

人生在世，一路走来，肯定会遇到各种各样大大小小的波折和坎坷，要是我们每次、每件都去斤斤计较的话，那么，你就没有办法心平气和地过日子了。

宽容别人就是善待自己，宽容能使人生得到升华，人会在升华中得到平静，在平静中得到幸福。很多时候，我们往往过多地顾及自己的感受，而不去为别人想一想，这其实是一种自私。有的时候，你给别人一点空间，也就是给自己一片回旋的余地，你给予别人的是宽容和理解，别人回报你的可能就是百倍的温情。

当你采取韬光养晦的策略，隐藏自己的锋芒、光芒，尽量低调去处理一些不必要的纠纷时，其实你就学会了宽容，你就是一个坚强者，一个懂得快乐的人。有时候，你表面上退一步，或许就可以迎来转机，可以化敌为友，退一步就会海阔天空。学会了宽容，还可以使你获得情感上的满足和精神上的快慰，长此为之，就是将宽容变成快乐，也让自己也变得更开心，快乐的人生不是我们每个人所向往和追求的吗？那我们何乐而不为呢？

俗话说，“金无足赤，人无完人”；“尺有所短，寸有所长”；“月有圆缺，潮有涨落”。我们谁能保证自己在一生中不做错事，谁又能保证自己不会在无意中伤害到别人呢？在我们做错事，不小心伤害到别人的时候，我们是不是也很希望能得到别人的谅解和宽容呢？不要苛求他人，也不要苛求自己，常用宽容的眼光看待世界、事业、家庭和友谊，你才能有一颗平常心。

人的一生，就得在曲折中成长，在困苦中磨炼，就得在一次次的跌倒中爬起来,再一次次地面对新的挑战,你能有一颗宽容之心,就不会因感到痛苦而自暴自弃,就不会因面对一点点的困难就怨天尤人,就不会因一点点的压力就转移你的人生目标和理想。让我们多一些宽容,多一份爱心,只有这样,我们才能够活得开心、愉快!

感谢你的敌人

俗话说得好:"苦出来的智慧,穷出来的理智。"任何一次挫折和失败里边都包含着成功的成分,同样,成功的机遇也会装扮成面目可憎的魔鬼,就看你是否拥有一双慧眼。

"敌人"这个名词我们再熟悉不过了,与敌人较量的过程中,我们的挫折磨感更加强烈,大多数人都非常讨厌自己的敌人。但是,我们不妨反过来想一想:敌人是否可以将你锻炼成为一名坚强不屈的人呢?

敌人的力量能让一个人发挥出巨大的潜能,创造惊人的成绩。尤其是当敌人强到足以威胁到你的生命的时候,敌人就在你身后,你一刻不努力,你的生命就会有万分的惊险和困难。

有了敌人并非坏事,只要你勇敢地去面对,你就不会怕他,你会想方设法战胜他,并且这个过程可以增加你的勇气;反之,你越来越怕他,你就不会尝到战胜敌人时的那种欢乐和兴奋,所以,我们不要惧怕敌人,而要勇敢地面对他,把他当作让你增加勇气的一位好朋友。

在现实生活中,要学会感谢你的敌人和对手,因为你的进步和成熟是在与你的对手或敌人的较量中逐渐积累起来的。

美洲虎是一种濒临灭绝的动物,世界上仅存 17 只,其中有一只生活在秘鲁的国家动物园里。

为了保护这只虎,秘鲁人单独圈出 1500 英亩的山地修了虎园,让它自由生活。参观过虎园的人都说,这儿真是虎的天堂,里面有山有水,山上花木葱茏,山下溪水潺潺,还有成群结队的牛、羊、兔供老虎享用。奇怪的是,

没有人见这只老虎捕捉过猎物(它只吃管理员送来的肉食)，也没见它威风凛凛地从山上冲下来。它常常躺在装有空调的虎房，吃了睡，睡了吃。

一天，一位来此参观的市民说:“它怎么能不懒洋洋的？虎是林中之王，你们放一群只吃草的小动物，能提起它的兴趣吗？这么大的虎园，不弄几只狼来，至少也得放几条豺狗吧？”虎园管理员听他说得有理，就捉了三只豹子投进虎园。

这一招果然灵验，自从三只豹子进了虎园，美洲虎不再整天吃吃睡睡，而是日渐精神抖擞起来了，天敌竟可以激起动物生活的信心！

没有天敌的环境往往让人丧失进取心，腹背受敌、四面楚歌的处境则让人爆发力量。罗马帝国因没了强大的对手而分崩离析，东方的强秦统一不久就迅速覆灭，不能不说是因为同样的原因。对手和敌人能激发出你生命的动力。对手和敌人能使你在沉闷死寂的生活中迸发出激情。

没有对手和敌人，你就没有人生的超越，没有对手和敌人，你就会走向堕落。回顾你走过的路，你会惊奇地发现，真正促使你成功的不是顺境，真正让你坚持到底的不是亲人和朋友，真正激励你的不是金钱和荣誉，而是那常常可以置人于死地的打击、挫折或死神。因为竞争，敌人会费尽心思地去收罗我们的资料详加分析，因此他们会比我们自己更加了解自己，也因此他们会知道可以击败我们或者提高我们的更有效的方法。

所以，当一个合格的敌人向你发动进攻的时候，你才会真正知道自己的致命缺陷在哪里，比起你的自我检讨或者所谓团队内的互相批评来得更准确、深刻。因此我们一定要认真对待敌人的攻击，这是难得的提高自我的机会，当你想到办法应对的时候，也就说明你已经真正克服了自己的缺陷。

感谢你的对手和敌人，是他们给你创造了一个又一个生命的春天。感谢我们的敌人，因为他们的存在，我们有了成功的喜悦，有了失败的悲伤，有了生存的压力，有了发展的动力……在每一场竞争结束的时候，有幸作为胜利者的你，请不要忘记感谢你的敌人，这不是惺惺作态，而是发自内心的真诚，因为他们也为你的成功付出过！

专注结果,更要享受过程

人生是生命的过程,就像一棵树,风来了,雨走了,在一个个四季轮回中成长,生长时是绿色,成熟时是嫣红,最终走向凋零的枯黄,有谁敢说只要结果不要过程?其实生命的意义不在于要有一些所谓伟大的人生目标,要干一些所谓的大事,而在于人生中追求、努力的过程。

有一个年轻人,他认为自己从小到大都是一名失败者,失败仿佛永远陪伴在他的身边。他感到上天不公平,于是,他决定去寻找上帝,询问上帝成功是什么。

这个人翻山越岭,来到河边,见到一位老翁,就走过去问:"老人家,成功是什么?"那位老人回答他:"成功就是能每天都钓到鱼,那就是成功。"

这个人继续他的旅途,他渡过河,来到了森林中,遇见一个正在赶路的猎人,就问他:"成功是什么?"那个猎人回答:"成功就是每天都能捕获到野兽,那就是成功。"

他听了,继续赶路。这个人穿过了森林,也穿过了沙漠,来到沙漠边缘,找到了上帝,问:"成功是什么。"上帝很慈祥地回答:"成功是生活,成功是经验,成功是汗水。年轻人,不要着著于成功,而应享受努力的过程。"

人生中,除了要学会享受努力的过程,亦要懂得正确看待失败所带来的挫折。古语云:失败乃成功之母。风雨过后,未必会见到彩虹;但在彩虹之前,必先经历风雨。

年轻的时候,我们都倾向于重视结果而轻视过程,认为过程是手段,结果是目的,没得到好的结果就是失败。随着年龄增长,阅历丰富,我们也渐渐明白了过程是漫长的,结果是短暂的,人生就是一种过程,人的结果不就是死亡吗?享受成功也就是享受奋斗的过程。我们不能为了短暂的结果而放弃过程的享受。

生命是一张没有回程的单程车票。在这趟生命的旅行过程中,谁也不

知道下一站是杨柳清风还是冰天雪地，顺境也好，逆境也罢，我们唯有满怀激情去迎接一个个未知的挑战，风平浪静时闲庭信步，惊涛骇浪中搏击长空，即使是昙花一现的短暂，也要努力绽放那美丽的瞬间。不能去享受过程的快乐与精彩，那就叫年华虚度。

怎么享受生命这个过程呢？这就要求我们把注意力放在积极的事情上。生命如同旅游，从原点出发，最终回到原点。有人计划到北京登长城，经过长途跋涉，最终到了长城的烽火台上，想要感受一下当年千里狼烟的风采。到了烽火台一看，一块不大的地方，上面挤满了人，多得都要把人挤掉下去，待不了几分钟就要下来。花了很长时间策划登长城，而真正感受它却不过一两个小时，在烽火台上的时间也只是短短几分钟而已。单从结果上看，一点也不值，但是过程重于结果。

小思、小武两个人一起去看风景，开始的时候你看我也看，两人都很开心。后来小思耍了一个小聪明，走得快一点，想比小武早看一眼新的景色，小武一看，你想比我早看一眼，我就走得更快一点，于是超过了小思，两人越走越快，最后竟跑了起来，原本是来看风景的，现在变成了赛跑，“赛道”沿途的风景两人一眼也没看到，到了终点两人都很后悔。生命的本质是追求快乐，而不是比赛。

通过努力实现自己的梦想，这结局当然是美的。许多人都会沉浸在这美好当中，却忽视了另一样更美丽的东西，那就是为实现梦想而努力的过程，其实这过程才是最美的。我们在追求一种客观的物质需求时，往往最关心的是结果，有了结果便满足了自己那颗具有强烈欲望的心，却遗忘了享受追求的过程。

我们不妨告诉自己，不要太匆忙，从容，再从容，充分享受过程中的一切。人生像爬山，你爬得越快，你忽略的东西就越多，太执着于对山顶风景的憧憬，就会忽视领略山脚的繁花绿树和山间的飞瀑溪流。请记住：没有蓝天的深邃，却可以有白云的飘逸；没有大海的壮阔，却可以有小溪的幽雅；没有原野的芬芳，却可以有小草的翠绿。享受过程吧，让每一天都精彩起来！

成功之前先接受失败

成功是我们每个人的目标。然而世界上没有永远的成功,失败的痛苦是对渴望有所成就的年轻人最大的折磨。当我们期盼成功这个结果到来前,我们要先学会面对失败。失败是成功之母,要获得成功,那就先拥抱失败吧。

你是否注意过,小孩子学走路的时候,无论摔得多么疼,他还会爬起来继续走,而且从来不惧怕,总是会爬起来继续尝试。

为什么小孩子不怕摔倒呢?因为他觉得摔倒是必然的,他没想过摔倒是失败,他没觉得摔跤了有什么不妥,只要站起来就好。

摔一跤站起来还走,这就是小孩子对“失败”的反应,也是孩子成长与快乐的逻辑。

为什么人一长大,就很活得郁闷,没法再像孩子那般快乐?因为我们害怕失败给我们带来的痛苦。

雨后,一只蜘蛛艰难地向墙上已经支离破碎的网爬去,由于墙壁潮湿,它爬到一定的高度就会掉下来。它一次次地向上爬,一次次地掉下来……第一个人看到了,他叹了口气,自言自语:“我的一生不正如这只蜘蛛吗?忙忙碌碌而无所得。”于是,他日渐消沉。第二个人看到了,他立刻被蜘蛛屡败屡战的精神感动了。于是,他变得坚强起来。

有时候,短暂的失败是自然规律起作用的结果。当失败是自然规律的一部分时,我们消灭了失败,也就消灭了成功。就像蝴蝶一样,蝴蝶在茧里挣扎而不得出,表面上是一种失败,但是它真的失败了吗?没有失败,这个过程里它长出并锻炼了翅膀。若我们帮它剪开茧,看似消灭了它努力的艰难过程,却把它翅膀的发育过程给消灭了。

善待失败,就要懂得失败是我们成功路上适应环境的最好机制,当你面对困难和失败的时候,你不妨向更高的困难和失败迈进,体验失败在你身上

慢慢建立起的免疫力。

导致失败的原因往往就是获取成功所欠缺的条件，每一次失败都会告诉一个人“你还缺些什么”，你缺得越多，失败的次数也就越多。只有不断地把失败后的所得集中起来，最终才能砌造出成功。

有一则故事，讲的是美国历史上第34任总统艾森豪威尔年轻时候的一件小事。一天晚饭后，年轻的艾森豪威尔跟家人一起玩纸牌游戏，连续几次都抓了很差的牌，他开始不高兴地抱怨手气不好。妈妈停了下来，正色对他说道：“如果你真要玩牌，就必须用你手中的牌玩下去，不管那些牌怎样！”

见他愣了愣，母亲又说道：“人生也是如此，发牌的是上帝，不管是怎样的牌，你都必须拿着。你能做的就是竭尽全力，求得最好的效果。”

很多年过去了，艾森豪威尔一直牢记着母亲的这番教导，从来没有抱怨过命运不公。他总是以积极、乐观的态度去迎接命运的挑战，竭尽全力做好每一件事情。

这就是自我暗示的功效。人生好比打牌，我们不可能时时处处都得到好牌，我们能做的就是将手里的牌精心打下去，即使那手牌再差再糟糕，也应该努力打出自己的水平。只要我们尽心尽力去打，差牌未必一定会输。

就这样，艾森豪威尔从一个默默无闻的平民家庭中走出，一步一步地成为中校、盟军统帅，最终成为美国历史上第34任总统。

我们在谋事之前，要做好坦然接受失败的心理准备。现实是任何人一生都会面对的最强大的对手，古往今来，没有一个人可以在其面前从不低头。我们没有能力以一己之力去抗衡强大的现实，但掌控自己的心绪却是可以做到的。

当你已经把一切期望都放到最低时，那么，情况还能再坏到什么程度呢？若心理上已经做到了坦然面对可能到来的失败，当失败真的如期而至时，你必定会多多少少地坐怀着几分淡定。淡定是走出困境的钥匙，你手握这把钥匙的时候，幸运之神便开始青睐你了，你会逐渐发现：情况还不是那么坏，事态正逐渐朝好的方向发展。

作好坦然接受失败的准备后,我们反而会一身轻松。心态平和,淡定从容地接受失败,你才有勇气重新开始。

风雨之后总会见彩虹

《真心英雄》这首歌曾经红极一时,歌中唱道:“把握生命里的每一分钟,全力以赴我们心中的梦,不经历风雨,怎么见彩虹,没有人能随随便便成功。”是的,一个人不论是学业有成还是事业有成,在他成功的背后全是艰辛,一路坎坷走来,最后才到达了“胜利之峰”。

俄国著名作家奥斯特洛夫斯基曾经说过:“人的生命似洪水奔流,不遇着岛屿和暗礁,难以激起美丽的浪花。”辽阔苍穹中飞翔的老鹰,必是经历了被母鹰无数次摔下山崖的痛苦,才锤炼出一双凌空的翅膀。一颗璀璨无比的珍珠,必然经受过蚌的肉体无数次打磨,才能熠熠生辉。

在非洲的沙漠边缘上,有一种叫依米的小花。花呈四瓣,每瓣自成一色:红、白、黄、蓝。它的独特并不止于此,在那里,根系庞大的植物才能很好地生长,而它的根,却只有一条,蜿蜒盘曲着插入地底深处。通常,它要花费五年的时间来完成根茎的穿插工作,然后一点一点地积蓄养分,在第六年春,才在地面吐绿绽翠,开出一朵小小的四色鲜花。这种极难长成的依米小花,花期并不长,仅仅两天,它便随母株一起香销玉殒。

在艰苦的环境中,如果你能够一心一意地扎根深处,能够耐得住寂寞,坚持不懈地追求,能够一点一滴地积蓄力量,你一样能够实现自己的价值,尽管短暂,却很绚丽。

一只海蚌对它身旁的同伴说:“我身子里有一颗东西,很痛,它又重又圆,我真苦恼。”它的同伴得意地回答道:“赞美天空,赞美大海,我身子里没有痛苦。我里里外外完整无缺,安然无恙。”

这时,正好一只螃蟹走过,它听到了两只海蚌的对话,便对那只得意的海蚌说道:“是的,你的确完整无缺,安然无恙,但你要知道,让你同伴忍受痛

苦的是一颗无与伦比的美丽的珍珠。”

笑对磨难吧——那是属于你的一份财富。

冰心说：“成功的花，人们只惊慕它现时的明艳！然而当初它的芽儿，浸透了奋斗的泪泉，洒遍了牺牲的血雨。”

草地上，一粒草种离开了草地，它被风带到了荒芜的山脚下，紧接着下了一场暴雨，导致山体滑坡，山上的泥土深深地把它埋在地下。

可怜的种子在地下几乎窒息，风儿把它原先的美好理想毁灭了。但是，如果不生根，见不到阳光，它就会萎缩在泥土中，最终也会化为泥土，它可不想永远待在黑暗中。虽然这里气候很干燥，但好在泥土里还保留着水分，于是，它开始生根，收集着周围的每一份营养。

不知过去了多少天，它终于顶破头顶那厚厚的泥土，一片嫩绿的叶子在空气中颤动，在这片死寂的土地上，终于有了一丝生机。

紧接着，工人和挖土机来了，土地被扒去厚厚的一层，幸好它“根深蒂固”，否则早被“斩草除根”了。不过它还是不能幸免于难，混凝土又一次把它压在地下。

这回，它简直绝望了：一棵草怎么可能穿过坚硬的混凝土呢？

不过它还是抱着最后一丝希望生长下去，因为它只有两种选择：一是继续生长；二是永远待在泥土里。因为房屋接通了下水道，所以这里的泥土变得肥沃起来，有了足够的营养，它重拾了生长的劲头。每一天它都在努力生长。就这样日复一日，它每天用力去顶头顶上的混凝土。不知过去了几度春秋，混凝土终于裂开了一条细缝。又过去了几年，小草终于穿透了坚硬的混凝土！

一个真正有成就的人，肯定是在无数次的跌倒后重新站起来的，因为“不经历风雨，怎能见彩虹？没有人能随随便便成功”。

挫折是人生的一笔财富，是促使你成功的助推器，不经历风雨的花儿，怎么会绚烂？不经历磨难的人生，怎么能发出炫目的光彩？我们每一次战胜磨难的过程，其实就是超越自我的过程。但是，生活中也有一些胸无大志的人，将磨难看成了洪水猛兽，患得患失，自暴自弃，最终也只能虚掷了光阴，断送了前程。

孟子说："天将降大任于斯人也，必先苦其心志，劳其筋骨，饿其体肤，空乏其身，行拂乱其所为，所以动心忍性，增益其所不能。"不经历一次次摔跤和一次次跌倒，人怎么能长大？摔跤也是一种幸福，风雨正是彩虹的前兆！

没有过不去的事，没有跨不过的坎儿

走在人生的道路上，我们往往会遇到种种困难。或许有一天挡在你面前的不是一座大山，不是一条大河，而是一道你以为不可能跨越的坎儿。有人面对眼前的困境选择了勇敢地面对，而有的人却选择绕道而行，实在无路可走时，宁愿死也没有勇气与之抗争，这样来看，这困境真的成了他生命中不可跨越的坎儿了。而看看第一种人，若是跨不过去也只不过和第二种人的结局一样，若是跨过去了那就是最大的胜利，就是重生，就是给了自己第二次生命。

马棚里养不出千里马，温室里的幼苗经不起风吹雨打。同样，一帆风顺的人生不是完整的人生，坎坷是成功人生的基础，是每个人都应该作好准备去面对、去跨越的。

古代的中国，经常因为各个诸侯国之间的纷争而发生战乱，在一次大规模的战争中，一个渔村里的女人不得不经常带着两个女儿和一个儿子东躲西藏。村里很多人都受不了这种折磨，想到了自尽，她得知道后就去劝："别这样呀，没有过不去的坎儿，战争总会停息的。"

她终于等到战争结束那一天，可是她的儿子在那炮火连天的岁月里，由于缺少医药，又极度缺乏营养，因病夭折了。丈夫不吃不喝在床上躺了两天两夜，她流着泪对丈夫说："咱们命苦呀，可再苦也得过呀。儿子没有了，咱们再生一个，人生没有过不去的坎儿。"

刚刚生了儿子，丈夫又因患水肿离开了人世。在这个打击下，她很长时

间都没有回过神来，但最后还是挺过来了，她把三个未成年孩子揽到怀里，说："娘还在呢。有娘在，你们就别怕。"

她含辛茹苦地把孩子一个个养大，生活也慢慢好起来。两个女儿嫁人了，儿子也娶了媳妇，她逢人便乐呵呵地说："我说吧，没有过不去的坎儿，现在生活多好呀。"她年纪大了，不能下地干活，就在家里纳鞋底，做衣服，缝缝补补。

可是，上苍似乎没有眷顾这位一生坎坷的妇女，她在照看孙子时不小心摔断了腿，由于家里没有更多的钱给她请好的大夫、吃更好的药，她只有每天躺在床上。儿女们都哭了，她却说："哭什么呢？我还活着呀。"即便下不了床，她也没有怨天尤人，而是坐在床上做针线活，她的女红非常好，左邻右舍都夸她手艺好，还来跟她学手艺。

她活到85岁，临终前，她对自己的儿女们说："都要好好过啊，没有过不去的坎儿。"

的确，"世上没有过不去的坎儿"。这句话虽然很通俗，但却很形象地给濒临绝望的人以信心。人的一生都在坎坎坷坷中度过，只不过有的人经历多一点，有的人道路平坦一点。回溯自己走过的路，想想今生已经越过多少个坎坷才走到了现在，就像唐僧历经九九八十一难，最终去到西天取回真经。目前这个坎儿只不过是人生道路上相对而言比较高的一个而已。这样想想，还有什么不能释怀呢？人的承受能力，其实远远超过人们的想象，不到关键时刻，我们很少能认识到自己的潜力有多大，所以不到最后绝不能轻言放弃。

那我们该怎样面对苦难呢？

面对人生的困难，需要乐观豁达。李白，那个曾经写出"天生我材必有用"的狂人，自己却面对无数的苦难。在仕途中挫折不断，一贬再贬，那种失落感又有几个人能体会出来呢？像他那样优秀的人却不被重用，但他依旧可以写出豪情万丈的诗句来，为什么呢？难道不是因为他的乐观豁达吗？难道面对苦难我们不需要乐观吗？

人生像一条河，在流动的过程中，受到几枚石子的打击，是很正常的事情，你只要大度地笑笑，就可以泛起几朵水花，绕几个漩涡，继续流向远方。任何挫折都只不过是河水在流动中遇到的一颗小石子，别说是石子，纵是一座高山，水流也能从山脚下闯出一条路来。任何坎坷的存在都不意味着世界末日的到来，挫折并不可怕，可怕的是你没有信心和勇气去战胜它！

人生只有经历了风雨，只有跨越了一道道看似不能跨越的坎儿，才有可能成为完整的人生。苦难只不过是人生的基石，所以，面对困难，我们不应该逃避，而应该正视它。困难并不可怕，我们应该尽自己所能去克服困难。成功了，证明了我们的能力；失败了，也不要紧，这能为今后获得成功打下基础，事实上，失败比成功给予我们的还要多。

珍惜朋友，学会感恩

有人说："朋友是快乐日子里的一把吉他，尽情地为你弹奏生活的愉悦；朋友是忧伤日子里的一股春风，轻轻地为你拂去心中的愁云。"也有人说："朋友是清风，会为你拭去脸上的汗水；朋友是细雨，会为你洗去那满身的风尘；朋友是大树，会为你洒下一片绿阴。"是的，朋友是在你伤心的时候借你肩膀的人；朋友是在你失败的时候鼓励你的人；朋友是在你成功的时候提醒你的人；朋友是在你牢骚满腹时认真倾听你的人……朋友，是我们应该感激的人！

朋友可能一辈子相知相扶，也可能因为一点小事摩擦而成了仇人。所以，我们对待任何朋友都要用心尽心，要珍惜朋友，学会感恩，将友情当作自己人生中的一项事业来经营，如此你将得到比任何财富都更加贵重的东西。

朋友间相处，伤害往往是无心的，帮助却是真心的，忘记那些无心的伤害，铭记那些对你真心的帮助，你会发现在这世上你有很多真心的朋友。

一个穷苦学生为了付学费，挨家挨户地推销货品。到了晚上，发现自己的肚子很饿，而口袋里只剩下一个硬币。然而当一位年轻貌美的女孩子打

开门时,他却失去了勇气。他没敢推销,却只要求一杯水喝。女孩看出来他饥饿的样子,于是给他端出一大杯鲜奶来。

他立即将它喝下,并且问:“应付多少钱?”

而她的答复却是:“你不欠我一分钱。母亲告诉我们,不要为善事要求回报。”

于是他说:“那么我只有由衷地谢谢了!”

当他离开时,不但觉得自己的身体强壮了不少,而且信心也增强了起来,他原来已经陷入绝境,准备放弃一切。

数年后,那个年轻女孩患上大病,当地医生都已束手无策。家人将她送进大都市,以便请专家来检查她罕见的病情。

他们请到了郝武德·凯礼医生来诊断。当医生听说病人是某某城的人时,他的眼中充满了奇特的光辉。他立刻穿上医生服装,走向医院大厅,进了她的病房。

医生一眼就认出了她。他立刻回到诊断室,并且下定决心要尽最大的努力来挽救她的生命。从那天起,他尽力观察她的病情,经过漫长的治疗之后,她终于起死回生,战胜了病魔。

最后,计价室将女孩出院的账单送到医生手中,请他签字。医生看了账单一眼,然后在账单边缘写了几个字,就将账单转送到她的病房里。

她不敢打开账单,因为她确定,她要一辈子才能还清这笔医药费。

最后她还是打开看了,而且账单边缘上的一些字迹,特别引起她的注意。

她看到了这么一句话:“一杯鲜奶足以付清全部的医药费!”签署人是郝武德·凯礼医生。

俗话说:“人生难得一知己。”在这个世界上能和你成为朋友的又有几个呢?有朋友是件很幸福的事,幸福不一定是一件事给你的感觉,而对朋友的感恩,感谢他对你的不离不弃,感谢他对你的理解与支持会让你充满幸福之情。

当“感恩”成为一种对恩惠心存感激的表示，学会感恩便学会了一种良好的生活态度，学会感恩，让人与人之间的关系变得更加和谐、更加亲切。我们自身也会因为这种感恩心理的存在变得更加愉快和健康。感恩一切，内心才会时刻充满温暖，活在感恩中，人才会幸福快乐。

每当我们迷茫的时候，身边的朋友都会告诉我们怎样做才是正确的选择，让我们以清醒理性远离危险，同时又用一种快乐之心鼓励我们坦荡而欢乐地面对生活！我们要学会感恩，感谢朋友的存在，感谢他选择“我”作为他的朋友。让我们用感恩的心，面对现实中的每一天。让我们在心中多一些感恩，多一些善意，多一些微笑……

感恩，能化解一切怨气

感恩是一种责任，是感化折磨之苦的良方。知恩图报，有恩必报，它不仅是一种情感，更是一种人生境界的体现。

在人的一生中，对自己恩情最深的莫过于父母，是父母给了我们生命，是父母辛勤地养育了我们，我们的成长凝结着父母的心血，所以我们要牢记父母的恩情，感恩父母。

那天，她跟妈妈又吵架了，一气之下，她转身向外跑去。

她走了很长时间，看到前面有个面摊，锅里的面香喷喷、热腾腾，她这才感觉到肚子饿了。可是，她摸遍了身上的口袋，连一个硬币也没有。

面摊的主人是一个看上去很和蔼的老婆婆，看到她站在那边，就问：“孩子，你是不是要吃面?”

“可是，可是我忘了带钱。”她有些不好意思地回答。

“没关系，我请你吃。”

很快，老婆婆端来一碗馄饨和一碟小菜。她满怀感激，刚吃了几口，眼泪忽然就掉下来，纷纷落在碗里。

“你怎么了?”老婆婆关切地问。

“我没事，我只是很感激！”她忙擦着泪水，对面摊主人说，“我们又不认识，而您对我这么好，愿意煮馄饨给我吃。可是我自己的妈妈，我跟她吵架，她竟然把我赶出来，还叫我不要回去！”

老婆婆听了，平静地说道：“孩子，你怎么会这么想呢？你想想看，我只不过煮一碗馄饨给你吃，你就这么感激我，那你自己的妈妈煮了十多年的饭给你吃，你怎么不感激她呢？你怎么还要跟她吵架？”

女孩愣住了。

女孩匆匆吃完馄饨，开始往家里走去。当她快到家时，突然看到疲惫不堪的母亲正在路口四处张望。这时，她的眼泪又掉了下来。

的确，我们常常会为一个陌生人的帮助而感激涕零，却忽略了父母给予我们细小、琐碎而无微不至的关怀。古语说：“羊有跪乳之恩，鸦有反哺之义。”我们一点一滴的成长都离不开父母的帮助，不要因为与父母之间的小小摩擦，就忘记了他们莫大的恩情。我们应该懂得感恩，懂得感谢父母，不要让怨气成为亲情之间的阻碍，要学着让感恩的心化解一切仇怨。

感恩是一种处世哲学，常怀感恩之心，会让你拥有很多朋友。感恩是一种生活态度，常怀感恩之心，会让你淡泊名利，知足而愉悦。感恩是一个人不可磨灭的良知，常怀感恩之心，你会懂得滴水之恩，当涌泉相报。

一次，美国前总统罗斯福家失盗，被偷去了许多东西，一位朋友闻讯后，忙写信安慰他，劝他不必太在意。罗斯福给朋友写了一封回信：“亲爱的朋友，谢谢你来信安慰我，我现在很平安。感谢上帝，因为第一，贼只是偷去我的东西，而没有伤害我的生命；第二，贼只偷去我部分东西，而不是全部；第三，最值得庆幸的是，做贼的是他，而不是我。”对任何一个人来说，失盗绝对是不幸的事，而罗斯福却找出了感恩的三条理由。

其实，大多数人的抱怨只是因为日常生活中经常发生的一些小事。明智的人往往一笑置之，因为有些事情是不可避免的，有些事情是无力改变的，有些事情是无法预测的。能补救的可以尽力去挽回，无法转变的只能坦然受之，最重要的是学会感恩，时刻怀有一颗感恩的心，做好目前应该做的事情。

感恩是生活中的大智慧。人生在世，不可能一帆风顺，种种失败、无奈都需要我们勇敢地面对、豁达地处理。英国作家萨克雷说："生活就是一面镜子，你笑，它也笑；你哭，它也哭。"感恩不纯粹是一种心理安慰，也不是对现实的逃避，感恩，是一种歌唱生活的方式，它来自对生活的爱与希望。

感恩之心，就是我们每个人生活中不可或缺的阳光雨露，一刻也不能少。无论你是何等的尊贵，或是怎样的卑微；无论你生活在何地何处，或是你有着怎样特别的生活经历，只要你胸中常常怀着一颗感恩的心，随之而来的，你的心中就必然会不断地涌动着诸如温暖、自信、坚定、善良等这些美好的处世品格。自然而然，你的生活中便有了一处处动人的风景。

时常感恩，在人生的低潮积蓄能量

生活中的每一种感受，都值得我们认真对待，即使是痛苦和折磨，也值得我们以感恩的心去处理。

感恩是蕴藏在人内心深处的一种情感，时时怀着一颗感恩的心，不仅可以祛除自己心中仇恨的种子，更可以让自己的生命变得更加温馨。

一次，汤姆在一家雅致的餐厅就餐时，发现旁边有三个黑人孩子，他们似乎在餐桌上写着什么。在就餐的时间、就餐的地方，这三个孩子却没做与吃饭有关的事。汤姆难以按捺心中的好奇，试探着走了过去。这几个孩子看到汤姆这样一个肤色不同的人走来，并没有一丝扭捏，而是落落大方地和汤姆攀谈了起来。这三个孩子中，一个约莫十二三岁戴眼镜的男孩是老大，女孩八九岁，是老二，另外一个男孩五六岁，是老三。从谈话中，汤姆了解到他们和母亲是暂时住在这家酒店里的，因为他们正在搬家，新房还未安顿好。

当汤姆问他们在做什么时，老大回答说正在写感谢信。汤姆满脸疑惑，这三个小孩一大早起来写感谢信？汤姆愣了一阵后追问道："写给谁的？"

“给妈妈。”汤姆心中的疑团一个未解一个又生。“为什么?”汤姆又问道。“我们每天都写,这是我们每日必做的功课。”孩子回答道。哪有每天都写感谢信的?真是不可思议!

汤姆凑过去看了一眼他们每人手下的那沓纸。老大在纸上写了八九行字,妹妹写了五六行字,小弟弟只写了两三行。再细看其中的内容,却是诸如“路边的野花开得真漂亮”“昨天吃的比萨饼很香”“昨天妈妈给我讲了一个很有意思的故事”之类的简单语句。

汤姆的心里一震。原来他们写给妈妈的感谢信不是专门感谢妈妈给他们帮了多大的忙,而是记录下他们幼小心灵中感觉很幸福的一点一滴。他们还不知道什么叫大恩大德,只知道对于每一件美好的事物都应心存感激。他们感谢母亲辛勤的工作,感谢同伴热心的帮助,感谢兄弟姐妹之间的相互理解……他们对许多我们认为理所当然的事都怀有一颗“感恩的心”。

对于平凡的小事都懂得感恩的人,能把他幸福的底线放得如此之低的人,他在生活中会感受到更多的快乐。

“感谢折磨你的人”,这是最近较为流行的一句话。生活中总有磨难,也总有痛苦。有高潮来临,也会有失落出现。即便生活欺骗了你,使你遭遇挫折与打击,你也要心怀感恩。于磨难处翻身,于低潮时奋起,这不仅是一种乐观向上的人生态度,更是一种对人生深刻的领悟。

在世界纪录中,销售汽车最多的人,是一位名叫乔·吉拉德的汽车业务员,他在一生中卖出的汽车总数让许多同行望尘莫及。但是,在乔成为汽车销售高手之前,他也过着穷困、负债累累的生活。

当时,经济不景气,乔根本无法顺利找到糊口的工作,因此,家人经常吃不饱。而每一次,当门铃声响起的时候,一定是债主在门外等着要钱。一天,一位穷凶极恶的债主又登门讨债,于是,乔只得从家中的窗户爬出去,逃避债主。

乔离开家以后,内心十分痛苦,但这一切没有使他感到人生灰暗,反而刺激了他奋起的斗志,他要扼制命运的咽喉,战胜一切障碍。当他走在街道上，抬头看见一家汽车公司的招牌时，他决定去争取一份销售汽车的工作，乔去应聘了。虽然汽车公司的经理一开始便回绝了他，但是乔仍然不停地向经理说明他的工作能力，在经过几个小时的努力之后，经理终于同意让乔试一试，不过附带的条件是：乔没有基本底薪与福利，他只能赚取销售汽车的佣金。

后来，当乔好不容易邀约到一名客人来公司看车时，他的心中只有一个想法，要是这笔生意能够成交，他就可以帮助家人购买许多食物，并且，当他想到能够看见家人满足与幸福的神情时，他的心中就无比快乐。因此，无论如何，他一定要全力以赴！没过多久，怀抱着热切期望的乔终于成功地卖出他的第一辆汽车，从此以后，他开始踏上了销售高手的旅程！

生命中最大的阻力与挫折，往往也能成为人生最大的动力，对磨难常怀感恩，在低谷时仍能积极进取的人，更容易实现人生的突破。不知你是否发现，名画家们最得意的画作，常常是在他们的生命低谷时期创作的；名作家流传千古的作品，也常常是在人生的低潮时期里写下的。许多登上人生巅峰的成功人士，他们在人生低谷，在磨难重重时，没有对磨难抱怨，没有被磨难打倒，而是常怀感恩之心，从人生的低谷里逐渐向辉煌攀升。

生活给予我们挫折的同时，也赐予了我们坚强，我们也就有了另一种阅历。对于热爱生活的人，它从来不吝啬。酸甜苦辣不是生活的追求，但一定是生活的全部。试着用一颗感恩的心来体会，你会发现不一样的人生。

人之一生，登高时，不可以张狂自满；走入低谷时，也不要气馁沮丧。在人生的每一个阶段，都能够重新开始，即便你在最痛苦难熬的时候，也应该牢记光明和美好始终存在，感恩活着的幸运，感谢众多给予你磨难，让你更加坚强的人。

第 10 章

愈折磨愈看开，幸福生活要自己展开

很多年轻人因为"初出茅庐"，不免在生活、工作和情感上遇到种种折磨，甚至在自己身处折磨的时候无所适从。人生只有短短几十年，面对生活中的各种折磨，我们不妨看开一些，少些欲望，也就少些失望；多些满足，也便多些幸福。所以，当折磨袭来时，年轻人应该有一种正确的态度，以勇者的姿态与折磨共舞、与磨难同行。要坚信，只要心中有阳光，即使折磨的风暴再强烈，也吹不散你的笑容……

学会忍耐,感谢折磨你的人

生活中那些看似刁难你、折磨你的人,往往能够促使你更快取得成功;看似折磨、煎熬你的环境,却总能把你塑造成最后的强者。因此,在困境中,我们要懂得忍耐。

对于年轻人来说,如果你不愿让命运来主宰你的一切,但又没有扼住命运咽喉的本领,切记,应当学会忍耐,注重积累。

忍字头上一把刀,这把刀让你痛,也会让你痛定思痛。这把刀可以磨平你的锐气,也可以雕琢出你的勇气。百忍成钢,当你的心性修炼得有如镜子般明彻、流水般圆韧时;当你切切实实生活在不以物喜,不以己悲的宁静中时;当你发觉胸中不断流动着“虽千万人而吾往矣”般的勇气时,历经千锤百炼,你自己的刀也就炼成了。

忍耐并非懦弱,只因你看得更远,有更大的追求。

新东方总裁俞敏洪在他的博客里讲过一个关于捡砖头的故事。俞敏洪的父亲是个木工,常帮别人建房子,每次建完房子,他都会把别人废弃不要的碎砖瓦捡回来,有时候父亲在路上走,看见路边有砖头或石块,他也会捡起来放在篮子里带回家。

久而久之,家里的院子就多出了一个乱七八糟的砖头碎瓦堆。直到有一天,俞敏洪的父亲在院子一角的空地上开始左测右量,开沟挖槽,和泥砌墙,用那堆乱砖左拼右凑,建成了一个让全村人都羡慕的猪舍。

当时俞敏洪只觉得父亲一个人就盖了一间房子,很了不起。长大后,俞敏洪才从一块砖头到一堆砖头,最后变成一间小房子中体悟到做成一件事情的全部奥秘。

“一块砖没有什么用,一堆砖也没有什么用,如果你心中没有一个造房子的梦想,拥有天下所有的砖头也是一堆废物;但如果只有造房子的梦想,而没有砖头,梦想也没法实现。”家里穷得揭不开锅的时候,要不急不躁,学

会忍耐，要积攒足够的砖头来造心中的房子，捡砖头的精神后来就成为俞敏洪做事的指导思想。

或许你仍在向往一帆风顺，可是面对现实的、曲折的人生，所谓的一帆风顺只能是心灵的一种慰藉。我们唯有奋斗不息，才能够成为命运的主人，而在这一步步的努力中，你必须学会忍耐。

罗曼·罗兰曾说："只有把抱怨别人和环境的心情化为上进的力量，才能得到成功的保证。"只有经受别人的考验，提升自身的能力，你才能在人海中脱颖而出。

谚语云："万事皆因忙中错，好人半自苦中来。"要成就一件事情，须观察时机，等待因缘，急不得。受苦忍耐是一种承担、一种处理、一种等候，许多事业有成者都在忍耐多次失败后，越挫越勇，最后取得成功。

宋人苏轼在《留侯论》中说："古之所谓豪杰之士者，必有过人之节，人情有所不能忍者。匹夫见辱，拔剑而起，挺身而斗，此不足为勇也。天下有大勇者，卒然临之而不惊，无故加之而不怒，此其有所挟持者甚大，而其志甚远也。"

忍耐不是逆来顺受，不是消极颓废，也不是在沉默中悄然降下信念的帆。忍耐是当一根火柴燃烧到一半的时候，接受另一半炙热的煎熬。学会忍耐，挺起坚强的脊梁，用快乐和潇洒清扫意志的尘灰，不论是低迷还是高涨，你的人生都将壮美如画。

每一个坎坷，都是一次历练

一位哲人说，人生与河流一样，不经受历练的人生是单调、幼稚的人生。曾听人讲过这样一个故事：

有一天，一位少年求佛者，自觉已看破红尘，便历经千辛万苦找到了一个隐于深山之中的寺院，他求见方丈，想要出家。他觉得只有在深山之中的寺院才能真正洗去城市繁华和浮躁。见了方丈之后，方丈问少年："做和尚要独守孤灯，终身不娶，你能做到吗？”少年斩钉截铁地说能。方丈又问：“做和尚要每日三餐粗茶淡饭，粗衣薄挂夏热冬寒，你能忍受得了吗？”少年又斩钉截铁地说能。方丈又问：“做和尚要无欲无求、无怨无恨，不问恩情，不记仇恨，无论任何时候都要心如明镜不染尘埃，你能做到吗？”少年还是斩钉截铁地说能。方丈又问了少年一些关于佛法方面的问题，少年都能一一作答。但最后方丈还是把少年送走了，在把极度失望的少年送下山的时候，方丈送给少年一句话：“未曾拿起莫谈放下，当你真正拿起时，你再回来告我你还能不能放得下。”

对于少年来说，精彩的人生才刚刚开始，他所经历过的，只是人生中一个短暂的片段，由此就总结自己对待人生的态度，甚至妄谈生死，以为已经看破红尘，不免太过偏激。没有经过生活，又怎会理解生活的艰辛，没有经过真正的痛苦，又怎会懂得选择快乐的角度。

百糖尝尽方谈甜，百盐尝尽才懂咸。当我们笑谈生死时，我们是否真正懂得看破的意境？当我们妄言快乐时，我们在生活中是否已然背起足够的痛苦？

人生因充满坎坷的历练才变得多姿多彩。我们都不欢迎磨难的到来，但当它与你不期而遇时，请不要掉头或转向。磨难是一个魔鬼，一旦它看上你，就会对你穷追猛打。选择躲避甚至逃跑的人，只会被它欺负得更加悲惨。

凡成大事者，必须经得起磨难的历练，经得起失败的打击，成功需要风风雨雨的洗礼，一个有追求、有抱负的人，总是视挫折为动力。有一句话说得好：“能受天磨真铁汉，不遭人嫉是庸才。”所以说，磨难对于天才是一块成功的跳板，对于强者是一笔宝贵的财富，而对于弱者，就是使之坚强的臂力器。

成功的人生是痛苦与失败的交织，是磨难与顺利的交替。卓越的人生从卓越的目标开始，卓越目标的背后必然是充满荆棘和坎坷的路。经受了荆棘的刺痛和坎坷的摔打，追求成功的意志才会坚强起来，历练是人生中不

可多得的宝贵财富,拥有了这笔财富,就没有什么困难不能克服。丰富的人生历练是人走向成功的奠基石。

拥有18亿元身家的俞敏洪是新东方教育集团的创始人。1980年,经过两次高考落榜后,俞敏洪考入北京大学外语系,在北大读书。俞敏洪不会吹拉弹唱,不会说普通话,他经常得到的就是老师和同学的“白眼”。英语老师评价俞敏洪说:“只能听懂俞敏洪三个字,鹦鹉都不如。”这些刺耳的话语令他刻骨铭心。之后,他一天十几个小时地狂听狂背,创纪录地熟练掌握了8万个英语单词。

1984年,俞敏洪留校当了教师,六七年之后,为了赚取出国学费,俞敏洪就到校外的民办外语培训机构教课,被校方发现后受到了严肃的通报批评。他愤然辞职开始了创业历程。创业之初,他租用中关村二小的一间小平房,俞敏洪自己拎着糨糊桶,不得不在零下十几度的冬夜到处张贴招生广告。1995年,新东方急速膨胀发展起来,拓展了业务领域,完成了向现代公司的转变。

2005年9月7日,新东方成功登陆纽约证券交易所,发售了750万股美国存托凭证,一举融资1.125亿美元。新东方成了第一家在海外上市的中国教育培训公司,俞敏洪成了有史以来中国最富有的教师。

俞敏洪的成功是历练的结果。坎坷不平的人生道路造就了俞敏洪不屈不挠的性格,造就了俞敏洪踏实前行的人生之路。他的经历告诉我们,成功的人生必然要接受艰苦的历练。人生旅途道路曲折,有高也有低,有起也有落,挫折是客观存在的。逆境只能使成功者受到历练,除此不会给人任何伤害。我们要有一种战胜挫折的信心和勇气,锻炼自己的品质,磨砺自己的意志,激发自己的智能,增长自己的才干,显露自己的本色。

曾国藩说:“吾平生长进,全在受挫受辱之时,打掉门牙之时多矣,无一不和血一块吞下。”受不了在苦海中历练,经不起挫折考验的人,永无希望,永无前途。

命运赐给我们机遇和幸福,同时也给我们缺憾和苦难,我们没有必要畏缩自卑，更没有必要怨天尤人，用坚强的意志和刚毅的态度对待磨难，用豁达的心态对待生活，就会多一些希望，多几分幸福。

好事要淡定，别乐极生悲

在现实生活中的很多时候，沉住气、保持冷静不仅仅适用于一些紧急突发情况，在遇到突如其来的好事，或者说是喜从天降的时候，我们同样要有一颗平常心。这颗平常心就是在面对好事所带来的利益时要保持足够淡定，对事情的走势有一个冷静的分析和足够清晰的思路，别被胜利的喜悦冲昏头脑，不然好事也会成为一种莫大的折磨。

有一个老板招聘雇员，恰巧有三个人都在为找不到工作而苦恼，他们看到这则招聘信息都十分高兴，迫不及待地来应聘。这个老板看到三个人都很渴望得到这份工作，于是想了一个办法来考验他们是否有冷静的头脑。

老板对第一个应聘者说："楼道有个玻璃窗，你用拳头把它击碎。"应聘者执行了，幸好那不是一块真玻璃，不然他的手就会被严重割伤。

老板又对第二个应聘者说："这里有一桶脏水，你把它泼到那名女清洁工身上去，她此刻正在楼道拐角处那个小屋里休息。你不要说话，推开门泼到她身上就是了。"这位应聘者提着脏水出去，找到那间小屋，推开门，果然看见一位女清洁工坐在那里。他也不说话，把脏水泼在她头上，回头就走，向老板交差。老板此时告诉他，坐在那里的不过是一尊蜡像。

老板最后对第三个应聘者说："大厅里坐着个胖子，你去狠狠击打他两拳。"这位应聘者说："对不起，我没有理由去击打他；即便有理由，我也不能用击打的方法。我可能因此不会被您录用，但我也不执行您这样的命令。"

此时，老板宣布第三位应聘者被聘用，理由是前两位有的只是在可能喜从天降时候的轻率鲁莽，而第三位应聘者才是一位足够勇敢而又沉得住气、头脑清晰和有自己的思路的人。

三人本来同样都有可能获得这份工作，就是因为前两人在面对利益得

失之间不能摆正心态，没有沉住气用心思考，结果失去了这次机会。像这样的情况在日常生活中经常发生，其实，失去了一次机会也并不可怕，重要的是要能够在一次次的惨痛经历中吸取教训，逐渐养成遇事沉着冷静、用心思考的习惯。

中国有句老话：有再一再二，没有再三再四。我们不能被同一块石头绊倒两次，每一次因为不能保持冷静而吃亏甚至失败后，我们都要及时总结教训，这样才能成长起来。

周亚夫是汉景帝时期的著名大将。当时匈奴经常入侵我国北方边境，并且骚扰我国居住在边界的百姓，汉景帝想到要派遣一位有能力的武将去攻打匈奴，于是要重用大将周亚夫。但是，汉景帝也知道周亚夫因为劳苦功高，有着飞扬跋扈的劣习，因此希望在重用他之前先压压他的傲气。为此，汉景帝精心安排了一场宴席，宴请群臣。但是开宴时间已过，周亚夫还没到来。汉景帝非常生气，他悄悄让侍从撤去了周亚夫桌上的餐具。

原来，周亚夫因为感觉到自己将被重用，又有机会驰骋沙场了，有些得意忘形，礼服也不穿，还吩咐车夫“贵客必后至”。入席后，看到没有自己的餐具，大声吆喝随从去拿筷子。汉景帝当庭申斥了他：“我们这里容不下你，你回去吧！”其后，周亚夫因为私自囤积盔甲武器，触法入狱，在狱中绝食而亡，汉景帝不久也因为内外交困，吐血而死。

本来汉景帝想重用周亚夫，周亚夫也明明想统率三军报效国家，两个人都是想要为国家考虑，为什么最后却得到这样的结局？倘若汉景帝能够为了大局暂时放下做皇帝的架子，周亚夫身为臣子也少一些张狂，彼此双方都能够沉住气，仔细考虑到底孰轻孰重，是自己的面子重要还是国家的安稳重要，多体谅对方一些并且多替对方着想，最重要的是多想想江山社稷，那么这个故事今天也许会变成另一个结局。

沉不住气、冲动鲁莽的心态不仅会把事情办砸，很多时候还会引起不必要的误会，事后当事人能够明白过来自己的过错固然很好，但是泼出去的水永远收不回来，由于冲动、不冷静所造成的严重后果，恐怕永远都不能改变了。

早年在美国一个小村庄里有一对夫妇，婚后太太因难产而死，遗下一个孩子。丈夫工作忙，家里没人帮忙看孩子，就训练一只聪明听话的狗照顾小孩。

有一天，丈夫到了别的村子，因遇大雪，当日不能回来。第二天丈夫一回家，这只狗闻声立即出来迎接主人。丈夫把房门打开一看，发现到处是血，孩子不见了，狗满口也是血。丈夫以为狗野性发作把孩子吃掉了，大怒之下把狗杀死。之后，他忽然听到孩子的声音，又见他从床下爬了出来，抱起孩子仔细一看，虽然身上有血但并未受伤。丈夫不知究竟是怎么回事，再看看狗身，后腿上有一块咬伤，上面还占有狼毛。丈夫这才明白，原来狗救了小主人，他很后悔，可惨剧已经成了事实。

多么悲惨的一个误会啊！就是因为丈夫的冲动和不冷静，让好事有了一个悲惨的结尾。所以，我们一定要时刻保持冷静，时刻提醒自己，无论发生什么都要沉住气，否则只会让自己得到“冲动的惩罚”。

想开一点，走出情感的漩涡

世界因为有情而变得美好，人生最大的幸福是拥有完美而甜蜜的爱情，而人生最大的痛苦也往往来自感情的折磨。人生就像一条长河，情感就是这河中的漩涡。每个人都免不了遇上生命中的漩涡，只是有的人挣扎着冲出了漩涡，而有的人则被卷入水底，埋葬在泥沙中。

生活中，很多人为情所困，无法自拔，甚至有人为之付出了年轻的生命，有人为之付出了一生的所有，有人为之一世低迷，抱憾终生。年轻人，或许你在人生的路上也会遇到情感的折磨，你要明白，放弃也是一种幸福，放弃不属于你的，放弃情感对你的伤害，你才能走出漩涡、走出困惑，无论明天是否刮风下雨，无论寒风如何肆虐，相信明天阳光依然灿烂，勇敢面对，才会使你勇往直前。人生弹指一挥间，你要做的不是在情感的漩涡中浪费生命，而

是应该重新振作，珍惜你宝贵的时间，展现你的人生价值。那么，你何必难过，何必深陷，何不去尝试你新的生活？只要你想开一点，生活依旧美好。

可能我们发现，很多有才能的人，纵有满腹的才华，却纠结于情感的漩涡中，为情感所伤，甚至为情感付出了年轻的生命，造成遗憾，凡·高就是个典型。

19世纪最杰出的艺术家之一凡·高生性孤僻，不善于与人交往，一生中经历了几次恋爱，均以悲剧而终。第一次他看上了天真纯洁、无忧无虑的少女厄休拉，而她投入了另一个男人的怀抱。凡·高开始不停地作画，摆脱失恋的痛苦。后来他见到热情大方的凯表姐，在他终于找到机会吐露心声后，凯没说一句话，表情愤恨地离开了，从此不再见他。此后，凡·高更加努力作画，献身艺术。一次，他认识了曾当过妓女的克莉斯蒂娜，她为凡·高当模特，有时也为他做饭洗衣。克莉斯蒂娜想与他组建和睦、幸福的家庭，她不顾亲人的反对，决定当凡·高每月能赚150法郎时就与他结婚。克莉斯蒂娜因身体不好，需要大量的营养品，而凡·高总把钱花在买颜料和雇模特上，这使克莉斯蒂娜心疼不已，两人矛盾日渐加深，最终断绝了关系。在贫穷、失意和神经病间歇性发作的痛苦中，这位热爱生活、献身艺术的艺术家向自己开了一枪，死时年仅37岁。

凡·高留下的充满激情和生命的画感染着人们，但他的死却是人类绘画史上的遗憾，究其自杀的原因，很大一部分跟他的情感经历有关，一次次情感的失败，让他陷入极大的痛苦之中，最终选择了自杀。

在中国，也有同样为了情感最终把生命交给死神的作家，最为典型的就是三毛。

1991年1月4日，一条新闻震惊了海内外的华人世界：作家三毛自杀身亡。而她曾称自己为坚强的“不死鸟”，她曾经说：“我愿意在父亲、母亲、丈夫的生命圆环里做最后离世的一个，如果我先去了，而将这份我已尝过的苦酒留给世上的父母，那么我是死不瞑目的，因为我明白了爱，而我的爱有多深，我的牵挂和不舍便有多长……父亲、母亲、荷西，我爱你们胜于自己的生命，请求上苍看见我的诚心，给我在世上的时日长久，护住我父母的幸福和年岁，那么我，在这份责任之下，便不再轻言消失和死亡了。”可是，她还是违背了自己对上苍的许愿，放下了早已默默许诺的责任，在荷西死后，她无法走出失去荷西的阴影，最终自缢身亡。没有预兆，没有解释。

的确，她和荷西的爱情感人至深，可是既然失去了，就应该重新选择自己的生活，重新迎接明天，而不是让自己一味地怀念和悲伤。正值生命最灿烂的时光的她，却没有享受到生命的美好。生命的脆弱我们早已明白，可是为什么还要轻言死亡，让生命没有价值？这种悲剧，应该让年轻人有所启发，或许你经历过很多折磨，但一定要想开一点，不要为此付出惨痛的代价。

有首诗说得好：生命诚可贵，爱情价更高。若为自由故，两者皆可抛，年轻人，想开一点，不要因为在情感的旋涡中不能自拔，让自己失去心灵上的自由，人生的折磨很多，唯有用一颗坦荡释然的心对待，才能走出自己轻松、精彩的人生！

日子难过，但也要认真地过

人生没有预演，认真过好每一天才是明智之举。年轻人，不管你遇到什么折磨，即使日子再难过，你都必须认真地过好每一天，这样，即使最难过的生活，你也能过得有滋有味。

有位哲人曾说：“人生的棋局，只有死亡才算结束，只要生命还存在，就有挽回败局的可能。”生活的好与坏，是一种心境，只要你快乐达观地面对，即使眼前是寒冬中的雨雪霏霏，你也可以看到一缕暖暖的冬阳，看到春风中所有的鲜花盛开、一片姹紫嫣红的景象；即使饱受饥饿，你也可以看见一块块香甜的面包，暖暖的，甜甜的，给予你希望和活力。

年轻人，不要忘了，每个人的生命都是自己的作品，不管遭遇多少折磨，周围的环境有多么艰辛，只要你愿意，随时都可以挥洒手中的妙笔，使自己的生命更加缤纷亮丽。青春无限，我们的每一天都是这样地新鲜、奇妙。谁

也不能给你的生活和人生定格，你是生活的主人，你不可以屈服，你要让自己变得更坚强，相信自己可以改变折磨，走出苦难的日子。

过好每一天，你要做的就是奋斗，身处折磨中的你不会得到上帝特别的眷顾，唯有充实你的大脑、锻炼你的双腿，你才能走出难过的冬天，迎来春风。

折磨和困难对于弱者来说是地狱，可是对于强者来说，却是奋斗的最佳时期。在困难的日子里，她们始终坚定自己的目标，他们充实着自己，认真地过好每一天，他们看到的是生活的阳光。年轻人，当你处于困难中的时候，不要失望，也不要抱怨，幸福掌握在你的手里，明天会过得更加美好，过好当下的每一天，不要忘却自己的梦想，每天对自己笑一下，告诉自己："折磨打不倒我！"

年轻人，你还在因为自己怀才不遇而垂头丧气，一蹶不振吗？你还在因为爱情的消逝而颓废吗？"自古逢秋悲寂寥，我言秋日胜春朝"，你应该拥有乐观向上的精神，在寒风凛冽的日子也能感受到阳光的存在，折磨与逆境并不可怕，只要你充实、认真地过好每一天，你的世界就没有阴暗、潮湿的角落，成功离你也并不遥远！

用欣赏的眼光看待折磨你的人

人生就如一个沙漏，我们只有不断地过滤掉忧伤和不满，才能带着欢笑生活。处于折磨中的年轻人不要沉浸在自我的世界里，固步自封，从而贻误了自己。人生之路不会是平坦的，生活中总会出现各种各样折磨你的人，他们之所以比你强大，是因为他们身上有一些你没有的优点和长处，你只有学会用欣赏的眼光看待他，然后补充自己的不足，你才会变得坚强、自信、充满活力。这样，即使你处于被压抑的环境中，你也会过得舒心。

当今社会，市场竞争日益激烈，当你处于竞争劣势的时候，首先要对自己进行实事求是的定位，但更重要的是学会欣赏对手，看到对手的长处，然后学习他。

纵观一些成功人士和名人,他们的人格魅力、谦虚谨慎和欣赏别人优点的做法,也促使他们在人生的道路上取得瞩目的业绩,他们都有一个平和、开放的胸襟,能够欣赏别人、自己、竞争对手甚至敌人的长处和优点。能否欣赏别人的长处和优点,一定程度上也反映了人的一种心态和素质。“欣赏比自己更强的人”,北宋文坛领袖欧阳修便是这一信条的实践者,他对苏轼的推举便是一个例证。

21岁时,苏轼进京应试,适逢欧阳修任主考官。读完苏轼的文章,欧阳修立即为他的才气所动,因怕是自己的学生曾巩,才列为第二名。后来,欧阳修对人说:“读轼书,不觉汗出。快哉!快哉!老夫当避路,让他出一头地!”

“老夫当避路,让他出一头地”正是欧阳修宽阔胸襟的写照。正是有了这种能容的胸怀,欧阳修才扶植了曾巩、“三苏”、王安石等人,为北宋文坛的繁荣奠定了基础。

古人行军打仗,最忌讳的就是轻敌,看不见别人的优势和自己的劣势,历史上那些因为轻敌而失败甚至搭上自己性命的人也是屡见不鲜。诸葛亮挥泪斩马谡就是这样一个悲剧。

马谡这个人读了不少兵书,平时很喜欢谈论军事。诸葛亮找他商量起打仗的事,他也出过一些好主意,因此诸葛亮很信任他。但是刘备在世的时候,却看出马谡不大踏实。他在生前特地叮嘱诸葛亮说:“马谡这个人言过其实,不能派他干大事,还得好好考察一下。”但是诸葛亮没有把这番话放在心上。这一回,他派马谡当先锋,王平做副将,一同守街亭。

马谡和王平带领人马到了街亭,张郃的魏军也正从东面开过来。马谡看了地形,对王平说:“这一带地形险要,街亭旁边有座山,正好可以在山上扎营,布置埋伏。”王平提醒他说:“丞相临走的时候嘱咐过,要坚守城池,稳扎营垒。在山上扎营太冒险。”马谡没有打仗的经验,却自认为熟读兵书,根本不听王平的劝告,坚持要在山上扎营。王平一再劝马谡无果,只好央求马谡拨给他一千人马,让他在山下临近的地方驻扎。张郃率领魏军赶到街亭,看到马谡放弃现

成的城池不守，却把人马驻扎在山上，暗暗高兴，马上吩咐手下将士，在山下筑好营垒，把马谡扎营的那座山围困起来。马谡几次命令兵士冲下山去，但是由于张郃坚守住营垒，蜀军没法攻破，反而被魏军乱箭射死了不少。

魏军切断了山上的水源。蜀军在山上断了水，连饭都做不成，时间一长，自己先乱了起来。张郃看准时机，发起总攻，蜀军兵士纷纷逃散，马谡最后只好自己杀出重围，往西逃跑。王平带领一千人马，稳守营盘。他得知马谡失败，就叫兵士拼命打鼓，装出进攻的样子。张郃怀疑蜀军有埋伏，不敢逼近他们。王平整理好队伍，不慌不忙地向后撤退，不但一千人马一个也没损失，还收容了不少马谡手下的散兵。

蜀军失去了重要的据点，又丧失了不少人马，诸葛亮为了避免遭受更大损失，决定把人马全部撤退到汉中。

诸葛亮回到汉中，经过详细查问，知道街亭失守完全是由于马谡违反了他的作战部署，马谡也承认了他的过错。诸葛亮按照军法，把马谡下了监狱，定了死罪。

可怜一世英雄，竟成了刀下之鬼。可以说，马谡是败于轻敌，而非败于魏军，他看不见敌人的优势。项羽乌江自刎的结局也是因为他看轻了刘邦，落下了一个“不可沽名学霸王”的悲剧。

借鉴历史可以知兴衰，借鉴别人可以明是非。在当今信息化的年代里，处于竞争劣势的年轻人如果故步自封，看不见对手的优势，那么就始终无法融入社会中，有可能被社会抛弃或者边缘化。学会用欣赏的眼光看待折磨你的人，你才能学习他、赶超他，从而走出折磨的困境，迈向成功！

在看不到希望时，不颓废要准备

二十几岁的年轻人，少有大成者，多数还默默无闻，是社会中的配角。这时的你最该做的不是高谈阔论、愤世嫉俗，而是踏踏实实地干好普通的事。即使环境不利，备受折磨，改善生活的希望如此渺茫，具备成功潜质的人，在种种逆境之中，也不会甘心屈服，放弃准备。

哪怕是只有百分之一的希望，我们也要做百分之百的努力！这是年轻人应该对生活所发出的宣言。每个人的生活中都有五彩缤纷的颜色，对于年轻人来说，其中最为绚丽的叫作永不绝望。即使是一个平凡的人，他的一生也会经历坎坷。人生起起落落无法预料，当我们遇到逆境时，千万不要忧郁沮丧。无论发生什么事情，无论有多么痛苦，我们都不要整天沉溺于其中无法自拔，不要让痛苦占据心灵。

无数成功的范例证明，那些相信自己并积极准备的人，常常能够取得胜利。有人说过这样一句话："我不是为了失败才来到这个世界上的，我的血管里也没有失败的血液。"

如果经历一次失败的折磨就失去信心，放弃准备，那么往往会功亏一篑，让成功与你擦肩而过。事实上，人生从来就没有真正的绝境。无论经历多少苦难，只要一个人的心中还怀着一粒信念的种子，那么总有一天，他就能走出困境，让生命重新开花结果。

圣诞节前一天，吉米临时有事要去出差，但在买火车票的时候，却被售票员告知票早已经卖完了。看着吉米一脸着急的样子，售票员好心地劝他："你去候车厅转一转吧，没准儿还能碰上有人临时有事需要退票的呢。不过，像今天这样的日子，估计可能的机会只有万分之一……"也只有这么一个办法了。吉米提起旅行箱，随着人流涌进了候车厅里。

可是，眼看着时间一分一秒地过去，还是不见有人退票。不过，吉米倒是非常有耐心地一直坐在位子上等着。当列车进站的广播响起来的时候，吉米只好提起旅行箱准备离开了，但他还是满怀希望地扫着候车厅的每一个角落。就在这个时候，吉米突然看到一个女人急匆匆地从门口处跑了过来，一边高举着一张火车票，一边气喘吁吁地喊着："票……谁要火车票……"吉米乐了，赶紧跑了过去，一看，天哪，正是他需要乘坐的那列火车的票啊！原来，这个女人的孩子生病了，不能再冒着严寒外出，于是跑来退票了。

坐上列车之后，吉米赶紧给家里的妻子打了一个电话，说："以积极的行

动为成功作好准备,若不是我努力坚持,从不绝望和放弃,也就抓不住这仅有的机会了……”

哪怕是只有百分之一的希望,我们也要好百分之百的准备!成功的人不会躲在温暖的被窝里抱怨没有机会,因为他们知道,机会总是青睐于有准备的人。没有辛勤的付出,就没有丰厚的回报。

卡耐基说,不为明天作准备的人永远不会有未来。当你厌倦工作或者对于生活的信念有所动摇的时候,可以这样告诫自己:准备,是一步步接近希望的必要的历程。他日的成就,就是在为这段时光颁奖。

5年前,陈明18岁,高中毕业后进城谋生。在城里转了两天,总算找到了一份工作,他成为了一名送水工。他一没有阅历,二没有工作经验,有的只是年轻力壮,当送水工正好合适。

他对每一位客户都很有礼貌,敲门总是轻轻的,进门总是把鞋子脱了,光着脚进屋,而且每给一位客户送水,他都会记下客户的名字、地址,并在心里默念上几遍。这样,下次送水的时候,就可以走最近的路。如此一来,他的效率大大提高了,每天,他都能比别人多送些水,这样,他的收入也提高了不少。

一个送水工,一般每个月只有500元钱的收入,而他这么努力,也不过只有600元左右。好多送水工干上一年半载就不干了,另谋高就去了。而他,干了一年又一年。

5年对于一个工作辛苦的人来说很长,但是对于一个快乐工作的人来说,则很短。5年里,他开开心心地当一名送水工。5年过后,他终于辞职了。

他用自己这些年的积蓄开了一家送水公司。人们觉得他必定失败无疑,城里的人家,早就订水了,他新开业,谁订他的水?

人们都错了,他没有失败,有很多人订他的水,订他水的人,是他这些年认识的客户以及客户的亲朋好友。每天,他的送水工来来往往地将公司的纯净水一桶桶地送出去。现在,他占据了全城一半的送水业务。

有人问他是怎么出人意料地创造了这个奇迹的?他说:“在这城里,干上5年送水工的人有几个?他们大多只干一年半载,而我一干就是5年,在这5年里,我为了开创自己的事业而积极准备,结识了不少的客户,还跟他们的亲朋好友认识了。我给他们的印象都很好,我说我要开公司了,问他们订不订水,结果他们都表示愿意订我的水。况且,他们根本不记得我以前的那个送水公司,也不认那个公司,他们只认我这个人。如此一来,我的公司一开张就赢得了这么多订水的客户!”

有许多人,他们一生中最快乐的时刻,正是他们与贫穷作斗争、逐渐摆脱贫穷的时候。正是在这段时间,他们为了将来的自立而放弃眼前的享乐,一方面每天为面包而辛苦,一方面又滋养自己的心灵,努力使自己的智慧更多、经验更丰富,这所有的准备都为成功的最终光临埋下了伏笔。

对于有远见卓识的成功人来说,他们不仅为了目标准备,更会让自己的努力卓有成效,显然,这是更深一层的准备。

例如,一名长跑运动员每天都在坚持耐力锻炼,并储备了充分的体能,足以应付最高级别的马拉松大赛;另一名是短跑运动员,每天都在坚持训练冲刺速度和挖掘自己的爆发力。他们都有充分的准备,但如果分别给他们一个扬名立万的机会,让长跑运动员参加短跑比赛,让短跑运动员参加马拉松比赛,显然他们都只能面对这个机会扼腕叹息。当然这个例子比较极端,但却充分说明了准备是否得当对于把握机会的重要性。

如果你的生活没有起色,甚至陷入了低谷,你就要明白,这正是你积蓄力量的最好时机。事实上,在“前途光明”与“希望渺茫”之间,本来也没有一个不可逾越的界限,比现实条件更重要的是你积极的内心。为成功的到来有所准备的人,远比那些在人生的低谷自怜的人要强很多。

别让斤斤计较夺走你的幸福

“我能想到最浪漫的事,就是和你一起慢慢变老”,当我们听着这首歌的时候,我们的心中便会对爱情有无限美好的遐想,我们都希望有个和自己厮守终身的爱人,和心中爱人一起慢慢变老、一起细数着青丝变白发、一起从

青春牵手走过林荫小路、一起漫步夕辉枫彤,我们希望爱情能天长地久、生死不渝。可是,生活中,很多年轻人因为对爱斤斤计较,苛责于爱人,最终让幸福与自己擦身而过。

美好的爱情是年轻人所渴望的,但很多人却经受着爱情的折磨,究其原因,都是因为年轻人对爱情过于苛责、斤斤计较,希望心中的爱人完美、希望爱人以自己为中心,等到幸福逝去的时候,才叹惋自己的过错。

曾经有个人在即将死去的时候见到了上帝,他睁开了双眼,眼睛里透出安详的目光说:“我在尘世的日子已经到了尽头,可是我还没有享受到爱情的美好,那到底什么是爱情?”

上帝思考了一会,笑着说:“在你被死神带走之前,我允许你还可以活一天的时间,但你先去做一件事,你在麦田里头也不回地走一次,在途中要摘一株最大、最好的麦穗,但只可以摘一次!”

一天以后,上帝问他:“你摘到了吗?”

这个人摇摇头说:“开始我觉得很容易,充满信心地出去,但是最后却空手而归!”

上帝继续问道:“什么原因?”

那个人叹了口气说:“很难得看见一株不错的,却不知道是不是最好的,因为只可以摘一株,只好放弃,再往前走看看有没有更好的。到发现已经走到尽头时,才发觉手上一株麦穗也没有。”

上帝告诉他:“这就是爱情!”

这个人若有所悟,原来自己这一生与爱情无缘,是因为自己对爱人的条件过于苛刻,自己还浑然不觉。

生活中的很多年轻人何尝又不是呢?总是高呼自己要寻找幸福,抱怨幸福与自己无缘,可是当爱情降临在自己身边的时候,却对爱人百般挑剔。

真正属于你的爱人,是和你心心相印的人,而不一定有着美丽的容貌或帅气的外表,也并不一定有温柔体贴的性格,更不一定有用之不尽的钱财。爱情的世界里需要谅解,需要包容,如果斤斤计较,幸福永远不会光顾你,你也只能饱受得不到幸福的折磨。

“滚滚长江东逝水,浪花淘尽英雄。是非成败转头空,青山依旧在,几度夕阳红。”年轻人朗读这首脍炙人口的词时,总是能想起与日月争辉的诸葛孔明,可能很多人无法理解,以他的聪明智慧,怎么会娶一个外貌丑陋的女人呢。可是他大智若愚,虽与丑女共度一生,却享受了一生的幸福。

三国时期,社会动荡,仁君、奸臣、勇将、谋士纷纷登台亮相,也有醉月飞花的美貌佳人。以诸葛亮的条件,必然是名门世家选择乘龙快婿的理想对象,谁也没有料到25岁的诸葛亮却找了个丑女结婚。黄硕身体壮硕,人如其名,黄头发,黑皮肤,皮肤上起一些鸡皮疙瘩,是河南名士黄承彦的女儿。诸葛亮对于大家闺秀与美貌佳人都不屑一顾,他需要的是一位才德俱备的贤内助,而不是出身名门望族的美貌女子。相传这中间还有一段故事:

诸葛亮兴冲冲地昂首进入黄家时,不料堂屋两廊间突然窜出两条猛犬,直往客人身上扑来,里厢闻声而出的丫环连忙朝两只猛犬的头上拍了一下,霎时两头猛犬就停止了扑跃之势,再把它们的耳朵拧一下,两只猛犬竟然乖乖地退到廊下蹲了下来,仔细一看,原来两只猛犬都是木头制的带有机关的狗,诸葛亮不禁哑然失笑。

黄承彦盛情款待诸葛亮,诸葛亮盛赞两只木犬制作精巧,黄承彦哈哈大笑,说:“木犬是小女没事时闹着玩儿做的,不想害你受惊了,真是抱歉得很啊!”诸葛亮游目回顾,见壁上一幅《曹大家宫苑授读图》,黄承彦立即解释:“这画是小女信笔涂鸦,不值行家一笑的。”接着指着窗外如锦繁花说:“这些花花草草都是小女一手栽培、灌溉、剪枝、护理。”由木犬、图画、花草,诸葛亮已经把黄家闺女的模样与才干在内心深处凭着想象已经绘出了一幅轮廓鲜明的画,他知道这就是他追求的目标。

诸葛亮把黄硕娶回家门,他的邻居们以貌取人,不明就里地讥讽:“莫学孔明择妇,止得阿承丑女。”他们哪里知道诸葛亮正是得其所哉,庆幸自己娶到了一位贤德的媳妇。黄硕不但是一个粗细活都能料理得干净利落的妇人,每当春花盛开或秋月皎洁的时候,也能出言不俗地与丈夫娓娓清谈。黄

硕到诸葛亮家后，亲操杵臼，兼顾农桑，里里外外的粗活儿与琐事，都按部就班地处理得妥妥帖帖，诸葛亮自然是身受其惠。不止是诸葛亮本人受到了这个丑媳妇无微不至的照顾，就连他的朋友博陵崔州平、汝南孟公威、颍川石广元及徐元直等人，也时常在隆中诸葛亮的农场盘桓，受到这位丑嫂嫂亲切的接待，人人都有宾至如归的感觉。久而久之，远远近近对诸葛亮的丑媳妇态度逐渐改变，从漠视到重视，由重视而仰视。

诸葛亮一生行事谨慎，稳扎稳打，从无失算，而他毅然决然地娶了个丑媳妇，不但使他一生无后顾之忧，更使他在事业发展上获得了一个强有力的支柱，夫妻二人荣辱相关，休戚与共，更重要的是他一生一世都沉湎在温柔的照顾中，夫妻情感的亲密，非局外人可知。

诸葛亮这样的智者对幸福的理解，是年轻人选择爱人与追求幸福的一个范例，那么你还对你的爱人如此苛责吗？爱人完美与否只在你的心，即使爱人不够美丽、不够帅气，甚至满身的缺点，但只要你不斤斤计较，不苛责于你的爱人，那么你们自然就是幸福的，你也不会被所谓的“幸福”折磨！

不要抛弃你的家人，即使他们抛弃了你

世界上总有这么一个地方，在狂风雨肆的时候给我们以庇护；在心灵疲惫时，给我们以安慰；在我们身体疲惫时，给我们以休憩，这个地方就是家。没有家的人始终没有归宿感，他们就如无本之木，无源之流，就像一朵永远漂浮不定的云。家，不仅仅是一所房子，不仅仅是美丽豪华的布置，更重要的是家中有相依相偎的亲情，因为这种情，所以我们感到温暖，感到放松。因为情，所以牵挂，因为情，所以眷念。在家中，你可以尽情地流露自己的情感，可以诉说你所有的难言之隐，萧伯纳说：“家是世界上唯一隐藏人类缺点与失败的地方，它同时隐藏着甜蜜的爱。”家，就是你停泊的港湾；家，就是最踏实的相依；家，就是你一切情感的归属。家中有可爱的孩子，慈爱的父母，美丽的妻子，体贴的丈夫……

年轻人,可能你曾经被家人抛弃,可能你曾经孤身一人尝尽了辛酸与折磨,但即使这样,你也不要抛弃你的家人,他们抛弃你,纵是一种错误,你也不能同样用这样的错误来“回报”他们。《孝经·天子》里说:“亲情是伟大的,是割不掉的血脉。爱亲者,不敢恶于人;敬亲者,不敢慢于人。”如何对待你的亲人,是你为人处世态度的基础,一个不能善待亲人的人,的又怎会善待其他人呢?

周朝闵损,字子骞,是个孝子。母亲早逝,父亲怜他衣食难周,便再娶后母照料闵子骞。几年后,后母生了两个儿子,待子骞渐渐冷淡了。一年,冬天快到了,父亲未归,后母做棉衣偏心,给亲生儿子用厚厚的棉絮,而给子骞用芦花絮。一天,父亲回来,叫子骞帮着拉车外出。外面寒风凛冽,子骞衣单体寒,但他默默忍受,什么也不对父亲说。后来绳子把子骞肩头的棉布磨破了。父亲看到棉布里的芦花,知道儿子受后母虐待,便要休妻。闵子骞看到后母和两个小弟弟抱头痛哭,难分难舍,便跪求父亲说:“母亲若在,仅儿一人稍受单寒;若驱出母亲,三个孩儿均受寒。”子骞的孝心感动后母,使其痛改前非,自此母慈子孝,合家欢乐。有诗赞曰:闵氏有贤郎,何曾怨后娘;车前留母在,三子免风霜。

古语云:百行孝当先。倘若一个人连自己父母都不孝顺,可以说,他是心胸狭隘的,甚至是人格缺失的,这样的人无法立于世。周朝闵子骞用孝心感化了虐待自己的后母,实属难得。其实,生活中也是这样,年轻人,家人抛弃了你,但若你不抛弃他们,主动原谅他们,用你的行动证明他们抛弃你是错误的选择,然后重归于好,你还能重回家庭的怀抱,这样,你的心灵也得到了解放。

从前,有个抢劫犯叫刚,他入狱一年了,却从来没人看过他,别人以为他没有父母,可是事实不是这样,他在入狱的那一刻起,他那绝望的父母似乎就抛弃了他。眼看别的犯人隔三岔五就有人来探监,送来各种好吃的,刚眼馋,就给父母写信,让他们来,也不为好吃的,就是想他们。在无数封信石沉大海后,刚明白了,父母真的抛弃了他。伤心和绝望之余,他又写了一封信,说如果父母如果再不来,他们将永远失去他这个儿子,可他们还是没有来。

一段时间以后,绝望中的他和几个重刑犯商量一起越狱,以前他只是一直

下不了决心，现在反正是爹不亲娘不爱、赤条条无牵挂了，还有什么好担心的？越狱比他想象中简单多了，并没有太多打斗，他们只是打晕了几个警察，换上了他们的制服就出来了。可当他准备和这个几个江洋大盗一起再大干一场的时候，在回老巢的路上，刚看见桥头有一个乞丐。他觉得面熟，走近一看，原来是自己的老母亲！一年不见，母亲变得都认不出来了。才五十开外的人，头发全白了，人瘦得不成形，衣裳破破烂烂，一双脚竟然光着，满是污垢和血迹，身旁还放着两只破麻布口袋。老母亲也认出了自己的儿子，但却低下了头。他的同伴对他说："在你狱中的那些日子，你的母亲已经抛弃你了，你还管她干吗？走吧……"可是刚还是跪在了母亲面前，哭着问："你为什么不来看我？"

老人花白的头发剧烈地抖动着。好半天，她拿出麻袋中的东西，那是一个骨灰盒，她吃力地说："那是……你爸！为了攒点钱来看你，他没日没夜地干活，身子给累垮了。临死前，他说他生前没来看你，心里难受，死后一定要我带他来，看你最后一眼……"刚发出撕心裂肺的一声长号："爸，我改……"接着"扑通"一声跪了下去。

亲情是黑夜中的北极星，让不辨方向的年轻人看见前进的方向，指引他们迈出坚定的脚步。亲情挽救了这个迷途中的青年，即使他在狱中被父母遗弃，然而逃狱后，他仍然割舍不下亲情，最终他痛改前非……这就是亲情的力量，因为有亲情，他的身上多了一份责任与牵挂。

年轻人，当你被家人抛弃的时候，告诉自己："他们是不得已的，肯定有什么原因。"每当华灯初放的时候，当你看见街上如水流泻的车流、行人匆匆的脚步时，当你静坐的时候，用心去体会一下亲人曾经对你的关爱，体会一下你曾经从家人那里获得的每一份感动，这样，你就能原谅他们，原谅他们抛弃你的错误，找回那份你失去的亲情，你的心灵就能挣脱折磨。你还是一个幸福的人！

爱的谎言要糊涂听

我们常常苦苦思索，什么是爱情？其实，爱情就是"于千万人之中，遇见你要遇见的人。于千万年之中，时间无涯的荒野里，没有早一步，也没有迟一步，遇上了也只能轻轻地说一句：‘哦，你也在这里吗？’”正如张爱玲说的，因为懂得，所以慈悲。人生是花，爱便是花的蜜。爱情就像一只蝴蝶，它喜欢飞到哪里，就把欢乐带到哪里。但爱情的世界需要理解，唯有理解，才能“死生契阔，与子成悦，执子之手，与子偕老”。

年轻人，当爱人对你说了一些爱的谎言，你千万不要计较，也不要揭穿，爱的谎言是美丽的，这些谎言都是因为爱，所以，你要感谢爱的谎言，学会对爱的谎言糊涂地听。在爱情和婚姻的世界里，能装糊涂的人往往是幸福的。

年轻人，当你抱怨你的爱人又一次对你说谎的时候，你不妨想想，如果他(她)不爱你了，他(她)还有说谎的必要吗？他说谎是因为在意你的感受，怕你误会，你应该庆幸自己是幸福的，你不要把这种爱的谎言当成爱的折磨，要是这样的话，你就完全会错爱人的意图了，也辜负了那份爱。

我们总是羡慕荷西和三毛之间的那份至死不渝的爱，感叹世间的爱情如此美妙，但我们不曾了解，这样一份爱也需要谎言。

一天，三毛突然很怀念在台湾的父母，于是，她收拾了行李直飞台湾，留下荷西一个人在沙漠，聪明的荷西用书信警告逃妻，并采取“谎言”诱骗三毛，其中有几封书信的内容是这样的：

三毛：

我告诉你一个好消息，邻居卡洛那天在油漆屋子，我过去帮助她，现在她要教我英文，我已经开始去学，我非常喜欢英文。卡洛有时候也留我吃饭，你知道，一个人吃饭是十分乏味的。卡洛是你走后搬来的英国女孩。你如果仍想在台湾住一阵儿，我原则上是同意的，我还可以忍耐几个月。昨天去打网球，天热起来了。

三毛：

你实在是误会我了，卡洛肯教我英文是完全出于善意的，我们不能恩将仇报。你说卡洛是坏女人，我觉得完全是没有根据的冤枉。她十分和善，菜也做得可口，不是坏女人。再说，你怎么知道我跟卡洛去打网球？我上次没

有说啊！我在此很好，你慢点儿回来吧！

三毛：

你实在是个没有良心的小女人，你写给卡洛的信我没有拆就转给她了。她说你在信上将她骂得狗血淋头，她十二分地委屈。你说你的新家不要她来做窗帘，可是她是诚心诚意地在帮助我，一如她布置自己的家一般热心，你怎么可以如此小家子气？男女之间当然有友谊存在。你说卡洛是邻家的女儿，每一张“花花公子”里的裸体照片的美女，都像邻家的女儿，所以我不可再见卡洛，你的推论十分荒谬。昨日去山顶餐厅吃晚饭，十分享受。

三毛：

我旅行回来，就看到你的电报，你突然决定飞回来，令我惊喜交织。为什么以前苦苦地哀求你，你都不理不睬，而现在又情愿跑回来了？无论如何我是太高兴了，几乎要狂叫起来……

其实，从荷西后来的书信中，我们可以得知，卡洛根本就是荷西杜撰的一个人物，他是为了让三毛早日回到自己身边才采取的方法，这样的谎言是美丽的，是让人觉得甜蜜的谎言。

年轻人，你也应该保持这份美丽，尊重这份美丽，不要拆穿爱人的谎言，装装糊涂，让爱人“自鸣得意”，他（她）只不过是想“骗取”你多一点的爱，“骗取”你多一点的关注，希望你能够重视他（她）而已，你要做的，就是“成全”，成全这“美丽”的谎言。

小军是一名警察，他所有的时间几乎都是在外执行任务，家中年轻的妻子就被他这样冷落，而他的妻子也是个善解人意的女人。只是，她有一点受不了的是，小军好像把所有的精力都耗在了工作上，根本分不出一点时间来和她相处。慢慢地，她觉得自己根本不被重视，觉得他们之间似乎就是在维持一种夫妻的名分而已，早已名不符实了，于是，她想到了一个妙计，这样就可以看出丈夫到底还爱不爱自己。

那天，小军还在单位加班，她让邻居给小军打了个电话：“你媳妇不知道怎么了，突然发病了，像是很严重的样子，你还是去医院看看吧。”小军一听，丢下电话就冲到医院了,看到躺在病床上的妻子,小军一脸心疼,说:“对不起,我没好好照顾你……”可是,他看妻子脸色很好,根本不像生病的样子,于是,他悄悄地去问了一下医生,原来,妻子只不过是来做身体检查的……可是,妻子还在装作很痛苦的样子,他一下子明白了,他对妻子说:“结婚这几年冷落你了,以后,我一定多陪陪你,病了就要好好休息,我每天下班来看你……”

多么感人的表白,可是这样的表白却是因为妻子的欺骗和谎言而感悟出来的,小军在发现妻子装病以后并没有生气,也没有揭发妻子,而是发现了自己的不足,发现了自己为人夫的失误。

情感的世界本来就不需要绝对的诚实,有时候,谎言反而是爱情的增味剂。而作为在爱河里徜徉的年轻人,你要做的就是接受爱人的谎言,支持爱人的谎言,顺着谎言的步骤走,你会发现,其实,爱情如此美妙,生活如此幸福,你们的爱情世界里根本不存在任何折磨和阴霾!

再苦也要笑一笑

苦难是什么?作家周国平说:“人生在世,免不了要遭受苦难。所谓苦难,是指那种造成了巨大痛苦的事件和境遇。它包括个人不可抗拒的天灾人祸,例如遭遇乱世或灾荒,患危及生命的重病乃至绝症,挚爱的亲人死亡,也包括个人在社会生活中的重大挫折,例如失恋、婚姻破裂、事业失败。有些人即使在这两方面运气都好,未尝吃大苦,却也无法避免那个一切人迟早要承受的苦难——死亡。”是的,每个人都必须忍受折磨,它或许会使人恐慌,使人意志消沉,而那些笑对苦难的人,他们具有忍耐之心,上帝也会被他们感动,他们有改变生活的力量,他们是成功和幸福眷顾的人。

或许很多时候,我们发现古人所说的“祸不单行”这句话确实千真万确,一旦自己遇到了倒霉的事情,霉运就会伴随着自己,真是“倒霉透顶”。其实很多时候,这种接连倒霉的情况是由于我们自己为自己制造了心理障碍而造成的。比如说,刚刚发生了一件小小的意外,本来对你没什么伤害,但是

如果你把全部心思都放在担心这件事上，那么对于其他事情的忽略可能会导致你犯更多的错误，接下来也就会有更多的意外发生了。因此，在遇到一些困难的事时，我们应首先让自己的心明朗起来，这样才能清楚地看到接下来要做的事，才能扭转不好的局面，从而向快乐的生活迈近。

在《当空瓶子有了梦想》这本书中，记录了一个笑对苦难的故事。

在美国印第安纳州有一个普通的家庭，丈夫让·桑斯兰德是一名警官，妻子珍妮是小学教师，他们有三个可爱的儿子。这本该是幸福美满的一家，可噩运却接踵而来。

1966年夏天，医生告诉让和珍妮，他们3岁的二儿子吉弗得了白血病。他们在震惊、痛苦之余，竭尽全力要为吉弗创造幸福，可是却于事无补。来年11月的一天，让和珍妮最后一次带吉弗走进了医院。在病床上，吉弗在父母的陪伴下走完了他4岁的一生。就在这一天，人们发现他们3岁的小儿子麦克后背上有一个硬块。三个星期后，麦克做了癌瘤切除手术。

1973年，他们的大儿子斯蒂夫已经13岁了，在一次足球赛上他扭伤了左腿，经检查，意外地发现他已患上恶性骨癌。在父母伤感的目光中，他送走了自己那条跑跳了13年的左腿，换上了冰冷的假肢。

1975年夏天，让在一次全家野营时突然感到头晕，经检查他患了脑肿瘤。全家人都鼓舞他，斯蒂夫说："你又将获得一次成功，爸爸！你将面对一次新的挑战！"让笑了，在国家癌症研究所中，医生把让的肿瘤完全取出。

然而，生活依然阴暗。14岁的麦克癌症复发，"我要和它斗争到底！"酷爱运动的麦克发誓说。1980年4月1日，医生用钢条、塑料和一部分腿骨做成新的脊骨，替换了麦克的脊骨，手术持续了17个小时。

第二年春天，几乎在同一时间，让和麦克父子俩分别又进行了长达24小时的手术。6月里的一天，麦克在妈妈的怀里闭上了年轻的眼睛。两个月后，让在家人爱的亲吻中与世长辞。现在全家只剩下珍妮和斯蒂夫母子二人，可他们仍然笑对命运，在逝去亲人的祝福中努力地生活着。

1986年夏天，26岁的斯蒂夫已在一家大公司供职，并且刚刚通过律师资格考试。这时，他参加了公司举行的夏季棒球比赛，他担任接球手。他扔开拐杖，用一条腿蹦跳着接球时，忽然感觉头晕目眩，右半边身体失去控制，摔倒在球场上。诊断结果是他患上了和父亲同样的病——脑癌！而且医生发现，他的癌细胞已经转移扩散。面对绝症，斯蒂夫像父亲和两个弟弟一样，并没有伤心绝望，他要做生活的强者。

重重磨难在珍妮洁白的额头上留下了岁月的痕迹，但她依然笑靥如花，她对记者说："我经历了苦难却极有意义的一生，我有过那么好的丈夫，我养育了世上最棒的儿子。不管遇到什么噩运，他们都始终微笑如初，活得极为精彩！"

在让和麦克去世前的那一年夏天，桑斯兰德一家来到国家癌症研究所，他们要协助科研人员探索癌症的秘密。科学家调查了桑斯兰德的家族史，发现从让的老祖母起，每一代中都有人死于癌症。研究人员认为，对这个家族的研究有助于破解癌症的秘密。

桑斯兰德一家留下了大量的标本供人研究，给全世界馈赠了一份宝贵的遗产。然而，他们留下的更重要的遗产是在面对死亡的挑战时所表现出的勇气和力量以及那种乐观向上的生活态度。正如斯蒂夫所说："我的一生都在向噩运挑战，生活的意义在于一个人生活的质量，而不在于他生存的时间！"

忍耐可以是痛苦的，也可以是轻松的。笑对苦难的折磨是一种人生境界，笑对苦难，人生才有其崇高的意义；笑对苦难，活着的价值才得以完美体现。在坎坷的人生道路上，让我们把磨难当作生活中的点缀，把挫折当作人生的调味品吧，让我们始终保持着微笑，迎接生命中的每一天。

每天对自己说些鼓励的话

对于工作繁忙的人来说，有很多烦恼时刻会带来折磨。想不完的心事，期望和现实的落差带给你不断的打击，让你心灰意冷，找不到前进的方向和动力。让这种状态持续下去，对自己有百害而无一利。

心理学专家说，人的心态由主观意愿来引导，每天对自己说些鼓励的

话，无异于给自己打一针“兴奋剂”。能自己鼓励自己的人就算不成功，也绝对不会是一个被折磨打垮的失败者。

人的一生的是短暂的，努力拼搏的青春时光更是价值千金。然而，当生活不能如愿以偿或者不尽如人意时，我们不应一味计较和埋怨，而应一如既往地做自己应该做的事，保持一种恬淡的心情对待生活，用积极的自我鼓励提升士气。“人能走多远?”这话不要问两脚而要问志向;“人能攀多高?”这话不要问双手而要问意志。在短暂的生命里，我们不能失去人生的三盏灯塔:自信、勇敢和坚毅，在属于自己的地上辛勤地耕耘，谁能说明天不是一个丰收的日子呢?

一个懂得鼓励自己的人，是有着强烈的进取心的人，我们绝对相信他对未来作了充分的准备。麦克·阿瑟将军曾经勉励我们说:“你有信仰，你就年轻;你若疑虑，你就衰老。你有自信，你就年轻;你若恐惧，你就衰老。你有希望，你就年轻;你若绝望，你就衰老。”学会每天鼓励自己，可以帮助自己寻找适合的目标，并让你在改变自己的同时积极进取，激发潜能。

中国人有个习惯，即喜欢夸奖别人，而当别人夸奖自己的时候，总会客气一番，生怕被别人说成自大。当低潮来临，我们会企盼有人拍拍我们肩膀，给我们打气，却不知道依靠别人的鼓励来产生的勇气和力量，未必能持久，而自我鼓励却可能陪伴自己跨过所有的坎坷道路。

世情犹如银行，你最需要的东西，别人通常不会在你最需要的时候给你。请你别把这些视为悲剧，别给它贴上喜或悲的标签，先稳定住自己的心态，不然便会沮丧。对于一心进取的人来说，当没有人鼓励他的时候，他知道最佳支持者就是自己。期望和现实中的差距就是促使你每天努力的原动力，有进取心的人，会懂得每天给自己加油。

数千年来，人们一直认为要在四分钟内跑完一英里是件不可能的事。不过，在1954年5月6日，美国运动员班尼斯特打破了这个世界纪录。他是怎么做到的呢？每天早上起床后，他便大声对自己说:“我一定能在四分钟内跑完一英里！我一定能现我的梦想！我一定能成功!”这样大喊一百遍，然后他在教练库里顿博士的指导下，进行艰苦的体能训练。终于，他用3分

56 秒 6 的成绩打破了一英里长跑的世界纪录。有趣的是,在随后的一年里,竟有 37 人进榜,而在后面的一年里进榜的更多达二百多人。

每个人都向往幸福的生活,希望有充足的财富、成功的事业、美好的爱情和健康的身体。这一切都要自己去努力追求,在追求过程中出现的一些艰难困苦都要自己去解决。当感到吃力时,不妨多鼓励自己,给自己鼓掌,为自己打气,这样才不至于半途而废,才能永不放弃,直至成功。

每天鼓励自己,让勇气和力量自己在心中产生,这就好比打开了心灵之泉,潜能将喷涌而出。当你沮丧了,给自己来个大检阅;心情不佳的时候,请每天起来对着镜子微笑,大喊“我是最棒的”;意志消沉的时候,可以在墙上贴满励志标语,每天在固定的时间默念;伤心失意的时候,就找个僻静的地方,痛快地流泪。你还可以拼命看成功人物的传记;可以借运动来强化意志,忘却沮丧;可以每天自我反省一次……每当你对自己做出这些鼓励的行为,或在心底、脑海里大声呐喊时,你会听到来自心灵的声音在回应:“yes,yes,yes……”正如法国心理疗法专家艾米尔·库埃在 20 世纪 20 年代建议成千上万的英国人和美国反复念叨的名言:“每一天,在每一方面,我都越来越好。”

我们每一个人都应铭记:你只能自己鼓励你自己,相信你自己,因为你是你的敌人,只有你才能打倒你;你是你的上帝,只有你才能拯救你。永远不要错过那一部分,我们称其为鼓励,它会使你时刻振作起来。当你失意落魄时,不要灰心,每天对自己说些鼓励的话,会使你精神重振,生机勃发;当你自轻自贱时,请鼓励一下自己,这样会使你不再低头走路,而是鼓起勇气,信心十足地去面对生活;当你想获得成功人士拥有的一切时,请激励自己去努力争取,说不定几年后你就是一个荣耀的成功者。鼓励的力量是无穷的,它会像一缕阳光,为你照亮黑暗,它会像一汪清泉,解除你旅途中的干渴。请记住:爱生活,爱自己,别吝啬对自己的鼓励。

职场折磨，低头方能出头

如果把职场比作冬季漫天飞雪的天气，那么职场中的年轻人，你只有学会低头，才能保全自己，才有冰山融化后重见天日的可能；如果把职场晋升的历程比作爬山，有的人在山脚下刚刚起步，有的人正向山腰跋涉，有的人已信步顶峰。此时，不管你身处什么位置，即使你处于山脚下，你都要学会低头，时时警醒自己。因为，在你所经历的漫长人生旅途中，低头才能出头，否则你只会碰头，让自己伤痕累累，而没有出头之日。

低头是一种能力，它不是自卑，更不是怯弱，它是一种清醒中的嬗变，是一种处事的姿态，是一种生存的策略，更是人生的大智慧。中国的武术中，以柔克刚的练武之人往往会取得最终的胜利，因为他们会借力打力，不强出头，最终不费吹灰之力打败对手。柔软胜过坚硬，在适当的时候学会妥协，就是让自己的思想、思维有了水准，思路有了突破。

当今社会，很多年轻人追求个性张扬，这在年轻人中成为一种时尚，职场中的年轻人，你们是否明白：为什么你们会与社会格格不入？为什么你们会怀才不遇？为什么你们会愤世嫉俗？为什么你们会碰得头破血流……那是因为你不会低头。

被称为美国之父的富兰克林，年轻时曾去拜访一位德高望重的老前辈。那时他年轻气盛，挺胸抬头迈着大步，一进门，他的头就狠狠地撞在了门框上，疼得他一边不住地用手揉搓，一边龇牙咧嘴。出来迎接他的前辈看到他这副样子，笑笑说：“很痛吧！可是，这将是你今天访问我的最大收获。一个人要想平安无事地活在世上，就必须时刻记住：该低头时就低头。这也是我要教你的事情。”

富兰克林把这次拜访得到的教导看成是一生最大的收获，并把它列为一生的生活准则之一。富兰克林从这一准则中受益终生，后来，他功勋卓著，成为一代伟人。他在一次谈话中说：“这一启发帮了我的大忙。”言外之意思即是：做人不可无骨气，但做事不可能总是仰着高贵的头。

可能你会把自己定位为一个“毫不示弱”的人，认为这是一种气节，或许你能得一时之利，但却难成为最终的成功者。而假如你在职场凡事忍让，不逞能，不占先，心境平和宽容，去除私心杂念，不受外人干扰，做事持之以恒，即使在遇到打击的情况下，也不会万念俱灰，而是心境平和，处之泰然，可能你跑得不快，但你最终会有出头之日。

曾有人问过苏格拉底："你是天下最有学问的人，那么你说天与地之间的高度是多少？"苏格拉底毫不迟疑地说："三尺！"那人不以为然："我们每个人都有五尺高，天与地之间只有三尺，那不是戳破苍穹？"苏格拉底笑着说："所以，凡是高度超过三尺的人，要长立于天地之间，就要懂得低头。"

中国有种战术作做"退避三舍"，这也是一种会低头、肯忍让的明智之举。

春秋时候，晋献公听信谗言，杀了太子申生，又派人捉拿申生的弟弟重耳。重耳闻讯逃出了晋国，在外流亡十几年。经过千辛万苦，重耳来到楚国。楚成王认为重耳日后必有大作为，就以国君之礼相迎，待他如上宾。

一天，楚王设宴招待重耳，两人饮酒叙话，气氛十分融洽。忽然楚王问重耳："你若有一天回晋国当上国君，该怎么报答我呢？"重耳略一思索说："美女侍从，珍宝丝绸，大王您有的是，珍禽羽毛，象牙兽皮，更是楚地的盛产，晋国哪有什么珍奇物品献给大王呢？"楚王说："公子过谦了，话虽然这么说，可总该对我有所表示吧？"重耳笑笑回答道："要是托您的福，果真能回国当政的话，我愿与贵国友好。假如有一天，晋楚国之间发生战争，我一定命令军队先退避三舍（一舍等于三十里），如果还不能得到您的原谅，我再与您交战。"

四年后，重耳真的回到晋国当了国君，他就是历史上有名的晋文公，晋国在他的治理下日益强大。

公元前633年，楚国和晋国的军队在作战时相遇。晋文公为了履行他许下的诺言，下令军队后退九十里，驻扎在城濮。楚军见晋军后退，以为对方害怕了，马上追击。晋军利用楚军骄傲轻敌的弱点，集中兵力，大破楚军，取得了城濮之战的胜利。

战术性的让步，是为了战略性的胜利。年轻人身处职场，其实也和在战争中一样，是一场场战术性的较量，年轻人要有长远的眼光，暂时的低头、暂时的

失利并不代表永远的失利，学会低头和示弱才能让你避其锋芒，养精蓄锐，蓄势待发。当然，对于容易冲动的年轻人来说，低头的确更需要智慧和勇气，低头亦是一种能力，懂得低头的年轻人在很多时候，可以化解一触即发的职场纷争。

一味地抱怨和妄自菲薄，都是错误的选择，学会低头意味的是谦虚、谨慎。天生我材必有用，只要你在适当的时候低头，身处职场的你必有一天能出头，走出被折磨的境地！

参考文献

[1] 宿春礼. 思路决定出路[M]. 北京:中国和平出版社,2006.

[2] 吴维库. 阳光心态[M]. 北京:机械工业出版社,2006.

[3] 李欣频. 十四堂人生创意课[M]. 北京:电子工业出版社,2008.

[4] 李开复. 做最好的自己[M]. 北京:人民出版社,2005.